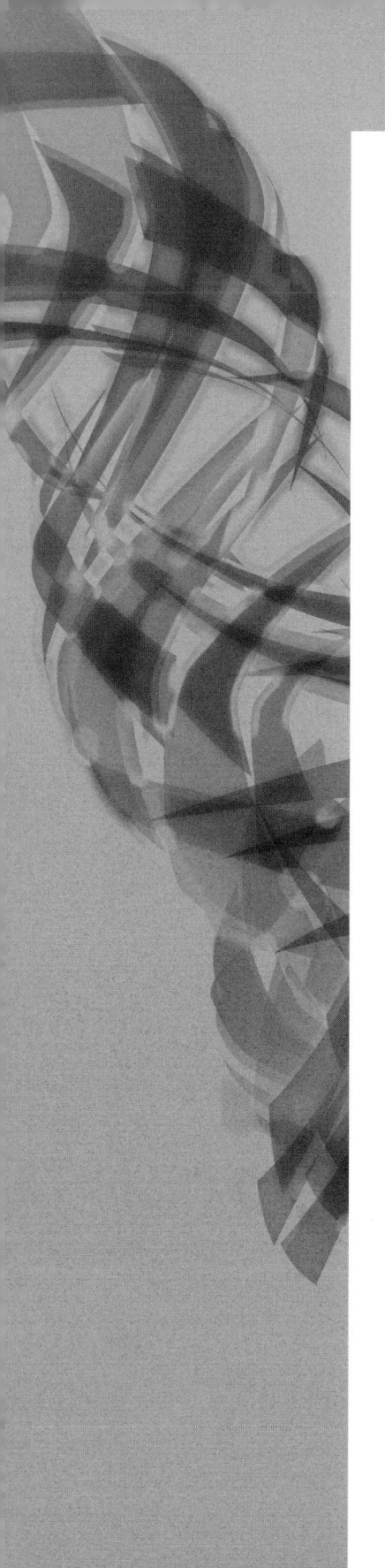

Windows
インフラ管理者入門

胡田昌彦●著

本書で取り上げられているシステム名／製品名は、一般に開発各社の登録商標／商品名です。本書では、™ および ® マークは明記していません。本書に掲載されている団体／商品に対して、その商標権を侵害する意図は一切ありません。本書で紹介している URL や各サイトの内容は変更される場合があります。

はじめに

本書は以下のことを目指して書きました。

- 組織のシステム管理者として配属された人、あるいは組織のシステム設計、構築、運用を請け負うシステムインテグレーターの新人にWindowsシステム管理の現場ですぐに役に立つ知識を提供する。
- 組織のシステム管理者になる人に「とりあえずこの本を読んで書かれていることを理解しておいて、すぐに使うことになるから。」と渡すことができる書籍を提供する。

私はシステムインテグレーターの技術者として主に企業向けWindowsシステム設計、構築、運用の現場で2002年から働いていますが、新人の頃はわからないことだらけでした。本を読んで勉強しようにも、「まずはこれを読めば間違いない」というものは見つけられませんでした。特定のバージョンに特化した機能の説明や操作方法の解説はあっても現場の仕事には直結しませんでしたし、操作方法の知識は製品のバージョンが変われば失われていきました。

目先の使われるかどうかわからない新機能の解説や画面のどこをクリックすればよいのかなどの操作方法ではなく、「長年戦っていける技術力の基礎を得ることができる技術書」が欲しくて何度も本屋に通って本棚に並ぶ本を眺めてはがっかりすることを繰り返していました。

結局現場で目の前の仕事をこなしながらうまくいかないことをたくさん経験し、苦労しながらさまざまなことを断片的に覚え、全体的に俯瞰できるようになった気がしたのは現場での経験を3年程度してからでした。

本書は私の経験から、現場ですぐに必要になること、理解するまでに苦労したことを抜粋してまとめました。機能の紹介や操作方法の説明よりも、実際に現場でよく**はまる**ポイントや理解するための**コツ**のようなものを極力書くように努めました。また現役のプロとしてカタログに書いてあることではない**現場の本音**もできるだけ盛り込むようにしました。逆にWindowsの基本操作など、検索すれば簡単に見つかって理解できるようなことはほとんど省いています。

結果的に網羅的なものではなくなっていますが、代わりにどの章のどの項目から読み始めても大丈夫です。必要なときに必要な項目だけ読んでもよいですし、先頭から順に読み進めてもかまいません。理解が難しい箇所は後回しにしておき、実際にその知識が必要になったときに読み返してもよいでしょう。

新製品が次々と登場し、時間がたてば変わってしまうものが多いこの業界ですが、それでもやはりなかなか変わらない基本があります。新しい製品、技術に取り組むときにも基本があればしっかりと対応していけます。

　本書が Windows インフラ管理に取り組む方々の一助となれば幸いです。

はじめに iii

■第1章　Windows のエディションの選択とインストール……1

- 1.1 Windows の種類 1
  - 1.1.1 サーバー用 OS とクライアント用 OS の違い 2
  - 1.1.2 クライアント OS のエディションの違いとポイント 2
  - 1.1.3 コマンドプロンプトの起動方法—コマンドの実行方法 6
  - 1.1.4 サーバー OS のエディションの違いとポイント 12
- 1.2 カーネルの違い 20
  - 1.2.1 レジストリ 21
- 1.3 今後の方向性 22
- 1.4 Windows XP のサポート期限切れについて 23
  - 1.4.1 サポート切れによって切り替わるシステム 23
- 1.5 OS はなぜ HDD、SSD にインストールするのか 24
  - 1.5.1 DVD に OS を入れておいてもよいのでは 24
  - 1.5.2 HDD、SSD 以外の場所から OS を起動するケース 25
  - 1.5.3 なぜ HDD、SSD が選ばれることが多いのか 26
  - 1.5.4 頭を柔らかくしておくこと 26
- 1.6 ドライブおよびパーティションの分割方法 27
  - 1.6.1 分割のメリット 30
  - 1.6.2 分割のデメリット 32
  - 1.6.3 Windows に勝手にパーティション分割される 32
  - 1.6.4 個人的見解 33
  - 1.6.5 問題発生時の対処方法 35
  - 1.6.6 ストレージ装置での操作 35
  - 1.6.7 仮想環境での考え方 35
  - 1.6.8 増加分を考慮する 36
- 1.7 クライアントアクセスライセンス（CAL）とその設定 37
  - 1.7.1 サーバーライセンスとクライアントアクセスライセンス 37
  - 1.7.2 CAL の購入方法 38
  - 1.7.3 ライセンスモードの設定 38
  - 1.7.4 ライセンスの奥は深い 40

1.8 VolumeActivation2.0 ... 41
- 1.8.1 VA 2.0 の対象 ... 41
- 1.8.2 VA 2.0 の目的 ... 42
- 1.8.3 VA 2.0 でなされるべきこと ... 42
- 1.8.4 VA 2.0 の基本的な設計 ... 44
- 1.8.5 KMS ホストの構築 ... 44
- 1.8.6 KMS クライアント ... 44
- 1.8.7 KMS 認証は少ない台数では利用できない ... 45
- 1.8.8 VA 2.0 のよくある問題 ... 46
- 1.8.9 VA 2.0 のコマンド ... 47
- 1.8.10 ActiveDirectory での VA 2.0 認証 ... 53

1.9 第1章のまとめ ... 54

■第2章 TCP/IP とプロトコル……55

2.1 OSI 参照モデルと TCP/IP ... 55
2.2 レイヤー 1：物理層〜なぜ情報が伝わるのか ... 57
2.3 レイヤー 2：データリンク層 ... 58
- 2.3.1 イーサネット ... 58
- 2.3.2 MAC アドレス ... 58
- 2.3.3 フレームの構造 ... 60
- 2.3.4 ARP―通信相手の MAC アドレスを知る ... 61
- 2.3.5 ブロードキャスト ... 61
- 2.3.6 他のコンピューターの MAC アドレスを確認する ... 62
- 2.3.7 MAC アドレスだけではいけない理由 ... 62

2.4 スイッチングハブの動作 ... 63
- 2.4.1 リピータハブで接続されたネットワーク上の通信 ... 63
- 2.4.2 スイッチングハブの動き ... 64
- 2.4.3 スイッチングハブの動作―MAC アドレステーブル ... 64
- 2.4.4 MAC アドレステーブルはいつまで覚えているのか ... 70

2.5 レイヤー 3：ネットワーク層 ... 71
- 2.5.1 IP アドレス ... 71
- 2.5.2 サブネットマスク ... 72

2.6 レイヤー 4：トランスポート層 ... 80
- 2.6.1 ポート番号 ... 80
- 2.6.2 接続の確立方法（3 ウェイハンドシェイク）... 82
- 2.6.3 TCP の接続の状態の遷移 ... 86
- 2.6.4 接続の状態を確認する―netstat ... 87
- 2.6.5 TCP と UDP の違い ... 91

2.7 NAT ... 93
- 2.7.1 NAT は何をするものか ... 93
- 2.7.2 （NAT なし）PC からインターネットにアクセスする ... 93

	2.7.3	ブロードバンドルーター経由でインターネットに接続する 94
	2.7.4	1対1NAT、NAPT、ポートフォワーディング 98
	2.7.5	Active DirectoryのNATサポート 103
2.8	レイヤー7：アプリケーション層 103
	2.8.1	HTTP—コマンドプロンプトだけでウェブサイトを閲覧する 103
	2.8.2	SMTP—コマンドプロンプトだけでメールを送信する 106
2.9	第2章のまとめ 109

■第3章　Windowsネットワーク......111

3.1	2台のPCをネットワークで接続する 111
	3.1.1 まず接続する（レイヤー1） 112
	3.1.2 規定の状態では通信できない（ことが多い） 112
	3.1.3 Windowsファイアウォールの無効化 113
	3.1.4 APIPAを理解する 114
	3.1.5 ネットワークの設定をする（レイヤー3） 115
	3.1.6 IPv6の無効化 116
	3.1.7 デフォルトゲートウェイとDNS 117
	3.1.8 通信してみる 117
	3.1.9 通信できない原因 118
3.2	Windowsファイアウォール 119
	3.2.1 プロファイル 119
3.3	NetBIOS名とホスト名とコンピューター名の違い 121
	3.3.1 ホスト名とNetBIOS名を確認する 122
	3.3.2 Windowsネットワークの歴史 123
	3.3.3 UNIX系ネットワーク（TCP/IP）の歴史 125
	3.3.4 ActiveDirectoryでDNSを導入 126
	3.3.5 ホスト名とNetBIOS名のポイント 126
	3.3.6 コンピューター名 127
3.4	Internet Explorerのゾーンとシングルサインオン 130
	3.4.1 Internet Explorerのゾーンとは 130
	3.4.2 ゾーンの種類 131
	3.4.3 ローカルイントラネットの判定基準 133
	3.4.4 IEのシングルサインオン 138
3.5	マルチホーム構成時の注意 140
	3.5.1 DNSに注意 140
	3.5.2 ルーティングに注意 141
3.6	TCPコネクションが増えすぎる問題への対処方法 145
	3.6.1 フロントエンドバックエンド 145
	3.6.2 どのような問題が発生するのか 147
	3.6.3 TCPのコネクションはいくつまで使えるのか 148
	3.6.4 TCPポート枯渇への対処方法 148

3.6.5　TCP ポートではなくアプリケーションの設定している上限に達するケース 149
　　　3.6.6　問題を特定するのは難しい 150
　3.7　第 3 章のまとめ 151

■第 4 章　インターネット接続の障害対応……153

　4.1　「インターネットに繋がらない」─基本編 153
　　　4.1.1　インターネットへの接続の大まかな流れとその確認ポイント 154
　　　4.1.2　ケーブルが接続されているか 154
　　　4.1.3　IP アドレス、サブネットマスク、デフォルトゲートウェイ、
　　　　　　DNS の設定が正しくなされているか 155
　　　4.1.4　DNS での名前解決（ホスト名から IP アドレスへの変換）
　　　　　　が正しくなされているか 157
　　　4.1.5　目的のウェブサーバーに接続できているか 159
　　　4.1.6　コンテンツを得られるか 160
　4.2　「インターネットに繋がらない」─プロキシ編 160
　　　4.2.1　接続プロセスの違い 161
　　　4.2.2　障害対応の方法 161
　　　4.2.3　クライアント側の確認 162
　　　4.2.4　「ローカルアドレスにはプロキシサーバーを使用しない」の意味 162
　　　4.2.5　プロキシの設定に関する注意点 164
　　　4.2.6　そもそもプロキシ接続をしなければいけないことをどのように知るのか 164
　4.3　「インターネットに繋がらない」─WinHTTP 編 165
　　　4.3.1　WinHTTP 165
　4.4　「インターネットに繋がらない」─VPN 編 167
　　　4.4.1　接続形態 167
　　　4.4.2　リモートネットワークでデフォルトゲートウェイを使う 167
　　　4.4.3　ダイアルアップと仮想プライベートネットワークの設定 168
　4.5　第 4 章のまとめ 169

■第 5 章　Active Directory……171

　5.1　アカウントデータベースの一元管理 171
　　　5.1.1　スタンドアロン PC 172
　　　5.1.2　ワークグループでのリソース共有 172
　　　5.1.3　ワークグループでのリソース共有で困ること 174
　　　5.1.4　アカウントデータベースの一元管理（AD DS） 176
　5.2　ActiveDirectory のパーティションとレプリケーションスコープ 176
　　　5.2.1　パーティション 176
　　　5.2.2　ADSIEdit 177
　　　5.2.3　Configuration Partition（構成パーティション） 179

  5.2.4　DomainPartition（ドメインパーティション）..181
  5.2.5　Schema Partition（スキーマパーティション）...182
  5.2.6　マルチドメインでの複製...184
  5.2.7　グローバルカタログ..185
5.3　グループポリシー... 187
  5.3.1　ポリシーの種類と適用対象に注意..187
  5.3.2　ポリシー適用結果の確認方法..188
  5.3.3　グループポリシーの強制適用方法..190
5.4　LDAP フィルター.. 190
  5.4.1　Active Directory ユーザーとコンピューターで LDAP フィルターを使う方法.........190
  5.4.2　LDAP フィルター「AND」...191
  5.4.3　LDAP フィルター「OR」..192
5.5　Active Directory ユーザーとコンピューターのフィルターに注意.................................... 193
5.6　第 5 章のまとめ... 195

■第 6 章　クライアント管理……197

6.1　ドメイン参加... 197
  6.1.1　ドメイン名には 2 種類ある...197
  6.1.2　ドメイン参加時のアカウント..199
  6.1.3　ドメイン参加とドメイン上のグループの関係..200
6.2　コンピューターアカウントの生成される場所... 201
  6.2.1　認証モード...201
6.3　ユーザープロファイル.. 202
  6.3.1　ユーザープロファイルとは何か..202
  6.3.2　ユーザープロファイルの場所..203
  6.3.3　ユーザープロファイルには何が入っているのか...204
  6.3.4　HKEY_CURRENT_USER..205
  6.3.5　Public, All Users..205
  6.3.6　DefaultUser...206
6.4　sysprep の意味.. 207
  6.4.1　sysprep はどこで手に入るのか...207
  6.4.2　sysprep は何をしてくれるのか...208
  6.4.3　ハードウェアの検出をやりなおす..208
  6.4.4　sysprep が書き換えるもの─SID..208
  6.4.5　sysprep を使用したときに困ること..213
  6.4.6　sysprep 以外のツールとサポートの問題..214
  6.4.7　sysprep が書き換えるもの─CMID...215
  6.4.8　sysprep によって変わってしまう「何か」への対処..215
6.5　第 6 章のまとめ... 216

■第7章 ストレージ……219

- 7.1 ディスクの種類 219
  - 7.1.1 IDE と ATA と SATA 220
  - 7.1.2 SCSI と SAS 221
  - 7.1.3 SSD 221
- 7.2 RAID 221
  - 7.2.1 RAID0―ストライピング 222
  - 7.2.2 RAID1―ミラー 223
  - 7.2.3 RAID5―パリティ 224
  - 7.2.4 RAID10―ミラーとストライピング 227
  - 7.2.5 スペアディスク 229
  - 7.2.6 ダイナミックボリューム 229
- 7.3 SAN 231
  - 7.3.1 FC-SAN 231
  - 7.3.2 IP-SAN 231
  - 7.3.3 InfiniBand 232
  - 7.3.4 どのストレージ技術がよく使われているのか 233
- 7.4 NAS 234
  - 7.4.1 SMB のバージョンに注意 234
  - 7.4.2 NAS が対応する SMB バージョンと Windows クライアントのバージョンを合わせる 236
- 7.5 ストレージ側で行えること 236
  - 7.5.1 スナップショット 237
  - 7.5.2 ミラーを利用したバックアップ 237
  - 7.5.3 筐体をまたいだレプリケーション 237
  - 7.5.4 整合性に注意 237
- 7.6 Windows Server 自体の機能 238
- 7.7 アプリケーションからは何も違いがない 239
- 7.8 第 7 章のまとめ 240

■第8章 バックアップ……241

- 8.1 バックアップの種類 241
  - 8.1.1 フルバックアップ 242
  - 8.1.2 差分バックアップ 243
  - 8.1.3 増分バックアップ 244
  - 8.1.4 アーカイブビット 245
  - 8.1.5 その他のバックアップの種類 246
- 8.2 整合性 247
  - 8.2.1 オフラインバックアップ 248

	8.2.2	アプリケーションにバックアップを認識させる	248
	8.2.3	VSS とスナップショット	248
8.3	バックアップからリストアしても戻らない		249
8.4	データベースはバックアップをしないとディスクがあふれる		249
	8.4.1	データベースシステムのトランザクションログ	250
	8.4.2	バックアップとトランザクションログ削除の関係	250
	8.4.3	バックアップ失敗をディスク容量に見積もっておく	251
	8.4.4	復旧モデルを考える	251
8.5	第 8 章のまとめ		252

■第 9 章　仮想化……253

9.1	仮想化の種類		253
	9.1.1	コンピューターの仮想化	254
	9.1.2	アプリケーションの仮想化	254
	9.1.3	ネットワークの仮想化	255
9.2	コンピューターの仮想化を行う意味		256
9.3	コンピューターを仮想化するとファイルになる		256
9.4	Hyper-V		257
	9.4.1	親パーティションと子パーティション	257
	9.4.2	親パーティションも仮想化される	258
	9.4.3	親パーティションに依存している	258
9.5	Hyper-V のネットワークの理解		259
	9.5.1	Hyper-V 導入前	259
	9.5.2	Hyper-V 導入	260
	9.5.3	外部ネットワークの追加	261
	9.5.4	物理ホストに 2 つ NIC がある場合	264
	9.5.5	内部ネットワークとプライベートネットワーク	266
	9.5.6	仮想スイッチマネージャー	268
9.6	第 9 章のまとめ		268

■第 10 章　運用……271

10.1	Windows インストール後に確認するべきこと		271
	10.1.1	イベントログの確認	272
	10.1.2	イベントログの設定	273
	10.1.3	Windows ファイアウォール	273
	10.1.4	電源オプションの変更	274
	10.1.5	増加するログの対処	275
	10.1.6	hosts、lmhosts ファイル	275

- 10.1.7 Service Pack、Hotfix 275
- 10.1.8 ファームウェア更新、ドライバ更新 276
- 10.1.9 ページングファイルの容量 277
- 10.1.10 ダンプファイルの種類と生成場所 278
- 10.1.11 メモリチューニング 281
- 10.1.12 時刻同期 282
- 10.1.13 各種ツール群のインストール 283
- 10.1.14 パフォーマンスベースラインの取得 283

10.2 システムの監視 284
- 10.2.1 パフォーマンスカウンター監視 284
- 10.2.2 サービス監視 292
- 10.2.3 ログ監視 292
- 10.2.4 監視すべき項目がわからない場合 293

10.3 アクセス許可の理解（NTFS アクセス許可と共有アクセス許可） 293
- 10.3.1 NTFS アクセス許可 294
- 10.3.2 NTFS アクセス許可の継承 297
- 10.3.3 所有者 302
- 10.3.4 共有アクセス許可 303
- 10.3.5 共有のアクセス許可と NTFS のアクセス許可の適用タイミング 305
- 10.3.6 注意すべきポイント 305
- 10.3.7 どのようにアクセス制御すべきか 306

10.4 コピー＆ペーストとカット＆ペーストでは NTFS アクセス許可が異なる 307
- 10.4.1 NTFS アクセス許可の変化 307
- 10.4.2 理由の予想 307

10.5 管理共有と隠し共有 308
- 10.5.1 管理共有 308
- 10.5.2 隠し共有 309

10.6 コマンドの結果をファイルに保存する（標準出力と標準エラー出力） 309
- 10.6.1 標準出力と標準エラー出力 310
- 10.6.2 標準出力のリダイレクト 310
- 10.6.3 標準エラー出力のリダイレクト 311
- 10.6.4 結果を 1 つのファイルに保存する 313
- 10.6.5 ファイルへの追記 314
- 10.6.6 バッチファイルでログを残す典型的な例 315

10.7 バッチファイルを Excel で作って省力化 316

10.8 タスクスケジューラーで定期的に処理を実行させる 318
- 10.8.1 タスクスケジューラーは何をするものか 318
- 10.8.2 タスクスケジューラーの設定方法 318
- 10.8.3 タスクスケジューラーの別の顔 327

10.9 クラッシュダンプ解析 328
- 10.9.1 なぜブルースクリーンになるのか 328
- 10.9.2 ブルースクリーンの対応 329
- 10.9.3 クラッシュダンプ解析 329

	10.9.4	ダンプ解析作業は必要か	330
10.10	他のサーバーへのアクセス		330
	10.10.1	ドライブマップ	330
	10.10.2	UNC パス	331
	10.10.3	マイネットワーク	331
	10.10.4	リモートデスクトップ接続	332
	10.10.5	mklink	333
10.11	新機能は使わないほうがよいときも		335
10.12	どこまで慎重に変更作業を行うのか		336
	10.12.1	スキーマ拡張は非常に危険？	336
	10.12.2	スキーマ拡張ではそもそも何が行われるのか	337
	10.12.3	例外は常にある	338
	10.12.4	常にロールバック手順を準備しておく	338
10.13	「サポート」という言葉の意味		339
	10.13.1	「サポート」は「動作保証」ではない	339
	10.13.2	「サポート外」の意味	339
	10.13.3	やってはいけないこと	340

■第11章　PowerShell……343

11.1	PowerShell とは		343
	11.1.1	PowerShell の何がよいのか	344
11.2	PowerShell に触れてみる		345
	11.2.1	インストール	345
	11.2.2	とりあえず触ってみる（Get-Command、Get-Help）	346
11.3	PowerShell はオブジェクト指向		348
	11.3.1	文字列	348
11.4	サンプルコードの入手方法		351
	11.4.1	スクリプトセンター	351
	11.4.2	Active Directory	351
	11.4.3	英語圏の情報	351
11.5	PowerShell を使いこなした先に		352
	11.5.1	Windows Azure 上に SharePoint サーバーを自動展開	352
	11.5.2	Windows インフラ管理者の仕事がなくなるのか	352
	11.5.3	PowerShell ができないと	353
11.6	第 11 章のまとめ		353

■第12章　クラウド……355

12.1	クラウドとは何か	355

12.2	クラウドは使えるのか		356
	12.2.1	クラウドのメリット	356
	12.2.2	クラウドのデメリット	356
12.3	クラウドによってインフラ管理者の仕事はなくなるのか		356
	12.3.1	むしろ複雑性は増している	357
	12.3.2	変わらない基本がある	358
	12.3.3	個人の力がより発揮される	358
12.4	クラウド時代に向けて何をしておくべきか		358
	12.4.1	変わらない基本を習得しておく	358
	12.4.2	自動化	359

■第13章 Windowsインフラ管理者の必携ツールとコマンド……361

13.1	コマンド	361
13.2	ツール	365

索　引 369

第1章
Windowsのエディションの選択とインストール

　Windowsの管理をするためには、まずはWindowsをインストールしなければ始まりません。といっても、Windowsにはさまざまなバージョンがあり、さらに同じバージョンの中でも「Standard Edition」や「Datacenter Edition」などさまざまなエディションがあります。インストールするにはまずそれらの違いを理解して適切なバージョンとエディションを選択しなければいけません。また、インストール時には最低限決めなくてはならないことがあります。ライセンスの管理も適切に行う必要があります。お店でパソコンを購入すればすぐに使える状態になっているのが当たり前ですが、私達はその状態まで自分で環境を構築しなくてはならないのです。

　この章ではまずWindowsの種類について紹介し、インストール、初期設定、ライセンス管理など、理解が困難な点やよく考えずに通り過ぎてしまいがちな点などについて説明します。

1.1　Windowsの種類

　これからあなたが管理しようとしているWindowsには非常にたくさんの種類があります。初めて知る方はあまりの種類の多さに驚いてしまうかもしれません。しかし、受験勉強ではないので全てを暗記する必要はありません。ポイントだけ押さえておけばよいのです。これからそのポイントを紹介します。

1.1.1　サーバー用 OS とクライアント用 OS の違い

Windows にはサーバー用 OS とクライアント用 OS が存在します。簡単にいうと

- サーバー OS は色々な機能を「提供する側」
- クライアント OS はサーバー OS が提供する機能を「利用する側」

ということになります。基本的な機能や操作方法は同じですが、サーバー用のさまざまな機能を追加して動作させることができるのはサーバー用 OS だけです。

1.1.2　クライアント OS のエディションの違いとポイント

まずクライアント OS の種類から見ていきましょう。Windows のクライアント OS として現在使用されているのは主に次の 4 つです。

- Windows XP
- Windows Vista
- Windows 7
- Windows 8、Windows 8.1

Windows 8 と 8.1 は差異が小さく、一般向けの Windows 8 であれば Windows ストアで 8.1 に無償でアップデートできるため、1 つにまとめて記述しました。ただし、企業向けエディションである Windows 8 Enterprise Edition は Windows ストアでのアップデートは行えないので注意が必要です。

2014 年 4 月 8 日にサポート終了となる Windows XP も、本書を執筆している 2014 年 2 月の段階ではまだ多くの組織で使用されています。Windows Vista は残念ながら人気が出なかった OS であまり見かけることはありません。Windows XP から移行する際に Windows Vista を飛ばして Windows 7 を採用したところが多くあります。Windows 7 が現在最も多く利用されているクライアント OS です。Windows 8 は個人ベースでの導入はかなり進んでいるようですが、企業などへの導入はまだこれからというところです。

なお、Windows 9x 系（Windows 95、98、Me など）と Windows NT、2000 は省きました。これらはかなり古く、サポートも切れており、さすがにもうほとんど使われていないと思われます[※1]。

メインのバージョンはこれだけなのですが、それぞれのエディションとしては非常にたくさん

※1　ただし、仮想化された環境で Windows NT Server や Windows 2000 Server が稼働し続けているケースは少数ながらあるようです。

のものが存在しています。一覧を表 1.1 に示します。繰り返しますが、暗記をする必要はありません。また、非常にマイナーなものやシステム管理の現場で出会う可能性のないようなものは省いています。

表1.1●WindowsクライアントOSの主要なエディション

製品名	32bit	64bit	ドメイン参加	Workplace Join
Windows XP				
Windows XP Home Edition	○	-	×	×
Windows XP Professional	○	-	○	×
Windows XP Media Center Edition	○	-	×	×
Windows XP Tablet PC Edition	○	-	○	×
Windows XP 64-bit Itanium Edition	-	○	○	×
Windows XP Professional 64-Bit Edition	-	○	○	×
Windows Vista				
Windows Vista Home Basic	○	○	×	×
Windows Vista Home Premium	○	○	×	×
Windows Vista Business	○	○	○	×
Windows Vista Ultimate	○	○	○	×
Windows Vista Enterprise	○	○	○	×
Windows 7				
Windows 7 Home Premium	○	○	×	×
Windows 7 Professional	○	○	○	×
Windows 7 Ultimate	○	○	○	×
Windows 7 Enterprise	○	○	○	×
Windows 8				
Windows 8	○	○	×	×
Windows 8 Pro	○	○	○	×
Windows 8 Enterprise	○	○	○	×
Windows 8 RT	○	○	×	×
Windows 8.1	○	○	×	○
Windows 8.1 Pro	○	○	○	○
Windows 8.1 Enterprise	○	○	○	○
Windows 8.1 RT	○	○	×	○

■ 1.1.2.1　ドメイン参加可能かどうか

　エディションが多すぎて名前を覚えるだけでも大変です。詳細はインターネットで検索すれば出てきますが、エディションの違いが実際の管理の現場にどのように影響するのかが重要です。誤解を恐れずに私の考える管理者として最も重要なポイントを挙げるとすれば、それは「ドメイン参加可能かどうか」ということです。

　ホームユーザーが自宅で使うならともかく、組織でWindowsクライアントを使うとなれば「適切に管理できる」ことが重要です。そしてそのためには「ドメイン参加」ができなければなりません。私個人の意見としては、ドメインを利用せずに管理できるのは10台程度までで、それ以上になるとドメインなしでの管理は非常に効率が悪くなります。組織で利用するクライアントには必ずドメイン参加可能なエディションを選択すべきです。ドメイン環境が構築されているにもかかわらず、間違ってドメイン参加不可能なエディションのWindowsを選択してしまわないようにしましょう。

　ちなみに、ここでいう「ドメイン」というのはActive Directoryのドメインです。当然「ドメインとは何か」「Active Directoryとは何か」という疑問が出てくると思いますがそれはひとまずおいておきましょう。本書では、Active Directoryに関しては第5章で説明します。

■ 1.1.2.2　WindowsRT

　表1.1の一覧の中でも、Windows 8 RTとWindows 8.1 RTは他のエディションとはかなり異なるものです。私見では「Windows」と呼ぶべきではないと思うレベルです。これらはARMという低消費電力CPU向けのOSで、MicrosoftがiPadに対抗するために出したOSです。プロセッサが異なることもあり、既存のWindows用アプリケーションは動作しません。最初から搭載されているものを除けば、Windows Store経由で入手できるModern UIアプリケーションだけが実行できます。管理上もドメイン参加ができないなど、かなり既存のOSと異なるものとなっています。

　Windows RTについては既存の管理手法がほぼ使用できないため、私たち管理者としてもそれらをどのように管理していくのか模索する必要があります。例えば、クライアントの管理基盤として何らかのパッケージソフトを使用しているときに、それがそのままWindows RTに適用できることは基本的にありえません。メーカーの頑張りによっては将来的に同じように管理できる可能性はゼロではありませんが、基本的な構造が異なるので望み薄でしょう。

　このような事情があるので、企業などの組織にWindows RTが普及するにはまだ時間がかかると思われます。管理者としては、他のWindowsと同様の管理ができないことを理解した上でまだ様子見といったところでしょう。個人用途としてもかなり用途を明確にした上で購入する必要があり、正直なところ、現状のままでは幻のOSになってしまいそうな感じすらします。

■ 1.1.2.3　Workplace Join

さて、表 1.1 には「ドメイン参加」の他に「Workplace Join」という項目があります。これは Windows 8.1 からの新機能で、ドメイン参加ではないもののそれに近いことを行う機能であると紹介されています。特に、ドメイン参加機能を持たない Windows RT で今後使われていくことが期待される機能です。ただし、まだ登場したばかりの技術であり、「クレームベース認証」に対応したアプリケーションでなければ制御が行えないなどの多くの制約事項があります。現場で実際に使われるようになるまでにはまだ時間がかかりそうです。あるいはほとんど使われずに終わるかもしれません。理解は後回しでよいでしょう。

現時点では、Workplace Join があるからドメインに参加できなくても大丈夫と考えるのは早計です。

■ 1.1.2.4　Windows 8 の操作方法

Windows 8 以降で操作方法がかなり大きく変わっています。タブレット端末を意識してタッチ操作が行えるようになり、Modern UI が搭載され、従来のデスクトップは 1 つのアプリケーションの位置に格下げされています。デスクトップでも、Windows 8 ではスタートボタンがなくなり、Windows 8.1 で復活したものの以前のバージョンとは挙動がまったく異なります。

エンドユーザー向けの操作説明やマニュアル作成にあたっては十分な注意が必要です。従来の操作に慣れているユーザーが混乱してしまう懸念もあります。

これらの変化は賛否両論[※2]ながら、組織への導入はまだ進んでおらず、「従来と同じ」であることが望まれている面もかなりあるようです。

■ 1.1.2.5　32bit 版と 64bit 版の違い

32bit 版と 64bit 版の最も大きな違いは、64bit 版の方がより多くのメモリを有効に利用できることです。4GB 以上のメモリを搭載しているなら基本的に 64bit 版の方がパフォーマンスがよくなるといわれています[※3]。ただし、クライアント OS としては、32bit OS と 64bit OS とでデバイスドライバが異なる（同じものが使えない）という点が最も大きな違いになります。

64bit 版への移行期には、大容量メモリを効率的に使いたくても、使いたい周辺機器のドライバとして 32bit 版しか提供されておらず 64bit に対応していなかったために、仕方なく 32bit 版を使

[※2] 私はそもそも以前のバージョンからスタートボタンをほとんど使用していなかったこともあり、すでに Windows 8 以降の方が使いやすいのです。

[※3] 64bit の Windows では、32bit のアプリケーションを実行するために WOW64（Windows 32bit on Windows 64bit）という仕組みを使って一部エミュレーションを行って動作させますが、これによるパフォーマンス低下は体感できないレベルです。

う人が多くいました。最近は 64bit 版への移行がかなり進んでデバイスドライバの供給体制も整いつつあるので、積極的に 32bit 版を選択する理由はほぼなくなってきています。

1.1.3　コマンドプロンプトの起動方法─コマンドの実行方法

以降の説明で用いるため、ここでコマンドの実行方法を説明しておきます。Windows のバージョンによって操作方法が大きく異なることを示すよい例にもなります。

コマンドはコマンドプロンプトに文字を入力し、Enter キーを押して実行します。

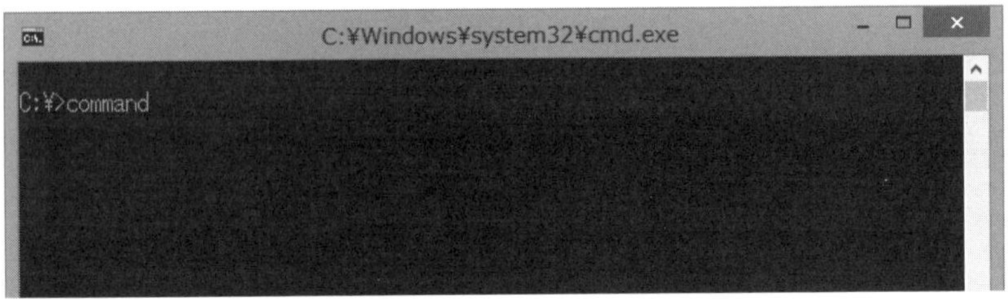

図1.1●コマンドプロンプトにコマンドを入力する

「ファイル名を指定して実行」に直接コマンドを入力して実行してよいものも多いのですが、コマンドによっては結果がコマンドプロンプトに一瞬表示された後すぐにウインドウが閉じてしまい結果が確認できません。そのため、コマンドプロンプトを立ち上げてからのコマンド実行が必要です。

コマンドプロンプトではなく PowerShell のコンソールを立ちあげてコマンドを実行してもかまいませんが、コマンドプロンプトの方が軽く[4]、PowerShell が導入されていない環境もあるため、ここではコマンドプロンプトを使用しています。

コマンドプロンプトの起動はさまざまな方法で可能です。以降に示すどの方法でもよいのでコマンドプロンプトを立ち上げてください。

■ 1.1.3.1　ショートカット

Windows キーを押しながら R キーを押し「ファイル名を指定して実行」を表示して「cmd」と入力することでコマンドプロンプトが起動します。

※4　プログラムの動作が速く軽快であることを「軽い」、動作が遅く軽快ではないことを「重い」といいます。

1.1 Windowsの種類

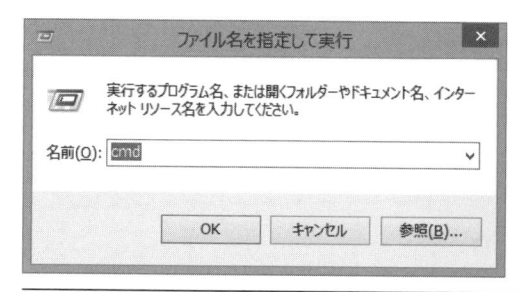

図1.2●「ファイル名を指定して実行」からコマンドプロンプトを起動する

　この操作は全バージョン共通して行えます。Windowsキーさえあればどこでも使えるので覚えておくと重宝します[※5]。

■ 1.1.3.2　Windows 7、Windows Server 2008 R2までの場合

スタートボタン

　画面左下のスタートボタンをクリックし、「すべてのプログラム」→「アクセサリ」→「コマンドプロンプト」とたどりクリックすることでコマンドプロンプトが起動します。

図1.3●Windows XPのスタートボタンからコマンドプロンプトを起動する

※5　この他にもWindowsにはさまざまなショートカットキーが存在します。慣れればマウスには一切触らずにすべての操作を行うこともできます。作業時間の短縮にも繋がるので少しずつ覚えていくことをお勧めします。

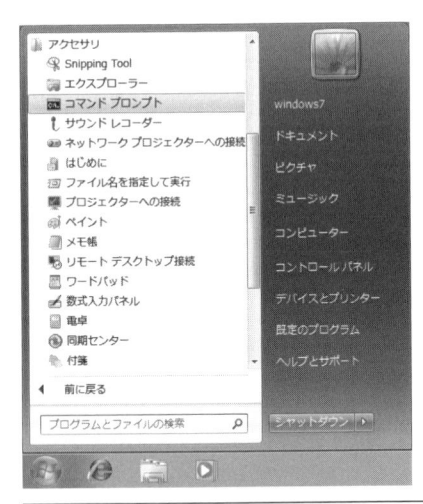

図1.4●Windows 7のスタートボタンからコマンドプロンプトを起動する

プログラムとファイルの検索から実行

　画面左下のスタートボタンをクリックし、「プログラムとファイルの検索」に「cmd」と入力してEnterを押すことでコマンドプロンプトが起動します。

図1.5●Windows 7のプログラムとファイルの検索からコマンドプロンプトを起動する

ファイル名を指定して実行

　画面左下のスタートボタンをクリックし、「ファイル名を指定して実行」を選択して表示されるウインドウで「cmd」と入力すると、コマンドプロンプトが起動します。

図1.6●Windows 7のスタートボタンから「ファイル名を指定して実行」をクリックする

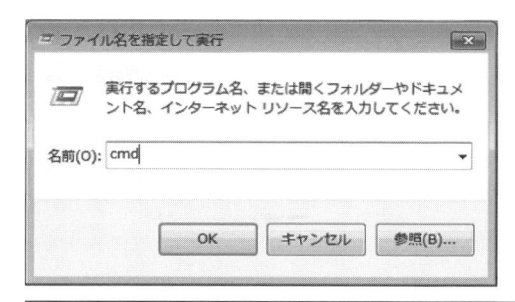

図1.7●Windows 7の「ファイル名を指定して実行」からコマンドプロンプトを起動する

　Windows XPやWindows Server 2003ではこの「ファイル名を指定して実行」は必ず表示されていますが、Windows VistaやWindows Server 2008以降でこの操作を行うには、あらかじめ「ファイル名を指定して実行」を表示するようにスタートメニューをカスタマイズしておく必要があります。

図1.8●スタートメニューのカスタマイズで「ファイル名を指定して実行」を表示させる

■ 1.1.3.3　Windows 8 および Windows 8.1 の場合

Windows 8 以降でスタートボタン周りの操作方法がかなり変更になりました。

スタートボタン右クリック

Windows 8 では、画面左下端にマウスカーソルを動かすと「スタート」が表示されます。Windows 8.1 では始めから表示されています。その「スタート」を右クリックしてメニューを表示し、そこから「コマンドプロンプト」を選択することでコマンドプロンプトを起動できます。

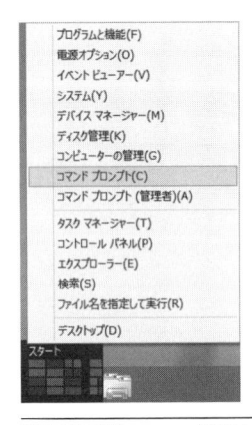

図1.9●Windows 8でスタートボタンの右クリックからコマンドプロンプトを起動する

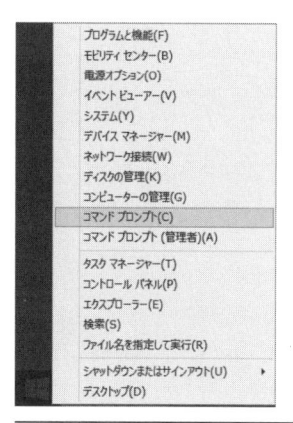

図1.10●Windows 8.1でスタートボタンの右クリックからコマンドプロンプトを起動する

スタート画面から起動

スタートボタンをクリックする、Windowsキーを押す、あるいはマウスを画面右上端か右下端に移動して表示される「チャーム」にて「スタート」をクリックしてスタート画面を表示します。

スタート画面内で、Windows 8ならアイコンのない部分を右クリックして「すべてのアプリ」を選択し、Windows 8.1ならスタート画面左下の下方向の矢印をクリックします。これによってアプリケーションの一覧が表示されるので、その中から「コマンドプロンプト」を選択してクリックすればコマンドプロンプトを起動できます。

図1.11●Windows 8でスタート画面からコマンドプロンプトを起動する

あるいは、スタート画面で「cmd」あるいは「コマンドプロンプト」と入力し、検索を使って起動することもできます。

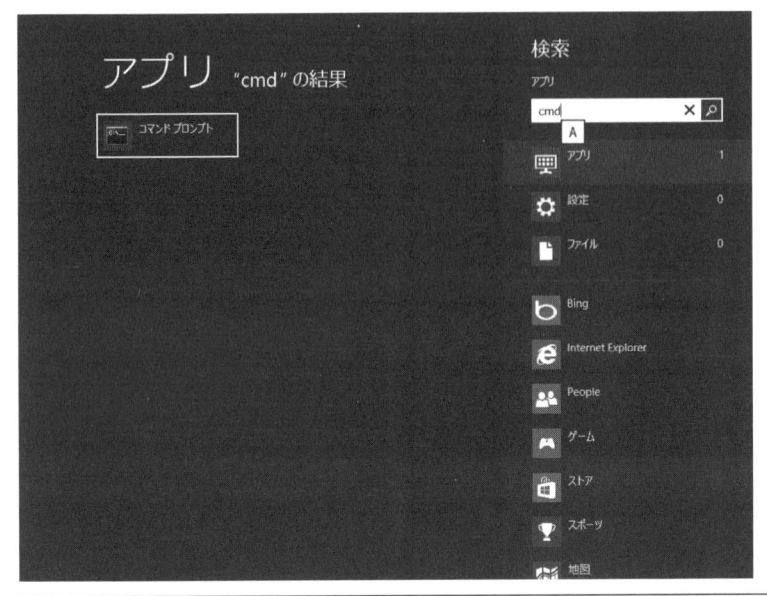

図1.12●Windows 8でスタート画面の検索からコマンドプロンプトを起動する

■ 1.1.3.4　Windowsでは操作方法は色々ある

このように「コマンドプロンプトを起動する」というたった1つの操作に関してもさまざまな方法があります。

管理者としては、ユーザーあるいはオペレーターに操作マニュアルを提供するような場面も多くあるはずですが、このように1つのことを行う方法が複数あり、バージョンごとに操作方法が異なると説明が大変です。極力クライアントの構成を統一して同じ操作方法で同じ結果が得られるようにしておくべきです。そうでないとマニュアルに注釈をいくつもつけて回らなければならなくなります。

この観点では、Windows 8以降のスタートボタン周りの操作性の大きな変更は管理者泣かせといえます。

1.1.4　サーバーOSのエディションの違いとポイント

さて、今度はサーバー用OSのエディションの話です。WindowsのサーバーOSとして現在稼働

しているのは主に以下のものです。これ以上古い Windows NT Server や Windows 2000 Server を見かける機会はほとんどないと思われるので省きました。

- Windows Server 2003
- Windows Server 2003 R2
- Windows Server 2008
- Windows Server 2008 R2
- Windows Server 2012
- Windows Server 2012 R2

また、それぞれについて多数のエディションがあります（表1.2）。こちらもクライアントと同様に非常にマイナーなものやシステム管理の現場で出会う可能性のないようなものは省いています。

表1.2●WindowsサーバーOSの主要なエディション

製品名	32bit	64bit
Windows Server 2003		
Windows Server 2003 Standard Edition	○	-
Windows Server 2003 Enterprise Edition	○	-
Windows Server 2003 Datacenter Edition	○	-
Windows Server 2003 Standard x64 Edition	-	○
Windows Server 2003 Enterprise x64 Edition	-	○
Windows Small Business Server 2003 Standard Edition	○	-
Windows Small Business Server 2003 Premium Edition	○	-
Windows Storage Server 2003	○	-
Windows Server 2003 Web Edition	○	-
Windows Server 2003 Enterprise Edition for Itanium-based system	-	○
Windows Server 2003 Datacenter Edition for Itanium-based System	-	○
Windows Server 2003 R2		
Windows Server 2003 R2 Standard Edition	○	-
Windows Server 2003 R2 Enterprise Edition	○	-
Windows Server 2003 R2 Datacenter Edition	○	-
Windows Server 2003 R2 Standard x64 Edition	-	○
Windows Server 2003 R2 Enterprise x64 Edition	-	○
Windows Server 2003 R2 Datacenter x64 Edition	-	○
Windows Small Business Server 2003 R2 Standard Edition	○	-
Windows Small Business Server 2003 R2 Premium Edition	○	-

1 Windowsのエディションの選択とインストール

製品名	32bit	64bit
Windows Storage Server 2003 R2	○	-
Windows Home Server	○	-
Windows Server 2008		
Windows Server 2008 Standard	○	○
Windows Server 2008 Standard without Hyper-V	○	○
Windows Server 2008 Enterprise	○	○
Windows Server 2008 Enterprise without Hyper-V	○	○
Windows Server 2008 Datacenter	○	○
Windows Server 2008 Datacenter without Hyper-V	○	○
Windows Server 2008 for Itanium-based Systems	○	○
Windows Web Server 2008	○	○
Windows HPC Server 2008	-	○
Windows Storage Server 2008	○	○
Windows Small Business Server 2008	-	○
Windows Essential Small Business Server 2008	-	○
Hyper-V Server 2008	○	○
Windows Server 2008 R2		
Windows Server 2008 R2 Standard	-	○
Windows Server 2008 R2 Enterprise	-	○
Windows Server 2008 R2 Datacenter	-	○
Windows Server 2008 R2 Itanium	-	○
Windows Server 2008 R2 Foundation	-	○
Windows Server 2008 R2 Web	-	○
Windows HPC Server 2008 R2	-	○
Windows Storage Server R2 Workgroup	-	○
Windows Storage Server 2008 R2 Standard	-	○
Windows Storage Server 2008 R2 Enterprise	-	○
Windows Small Business Server 2011 Standard	-	○
Windows Small Business Server 2011 Essentials	-	○
Windows Home Server 2011	-	○
Windows Multipoint Server 2010	-	○
Windows Multipoint Server 2010 Standard	-	○
Windows multipoint Server 2010 Premium	-	○
Hyper-V Server 2008 R2	-	○

製品名	32bit	64bit
Windows Server 2012		
Windows Server 2012 Standard	-	○
Windows Server 2012 Datacenter	-	○
Windows Server 2012 Essentials	-	○
Windows Server 2012 Foundation	-	○
Windows Storage Server 2012 Workgroup	-	○
Windows Storage Server 2012 Standard	-	○
Windows Multipoint Server 2012 Standard	-	○
Windows Multipoint Server 2012 Premium	-	○
Hyper-V Server 2012	-	○
Windows Server 2012 R2		
Windows Server 2012 Standard R2	-	○
Windows Server 2012 Datacenter R2	-	○
Windows Server 2012 Essentials R2	-	○
Windows Server 2012 Foundation R2	-	○
Windows Storage Server 2012 R2 Workgroup	-	○
Windows Storage Server 2012 R2 Standard	-	○
Hyper-V Server 2012 R2	-	○

■ **1.1.4.1　統合サーバー製品と汎用サーバー製品**

　それにしてもあきれるくらいたくさんあります。でも、心配しないでください。10年以上Windowsインフラ管理の現場で働いている私も、今回調べなおして初めて知る製品があったほどです。すべてに触れて理解する必要はまったくありません。組織の規模によってどのあたりの製品を扱うことになるのかが決まります。

　Windows Sever 2008以降の主な製品に絞って図1.13に示します。

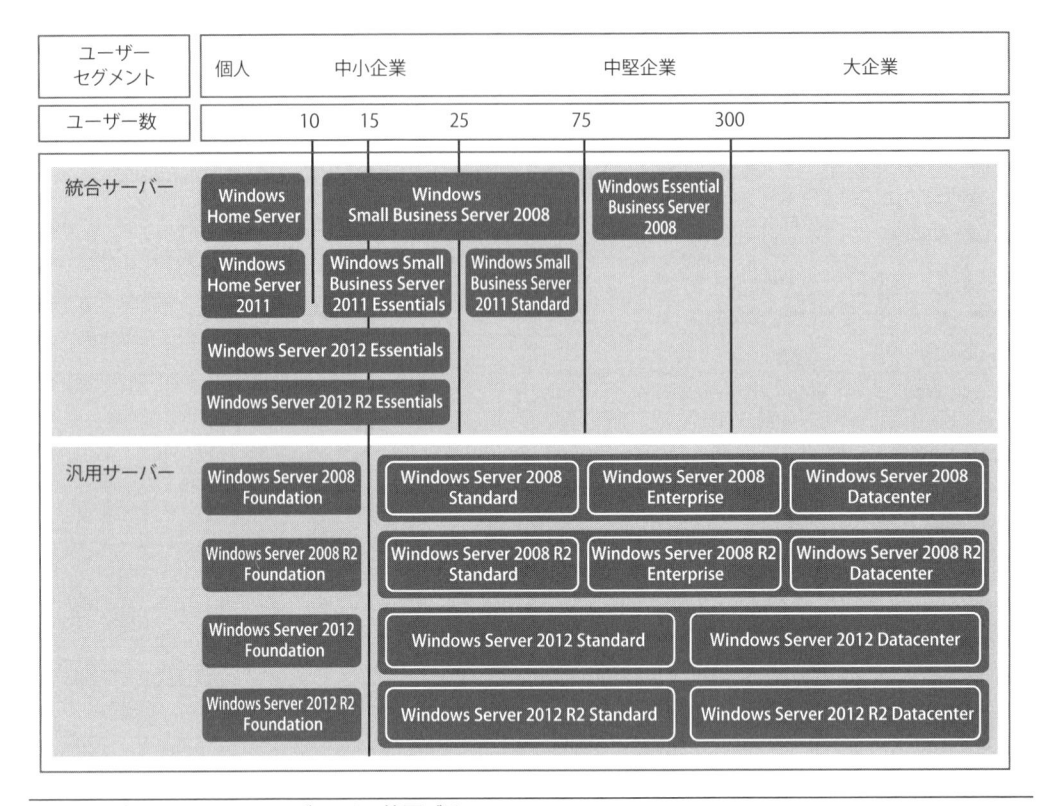

1 Windowsのエディションの選択とインストール

図1.13●主要WindowsサーバーOSの位置づけ

製品はまず大きく、統合サーバー製品と汎用サーバー製品に分かれます。

統合サーバー製品

　企業向け統合サーバー製品は Small Business Server の名称で、古くは NT サーバーの時代から存在しています。Exchange Server や SharePoint Server、SQL Server などの企業でよく使われる製品がセットになったもので、中小から中堅企業をターゲットにした製品です。

　昨今はクラウド化の流れが強まり、この規模の組織では組織内にサーバーを置いておく必要が薄れてきています。それによってラインナップは徐々に減少し、Windows Server 2012 ではそれまで個人向けだった Windows Home Server のラインナップも含めて Essentials に統合されました。

　Essentials では Exchange Server、SharePoint Server などの機能も削られ、クラウドサービスと組み合わせて使用することが想定されています。Windows Server 2012 をベースに、小規模で専任の管理者がいないような状況でも扱いやすいように Essentials 用のダッシュボードが用意されるなど工夫されています。Windows Server 2012 R2 では、この Essentials のダッシュボードを

他のエディションでも機能として追加できるようになりました。

統合サーバー製品は、少ないユーザー数であらかじめ決められた使い方を簡単な操作で行いたい場合に選ばれる製品ということになります。

汎用サーバー製品

もう一方の汎用サーバー製品は、さまざまな用途に使用できる通常の Windows Server です。Foundation は、15 ユーザー以下で使用可能な機能の限定されたバージョンです。少数のユーザーであればコストパフォーマンスに優れます。それ以上の規模に対しては、Standard、Enterprise、Datacenter のそれぞれのエディションが用意されています。Windows Server 2008 R2 までは機能的な違いがあり、Enterprise、Datacenter になるにつれてより大規模な環境に対応できる（＝最大プロセッサ数、最大メモリ容量が増える）という関係になっていました。また、Standard ではクラスタリングが使用できないなどの機能制限がありました。

Windows Server 2012 からはエディション構成が非常にシンプルになり、Enterprise エディションは廃止され、Standard と Datacenter の機能的な違いがなくなってライセンス面だけの違いになりました。

その他の製品

図 1.13 から省略した製品についても簡単に説明しておきます。

「Itanium-based system」は、Itanium という Intel の基幹向けプロセッサで動作するエディションです。高い信頼性が要求される一部のシステムで使用されていますが、通常の x64 プロセッサの高性能化などの影響もあって商業的に成功せず、Windows Server 2012 では対応製品が出ませんでした。今現在扱っていないのであればもうあまり気にしなくてよいでしょう。

「Web Edition」は、インターネット上で公開されることを前提としたエディションです。クライアントアクセスライセンスの扱いが異なるなどの特徴がありましたが、制限も多く、実際に使用されているところを私は見たことがありません。Windows Server 2012 でエディション自体が廃止になり、もうほぼ見かけることはないでしょう。

「Windows Storage Server」は、Microsoft からハードウェアベンダーに OEM 提供されている OS で、NAS アプライアンスに利用されます。OS だけを単体で購入することはありません。NAS として機能制限されていますが、使い慣れた Windows の画面を利用でき、CAL が不要でコストメリットがあるため、通常のサーバー OS を購入してファイルサーバーにするだけの予算や人員が確保できない中小企業で比較的多く利用されています。この場合、Windows OS を選択するというよりは、製品を選択した結果 Windows Storage Server が付属してくるという形になります。

「Windows HPC Server」は、多数のノードを並べて大量の計算を行うハイパフォーマンスコンピューティング（HPC）用の OS です。Windows Server 2012 からは OS のエディションとして

は提供されず、HPC Pack 2012 としてシステム自体は無料となり、各ノードは通常の Windows OS を利用するようになりました。

「MultiPoint Server」は、シンクライアントホストマシン用の OS です。複数のユーザーが同時に 1 台のコンピューターを共有するのでコストメリットが出ます。主に教育機関を対象にした製品です。

「Hyper-V Server」は少々毛色が異なり、ライセンス料は無料です。Hyper-V の仮想化基盤として使うことができます。GUI は利用できず ServerCore のように CUI[※6] だけでの管理となります。ライセンスコストを抑えて仮想化を行いたい場合に選択されます。

■ 1.1.4.2　32bit 版と 64bit 版の違い

Windows Server 2008 までは 64bit への切り替え時期の OS だったため、32bit 版と 64bit 版の両方が存在します。両者の間には、使用可能なメモリ容量が違うことを除いて、同じエディションであれば使用できる機能自体の違いはありません。メモリやディスク容量などが飛躍的に増加する時期でもあったため、32bit 版では OS の構造上、扱うには無理がある規模のシステムになってしまうことが多々ありました。32bit 版ではメモリ空間を有効に使うために OS のメモリチューニングなどを行うのが当たり前でしたが、それでも「システム的に扱えないため 64bit 版への移行を推奨する」というケースがよくありました。

64bit 版の方が大規模なシステムに対応できるため、サーバーに関しては Windows Server 2008 R2 以降は 64bit 版だけが提供されるようになりました。

■ 1.1.4.3　新規導入時に選ばれるエディション

新しくサーバーを導入する際に選択されるのは、本書執筆時点（2014 年 2 月）であれば、安定性を求めて Windows Server 2008 R2 にするか新しい OS として Windows Server 2012 になるでしょう。Windows Server 2012 R2 は発売されていますが、まだ登場して間もないためこのタイミングで選択するのは現実的に難しいと思われます。Windows Server は常に新製品が出れば消費者がそれに飛びつくというものではなく、安定を求めて古いバージョンを選択するケースが多々あります。このあたりは組織の方針にもよるでしょう。

実際には新製品を極力早く使う方針だったとしても、新 OS が登場した後もウイルス対策ソフトや運用管理用のソフトなどを中心に製品対応がなされていないために、導入したくてもできない時期がかなり長い期間あります。もちろん、未知の問題が発生するケースも多くあります。新 OS が

※ 6　Character User Interface の略。文字だけで表示、操作するもののことをこのように呼びます。コマンドプロンプト、PowerShell のようなコマンドを実行できるものは CLI（Command Line Interface）とも呼びます。

登場してからそれが実際に現場で使える状態になるまでには早くても半年から1年程度かかるのが普通です。私たち管理者はこの間に新OSの機能を学びながら、本番導入を行える状態になっているかどうか評価することになります[※7]。

　新しくサーバーを導入する際には、エディションを適切に選択する必要があります。15人以下で利用するのであればFoundationが、25人以下ならSmall Business ServerやEssentialsが選択肢に入ってきます。それ以上ならStandard以上のエディションから選択することになるでしょう。Windows Server 2012ではStandardとDatacenterの機能的な差がなくなり、必要な機能を満たすエディションの選択に悩む必要がなくなったので非常に楽になりました。Windows Server 2008 R2以前のバージョンでは、機能面からもエディションを適切に選択する必要があります。

　私は基本的に以下のようにエディションの選択を行っていました。

- 基本的にStandard Editionで問題ない。
- 小規模な組織であればSmall Business ServerやFoundation、Essentialsで十分かどうかを判断する。
- クラスタ構成を組みたい場合にはEnterprise Editionにする。
- CPUやメモリを大量に積むことでパフォーマンスが飛躍的に向上するアプリケーションを乗せるのであれば、必要に応じてEnterprise、Datacenterのエディションを選択する。

後は、仮想環境で使用する場合にはライセンス的に安くなるように計算してエディションを選択します。

- Windows Server 2008 R2では、Standardなら1つ、Enterpriseなら4つ、DatacenterおよびItaniumであれば無制限の仮想インスタンスが実行できます。
- Windows Server 2012では、Standardなら2つ、Datacenterであれば無制限の仮想インスタンスが実行できます。

なお、エディションが違っても使用感や管理面での違いはほとんどありません。純粋にやりたいことが行えるのであれば価格の安いエディションを選択すれば問題ありません。ただし、後からやりたいことが増える可能性は考慮に入れておくべきです。

[※7] SP1が出るまでは絶対に導入しないと決めている組織も結構あります。

1.2 カーネルの違い

クライアントOSとサーバーOSのエディションの構成が把握できたら、次に押さえておくべき事項はWindowsの根幹にある「カーネル」についてです。これは、とりあえずOSの土台の部分だと考えてください。「カーネル」によってOSが何をできるのかが決まってきます。

古い話になりますが、かつてのWindowsには、カーネルの種類によってWindows 9x系とWindows NT系という2つの大きな系列がありました。現在は、Windows 9x系に触れる機会はほとんどなくなり、Windows NT系のOSだけを考えればよいようになりました。

NT系のカーネルに注目して、図1.14にWindowsの種類を簡単に示します。上下に分かれているところは上段がサーバーOS、下段がクライアントOSです。

```
Windows NT 3.1 → Windows NT 3.5 → Windows NT 3.51
NT 3.1            NT 3.5            NT 3.51
      ↓
Windows NT 4.0
NT 4.0
      ↓
Windows 2000 → Windows XP → Windows Server 2003
NT 5.0         NT 5.1       NT 5.2
                            Windows XP(64bit)
                            NT 5.2
      ↓
Windows Server 2008 → Windows Server 2008 R2 → Windows Server 2012 → Windows Server 2012 R2
NT 6.0                NT 6.1                    NT 6.2                NT 6.3
Windows Vista         Windows 7                 Windows 8             Windows 8.1
NT 6.0                NT 6.1                    NT 6.2                NT 6.3
```

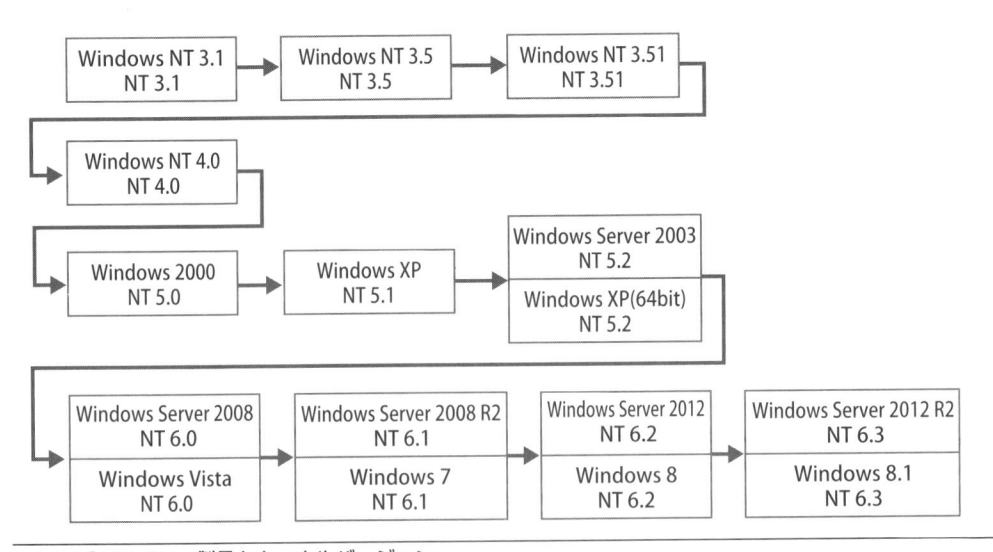

図1.14●Windows製品とカーネルバージョン

同じWindows NT系カーネルの中でも、そのバージョンの違いによって大きな区切り目があります。特に一桁目の数字が変化しているところでは大きな変更が入っています。最近ではクライアントOSでいうとWindows XPとWindows Vistaの間、サーバーOSでいうとWindows Server 2003とWindows Server 2008の間でカーネルのバージョンがNT5.2からNT6.0に大きく変更されました。Windowsは互換性を保つ努力を続けていますが、完全な互換性があるわけではなく、セキュリティや機能の向上のために構造を変化させています。カーネルが大きく異なるため、XPや2003で動作するアプリケーションがVistaや2008以降で動作しないケースは多々あります。このため、Windows XPからそれよりも新しいOSになかなか移行できない組織が多かったという

現実があります[※8]。

　一方、クライアントOSとサーバーOSという違いがあっても、同じカーネルを使っているもの同士であれば根幹部分では同じOSといえます。まったく同じアプリケーションが動作し、セキュリティの修正パッチも同一のファイルが利用できる作りになっています。レジストリを用いたOSの設定変更なども、カーネルバージョンが同一であれば、サーバーかクライアントかを問わず適用できるのが普通です。クライアントOSとサーバーOSの違いよりも、カーネルのバージョンの違いのほうが動作上の違いが大きいというのはなかなかおもしろいポイントです。

　本書で解説する内容は、基本的にサーバーOSとクライアントOSの両方に当てはまるものです。サーバーOSにしか存在しない機能、特定のエディションにしか存在しない機能は確かに存在しますが、基本的な部分はカーネルが同じであればすべて共通です。

1.2.1　レジストリ

　レジストリでの設定変更の話が出たところで、レジストリについて解説しておきます。「regedit」を実行してレジストリエディターを起動するとレジストリの中身を参照することができます。

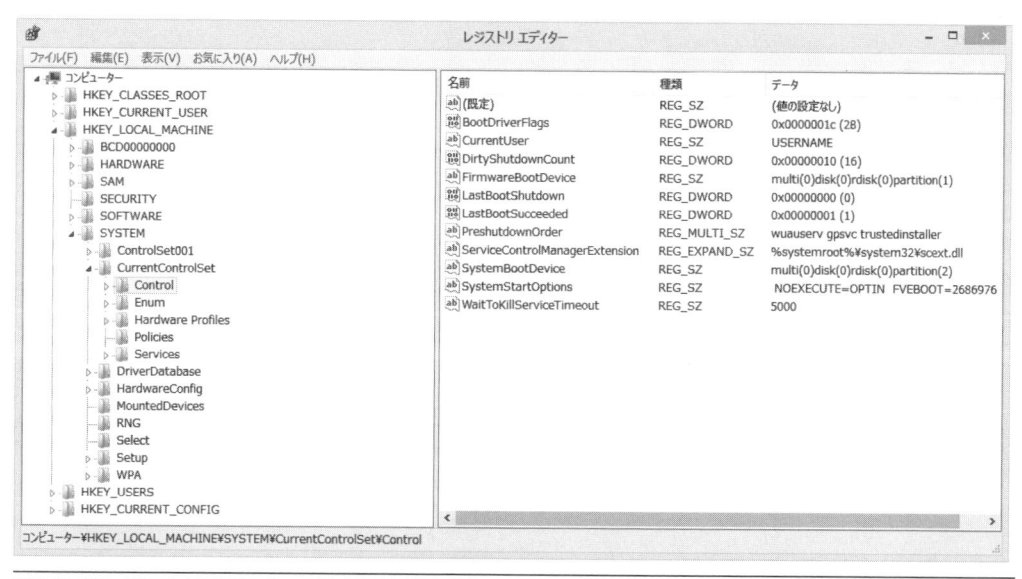

図1.15●レジストリエディターでレジストリを参照

　レジストリの中には、Windowsの動作に必要な膨大な量の情報が詰まっています。UNIXではテキストファイルに設定を記述するのが普通ですが、Windowsではレジストリに入っているの

※8　単純にWindows XPで十分だったという意見もあります。

です[※9]。

　下手にいじるとWindows自体が正常に動作しなくなってしまうという恐ろしいものですが、実際にはさまざまな場面で編集する必要に迫られますし、データを書き込んでおく場所としてもファイルと並んで比較的頻繁に使われます。カーネルレベルの設定はほとんどすべてレジストリでの設定になります。

　レジストリに関しての詳細は以下の技術情報を参照してください。

　　上級ユーザー向けのWindowsレジストリ情報
　☞　http://support.microsoft.com/kb/256986/ja

1.3　今後の方向性

　ここまで見てきたように、Windowsにはたくさんのバージョンやエディションがあります。これからも新しいバージョンが登場し続けるでしょう。しかし、Microsoftはシンプルなエディション構成にする方向に向かっているようです。私達管理者にしても、エディションの選択ミスが原因で期待していた機能が使えないという問題が発生しなくなり、管理が容易になっていくのではと期待できます。

　それに対して現在迷走しているように見えるのはWindows RTです。Windows RT自体の普及も怪しいですし、企業などへの進出はまだ進まないのではと感じています。管理者にとっては、Windows RTはほとんど別のOSであり、管理面で特別扱いになるため動向には注目する必要があります。

　さらに、Windows 8以降で利用可能なModern UIへの移行が進むのかどうかも気になるところです。現段階ではまだ普及しているとはいいがたいため、Windowsストアへのアクセス自体を禁止して運用するようなことも可能ですが、普及が進み組織の運用現場でも利用されるようになれば、Windowsストアアプリを組織内で効率的に配布、更新、管理する必要が出てきます。これには今までとはまったく異なる管理方法が必要になるでしょう。

※9　例外は特にアプリケーションに関して多数ありますが、Windows OS自体の設定はあらかたレジストリに格納されています。

1.4 Windows XP のサポート期限切れについて

　2013 年の年末にニュースを賑わせていたのが、Windows XP のサポート期限切れの話題です。2014 年の 4 月 9 日（日本時間）にサポートが切れます。Windows XP の登場は 2001 年ですから、10 年以上にわたって現役であり続けた Windows XP がついにサポート期限が切れ、それによってセキュリティパッチが今後提供されなくなります。これによって組織で使い続けるのはかなりのリスクが発生することになります。

　Windows XP のサポート期限についてはかなり前から告知されていました。登場したばかりの Windows Server 2012 R2 のサポート期限もすでに決まっています。しかし、私の知る複数の組織でもまだ Windows XP が現役で稼働中です。移行できない主な理由は、OS の上で動いているアプリケーションです。Windows XP と Vista 以降の Windows ではカーネルの作りがかなり変わっているため、アプリケーションがそのままでは動かない可能性が高いのです。Windows XP 上だけで動作テストが行われた業務アプリケーションを新しい OS に対応させるには、改修、テストに長い期間と高い費用がかかってしまい、移行の必要性は理解しながらも問題を先送りし続けてしまっているのです[※10]。

　Microsoft もそのあたりは十分に理解していて、スムーズに移行できるように互換モードを用意したり、アプリケーションを移行するためのガイドラインを示したり、支援プログラムを提供するなど、あの手この手で移行を促していますが、なかなか思いどおりには行っていない現実があります。

1.4.1　サポート切れによって切り替わるシステム

　システム担当者にしてみれば、問題なく動いているものをわざわざ費用と苦労をかけて変更したくない、安定しているものには触りたくないという気持ちは当然あるでしょう。使い続けることができるなら使い続ける…そのようにして古いシステムがいつまでも残り続け、動き続けることになります。

　本書を読んで、あまり古い話は必要ないのではないかと思う方も多いでしょう。しかし、実際には世界中の至るところで古いシステムは動き続けています。最近では仮想化技術が広く使われるようになったため、ハードウェアが更新されても仮想化環境下で古い OS やアプリケーションが稼動し続けているというケースは多くあります。

　そのような状況においては、サポートが切れることによって仕方なくシステムを刷新することが

※10　もちろん、合理的な判断の上であえてサポート期限切れの後も Windows XP を使い続ける組織もあるでしょう。

多いのが現実です。実際仕事をいただく理由として、サポート切れのため仕方なくというのは非常に多いのです。

しかし、サポートが切れるまで使い続けたシステムは次のシステムに移行するにあたって、その間の断絶が大きいのも事実です。場合によっては製品のメジャーバージョンをいくつも飛び越えることになります。今回の Windows XP からの移行でも、移行先として最新版の Windows 8.1 を選択するところもあるでしょう。そうするとバージョンを 3 つ飛ばすことになります。その結果、移行の難易度が上がり[※11]、ユーザーの使い勝手も大きく変化してしまいます。大きな変化や新しいものの未知のリスクを避けるために、少し古く安定しているバージョンへの移行を選択することもありますが、その場合にはせっかく移行したのにすぐにまたサポート期限切れを迎えてしまい、結果的にサポート切れ対策の移行プロジェクトばかり行う必要に迫られてしまうことにもなりかねません。

製品のライフサイクルを把握しながら適切にシステムの新陳代謝を行うのは、管理者の重要な仕事です。

1.5 OS はなぜ HDD、SSD にインストールするのか

Windows も含めて、OS は通常 HDD、あるいは SSD にインストールします。当然すぎて疑問に思わない人も多いかもしれません。しかし、OS のインストール時には DVD から起動するように、HDD や SSD 以外から OS を起動することは技術的に可能なのです。そうだとすれば、例えば普段から DVD に OS を入れておいてその状態で使用することもできるのではないでしょうか。

1.5.1 DVD に OS を入れておいてもよいのでは

「DVD に OS を入れておいて、そこから起動して使う」この状態で利用することに何か問題があるでしょうか。考えてみましょう。

- DVD を入れるだけで OS が起動するならインストール作業がいらない（手軽）。
- DVD を入れ替えるだけで OS や構成を簡単に変更できる、まるでゲーム機のような仕組みができ上がる（便利）。
- 間違えてデータを消してしまうようなことがない、再起動すれば必ず同じ状態になる（堅牢）。

※11 あまりバージョンが離れていると、移行ツールが対応していないケースも多くなります。

これはなかなかよいシステムのようにも思えます。予想される反論に関しても答えてみましょう。

- アプリケーションが追加できないのではないか？
  → DVD から起動した後で書き込み可能なデバイスを利用するようにすればよい。また、USB やネットワーク上の別の場所を利用してもよい。
- 設定を残しておけないのではないか？
  → 上記と同じように HDD や USB メモリー、もしくはネットワーク上の書き込み可能なデバイスに設定を残しておけばよい（ゲーム機のメモリカードと一緒です）。
- OS に問題があったらどうするのか？
  DVD を新しいバージョンに差し替えればよい。

いかがでしょうか。ここまでに出てきた要素だけでは HDD や SSD に OS を入れる必然性は説明できていないように思えます。さらに視野を広げるならば、例えば以下のものに OS が入っていても問題ありません（このリストは簡単に増やしていけます）。

- USB メモリ
- フラッシュメモリ
- フロッピーディスク
- ネットワーク上のデバイス
- テープデバイス

HDD や SSD をこれらのものに置き換えても話は変わりません。実際のところ、上記のものに OS を配置する形で利用されている、あるいはされていたシステムは存在します。OS は HDD か SSD に入れなければならないというルールは存在しません。OS であってもただのデジタルデータであることに変わりないので、どこにどのような形で保管されていようと本質的には関係ないのです。

1.5.2　HDD、SSD 以外の場所から OS を起動するケース

通常の運用においても、主に以下のようなケースで HDD や SSD 以外からブートさせることがあります。

- OS インストール、アップグレード
- 障害時のデータ復旧作業時のために
- 一時的な検証作業用

- 別の OS の試用

ブートするためのブートイメージが格納されている場所として以下の場所がよく使われます。

- フロッピーディスク
- CD
- DVD
- USB
- テープデバイス
- ネットワーク上
- SAN ネットワーク上[※12]

1.5.3　なぜ HDD、SSD が選ばれることが多いのか

では、なぜ OS は当たり前のように HDD に保存され、そこから起動されているのでしょうか。それは、現時点では HDD が最も速く、大容量で手軽に利用できるからです。ただそれだけです。スピードも速いし、容量も大きいし、書いたり消したりできるし、電源を切ってもデータがなくならないのです。このように都合がよいので HDD を使っているのです。これとまったく同じ理由で過去には OS は FD に入っていて、OS を起動させるには FD を入れてそこから起動していた時代もありました。当時は HDD は存在していない、あるいは高すぎて普及していない時代だったのです。

最近はそろそろ HDD よりも高速な SSD が OS の配置場所として選択されるケースが増えてきました。まだ価格、容量、耐久性の面で HDD の方が優れているため完全に置き換わってはいませんが、近い将来に置き換わりそうな勢いです。

もし、世界の隅々にまで超高速ネットワークが普及するならば、OS 自体はネットワーク上に存在することになるでしょう。また、CPU のレジスタ自体が超大容量になって電源を切ってもデータが消えないようになったならば、OS は CPU のレジスタ内に存在することになるでしょう[※13]。

1.5.4　頭を柔らかくしておくこと

このトピックは、頭を柔らかくしておくことの重要性について触れるために書きました。過去の実績や経験の蓄積にもとづく常識、定石ももちろん重要ですが、それらに縛られることなく柔軟な発想ができることもまた重要です。例えば、Windows の問題を Linux から解決してもよいのです。クライアントの問題をサーバーで解決してもかまいませんし、さらにいえば技術的問題を政治的に

※12 「SAN」はストレージエリアネットワークの略です。「7.3 SAN」で解説をします。
※13 どちらもありえない仮定ではありますが。

解決してもよいのです。

現場のニーズには柔軟に応えられるようにしていきましょう。

1.6 ドライブおよびパーティションの分割方法

　Windowsのインストールでは、まずインストールドライブとパーティションの選択を行います。この際にすべてWindowsに任せることもできますが、ドライブの中にパーティション[※14]を作成し、特定のパーティションに対してWindowsを導入することもできます。以下の画面はWindows Server 2003とWindows 8のインストーラーでの設定画面です。メーカー製の専用のサーバーインストール用CD/DVDを利用している場合などにはまったく異なる画面になりますが、概念は同じです。

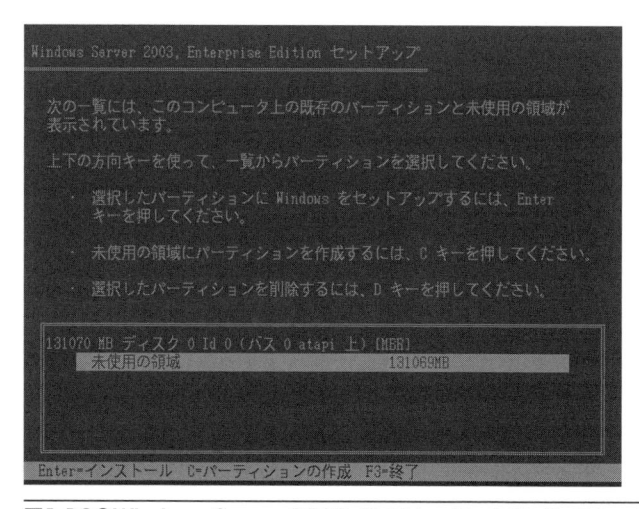

図1.16●Windows Server 2003インストーラーでのインストールパーティションの選択

※14　ディスクの中の区画のことです。1つのディスクを複数の区画に区切り、用途を分けて利用できます。

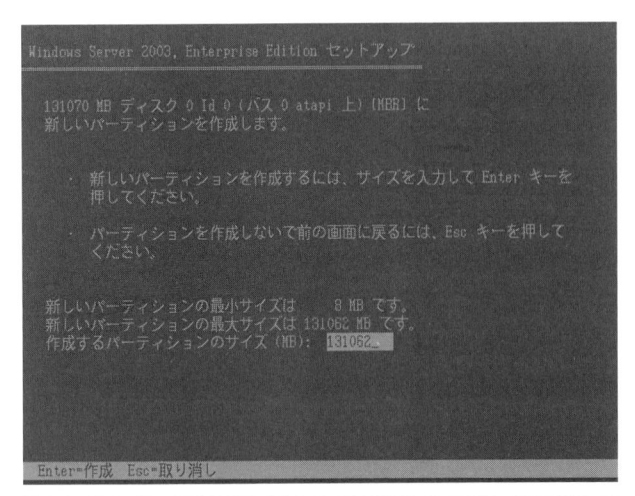

1 Windows のエディションの選択とインストール

図1.17●Windows Server 2003インストーラーでのパーティションサイズの設定

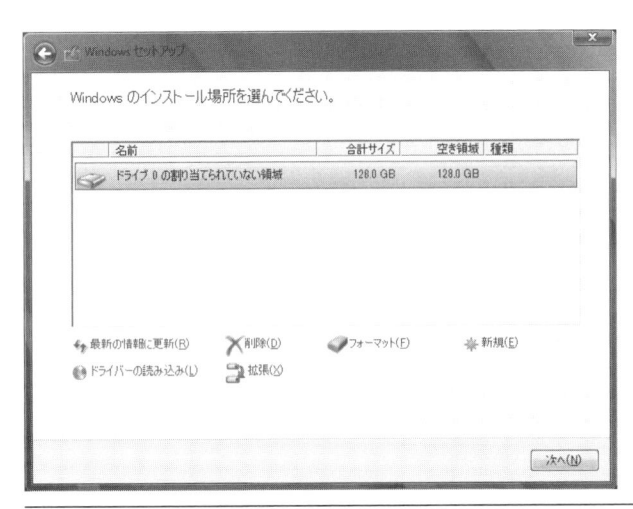

図1.18●Windows 8インストーラーでのインストールパーティションの選択

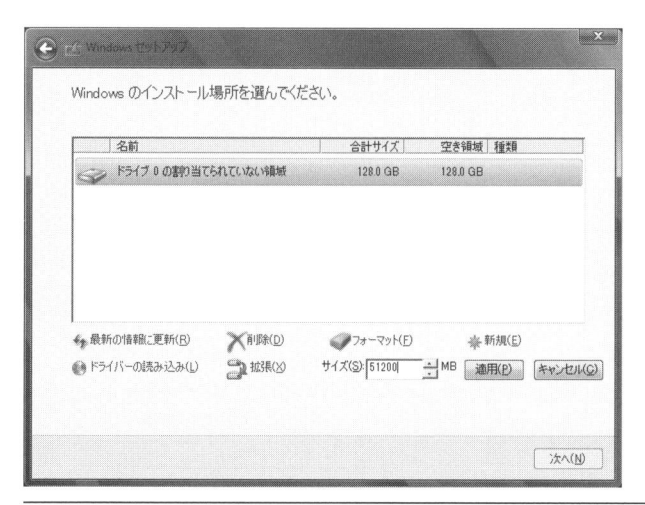

図1.19●Windows 8インストーラーでのパーティションサイズの設定

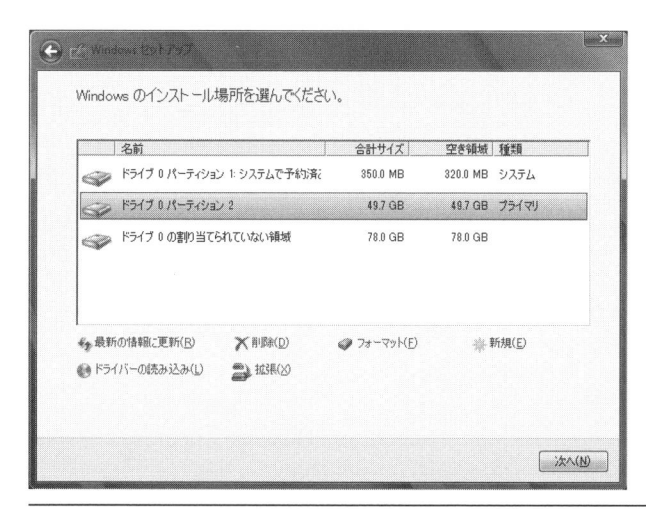

図1.20●Windows 8インストーラーでパーティションを作成した状態

　複数ドライブに分けることのメリットとデメリット、パーティションを分割することのメリットとデメリットを理解した上で適切に選択する必要があります。

　特にHDDまたはSSDが1つしか搭載されていないクライアントPCにおいて、パーティションの構成は重要です。サーバーに関しては昨今かなり仮想化が進んでおり、RAID[15]システムはもとよりSAN環境も当たり前となり、その上でさらにハードウェアとソフトウェアを絡めた仮想化がなされていることが多く、パーティションの分割を行う意味がないケースが少なくありません。しかし、ドライブ（ボリューム）をどのように構成するのかという同質の問題が出てきます。考え方

※15　RAIDについては「7.2 RAID」で解説します。

は共通なので基本として押さえておくとよいでしょう。

さらにいうと、これはWindowsに限らずすべてのOSについて当てはまる話です。

1.6.1 分割のメリット

ドライブを複数にする、あるいはパーティションを分割するとWindowsからはCドライブDドライブのように別のドライブとして見えるようになります[16]。これによるメリットには主に以下のようなものがあります。

■ 1.6.1.1 システムとデータが分離できる

Windows OSを導入するのはCドライブ（システム用ドライブ）、データを格納するのはDドライブ（データ用ドライブ）というように分割しておけば、システムとデータを分離させることができます。これによってさまざまなメリットが生まれてきます。

- システム復旧（OS再インストール、イメージ流し込み）の際に、データをそのまま保持できるようになります。
- バックアップやリストアはドライブ単位でも行えるため、分割しておくことで時間を短縮しつつ柔軟性を向上させることができます。
- 時間とともに肥大化するデータ（特に自動的に生成されるログなど）をシステム用ドライブとは別の場所に配置することで、万が一ログ管理に失敗して空き容量がなくなってしまったような場合でも、その影響をシステムに与えないようにできます。これは適切に設計、監視されていないシステムではありがちな失敗です。
- どちらかのドライブがファイルシステムごと壊れ、データが読み取れないような状態になった場合に、別のドライブには影響が伝わらずデータが保全される可能性があります。

■ 1.6.1.2 パフォーマンスへの影響

- ファイルを頻繁に書き換えるとファイルがフラグメント[17]し、パフォーマンスが低下します。書き換え頻度の少ないものと多いものをドライブまたはパーティションで分割することによりファイルのフラグメントによるパフォーマンス低下の影響を他のドライブ、パーティションに与えずに済むようになります。

※16 特定のフォルダーにディスク、パーティションをマウントすることも可能です。

※17 1つのファイルが連続した領域に書かれずにストレージ内で分散してしまうこと。連続している場合に比べて読み取りや書き込みの際に無駄にヘッドを移動させる必要があるので、パフォーマンスが落ちてしまいます。

- 物理的ドライブを分ける場合には物理的に異なる場所への読み書きになるため、パフォーマンスが向上します。ドライブが動いてデータを読み書きする速度は相対的に非常に遅く、それを命令する速度の方が圧倒的に速いからです。
- 同一ドライブ内でパーティションを分けた場合でも、HDD の外周部分に割り当てられたパーティションの方が内周部分に割り当てられたものよりも若干速度が早くなります。
- 特に RAID を構成できるシステムの場合、ドライブごとに RAID 構成や構成ディスク数を変えることで用途に合わせたパフォーマンスを発揮させることができます。

■ 1.6.1.3　別の OS との共存が行える

- 1 台の PC で複数の OS、あるいは複数のバージョンの Windows を共存させたい場合があります。同じパーティションに複数の OS を導入することは特殊な OS 以外では通常不可能です。できたとしても管理が煩雑になります。この場合、ドライブを複数用意するか 1 つのドライブの中でパーティションを区切ることで共存が可能になります。
- 複数の OS で異なるファイルシステム[※18] を利用する場合には、ドライブを分けるかパーティションを分割することが必須になります。
- 複数の OS が異なるファイルシステムで共存する場合には、共通して読み書きできる場所がないと(ローカルで)データの受け渡しができません。この場合に共通的に読み書きのできるファイルシステムでドライブあるいはパーティションを用意します。

■ 1.6.1.4　暗号化に対応できる

- ディスク全体を暗号化する技術が複数あります。その場合本当にディスク全体をまるごと暗号化してしまうと起動すらできなくなってしまいます。そこでパーティションを分割することで、起動し暗号化を解除するための情報を配置する暗号化されていない場所を確保することができます。

■ 1.6.1.5　システムボリュームには行えない操作が行える

　ドライブやパーティションを分割すると、必然的にシステムボリューム（OS 自体が格納される場所）とそれ以外に分かれます。OS を含むシステムボリュームに対してはいくつか行えない操作がありますが、他のパーティションにはその制限はありません。システムボリュームに対する制限の一例を次に示します。

※18　かなり雑な説明ですが、ディスクを実際に OS が利用できる形に整えるその整え方がファイルシステムです。Windows では主に NTFS が利用されています。過去には FAT16、FAT32 があり、新しいものとして ReFS があります。Linux であれば ext2、ext3、ext4 などがよく利用されます。

- Windows Server 2012以降に搭載されている重複排除機能はシステムボリュームには適用できません。
- Hyper-Vの仮想マシンの起動ディスクはIDE接続である必要があり、これは起動中に拡張が行えません。

1.6.2 分割のデメリット

ディスク、パーティションを分割することのデメリットとしては主に以下のようなものがあります。

■ 1.6.2.1 利用率低下

- 複数に分割すれば空き容量も分割され、それによってストレージ容量を最大限に利用できなくなります。特にノートPCなどストレージ容量が不足しがちな環境で問題になります。
- 特にWindows Update、復元ポイントなどでシステムが肥大化していきますが、その最大容量を完全に見積もることは困難です。結果として他のドライブ、パーティションにはまだ空き容量が十分にあるのにOSが入っている領域だけ空き容量が足りないという状況に陥る可能性があります。
- 万が一容量見積もりに失敗し、特定のパーティションの空き容量が不足してしまったが、ディスク全体としては空き容量が余っている、というような場合に、パーティションサイズの変更はできないこともありませんが比較的困難です。専用のソフトウェアを購入し対応するようなケースもあります。

■ 1.6.2.2 意図に反するデータ配置

- 特定のドライブレター（特にC）でないとうまく動作しないようなソフトウェアが存在した場合にルールが崩れる可能性があります。
- エンドユーザーがシステムの意図を理解できていない場合に、特定のドライブにまったくデータが配置されず容量が無駄になるリスクがあります。

1.6.3 Windowsに勝手にパーティション分割される

Windows 7やWindows Server 2008 R2以降では、Windowsをインストールする際に勝手にパーティションが作成されます。

以下は HDD が 1 台接続された PC に、パーティション構成を行わずに Windows 8 をインストールした後のディスクの状態です。

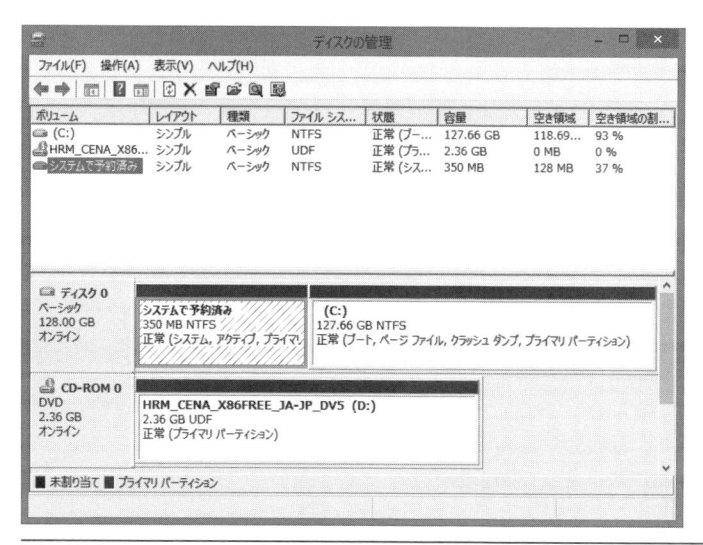

図1.21●Windows 8 をパーティション設定を行わずにインストールした後のディスクの状態

　ディスク 0 の先頭に 350MB の NTFS パーティションが作成されています。ここには Windows 回復環境が含まれており、さらに BitLocker を有効にした場合にもこの領域が使われます。BitLocker ではディスクに暗号化されていないパーティションが必要なためです。

　この Windows が勝手に作成するシステム用のパーティションは、Windows のエディションによってサイズが異なります。Windows Vista では BitLocker を動作させるために 1.5GB を必要としますが、自動的には用意されません。そのため、BitLocker を使用するには BitLocker ドライブ準備ツールでパーティションを分割するか、あらかじめ自分でパーティションを分割しておく必要がありました。Windows 7 や 2008 R2 では 100MB、Windows 8 や Windows Server 2012 では 350MB の領域が自動的に作成されます。

1.6.4　個人的見解

　私自身が個人的に使っている PC に関しては、昔はパーティション分割を当たり前に行っていましたが最近は行わなくなりました。私はすぐに容量を使い切ってしまうので、空き容量の確保を重要視します。また、ディスクがかなり安くなってきたため、何かあれば新しいディスクを接続してしまえばパーティション分割のメリットは得られるから、ということも大きいです。

　仕事上では、HDD を 1 つだけ搭載している PC を対象に以下のような仕組みを提案、実装した

ことがあります。

- パーティションは2つに分ける。（システム用とデータ用）
- Cドライブにはシステム関連ファイルだけを配置する。
- データはすべてDドライブに配置する。
- ユーザーのプロファイル[19]データもDドライブに配置する。
- システムパーティションの内容はイメージ化しておく。
- もしもシステム的に不具合が起きればCDまたはファイルサーバー上のイメージからシステムパーティションだけ自動リストアする。

ユーザープロファイルをDドライブに配置する方法は以下の技術情報に記載されています。

[HOW TO] ユーザープロファイルとプログラム設定のデフォルトの場所を変更する方法
☞ http://support.microsoft.com/kb/322014/ja

このようにしておけば、もしもシステムが不安定になったとしても、システム復旧用のCDを1枚渡して、「これを入れてPCを起動して」といっておくだけでOSとしてはクリーンな状態に戻り、ユーザーのデータも保たれます。これを実際に適用、運用している取引先ではかなり快適に運用できているそうです。

ただし、これを実装する際に1つ大きな問題が発生しました。「特定ベンダーが作成したカスタムアプリケーションが該当PCでは正常に動作しない」というものです。Dドライブにプロファイルの配置場所を変更しているところが原因だろうとあたりをつけて、カスタムアプリケーションのプログラム内でプロファイルの場所をCドライブだと決め打ちしている場所がないかどうか確認しましたが「それはない」という回答でした。問題の原因がわからずかなり困ってしまいました。

この際は、暫定的に「Cドライブにプロファイルの残っているAdministratorアカウント（このアカウントなら実行できた）として実行させるランチャーをラッパーとして使ってもらう」という方法でしばらく回避しました。

結局後から原因が判明し、やはりプログラム内でユーザープロファイルの場所をCドライブだと決め打ちしているところがあったそうです。「確認しても正しく確認／対応してもらえるわけではない」ということは頭に入れておく必要があります。

標準的でない構成に起因して発生した障害として、以下のような問題も過去にありました。

- マイドキュメントのサーバーへのリダイレクト、ユーザーのCドライブ直下への書き込み制限により、アプリケーションのインストール時、初回起動時に問題が発生する。
- CDドライブのドライブレターが固定されたものでないと動作しない。

※19 ユーザーに紐づくデータのことです。「6.3 ユーザープロファイル」で解説しています。

アプリケーション開発者は、運用される PC の環境に関してあらゆる動作パターンを把握してテストできるわけではありません。理論的には正しくても現実にそれを適用できないようなケースは多々あります。少々イレギュラーな構成を組む場合には、それが意図しない部分で悪影響を及ぼさないかを確認できるように余裕のあるスケジュールを組むことを強くお勧めします。あるいは、当たり障りのない構成で済ませてしまうのも 1 つの手ですが、このあたりはバランス感覚が必要です。

1.6.5　問題発生時の対処方法

標準的な構成では問題ないが、パーティション分割などを行うとアプリケーションが正常動作しないというようなときには、アプリケーションがどのファイルをどのように触ろうとしていて、どのようなエラーが発生しているのかを直接調べる方法が有効です。このようなプロセス[20]の動作に関する情報は Process Monitor で確認することができます。どうしても原因が分からない場合には使ってみるとよいでしょう。

Process Monitor
☞ http://technet.microsoft.com/en-us/sysinternals/bb896645.aspx

1.6.6　ストレージ装置での操作

RAID 構成を組むことができる場合には、複数のディスクを組み合わせて 1 つのディスクボリュームを作成します。これができるシステムの場合にはボリュームのなかでパーティションを区切るのではなく、RAID 上で複数のボリュームを作成したほうがメリットが出せます。具体的にはストレージ装置だけで行うボリュームのコピーやスナップショットの作成などの操作単位がボリューム単位になるので、OS レベルでパーティションを区切ってもパーティション単位での操作はストレージ装置では行えません。

1.6.7　仮想環境での考え方

昨今、仮想環境を利用することが増えました。例外はありますが、基本的に仮想環境では仮想 OS が認識しているディスクの実態はファイルです。この環境では 1 つのディスクの中を複数のパーティションに分割するメリットはほとんどありません。パーティションを分割するよりもディスクを複数接続したほうがよりメリットがあるからです。分割によるメリットはディスクを複数に

※20　プログラムが動作する単位。プロセスは複数が独立して実行されます。

することで得ることができますし、ディスク単位でメンテナンス、拡張、圧縮などを行えます。

　仮想環境の場合には、仮想マシン上でディスクを分けても実際には同じディスクアレイ上に配置されるケースも多く、容量的にもストレージ装置側でシンプロビジョニング[21]を行う、あるいは仮想ハードディスクの種類を容量可変[22]に設定することによって大きな最大容量を割り当てることができるため、ディスクを分けることの実質的な意味がないケースも多々あります。ただし、仮に単一の物理的なディスクシステム上にすべてのディスクが配置されるとしても、それでもディスクをあらかじめ分けておいたほうが後から複数のディスクを物理的に異なるディスクアレイに配置するように構成できる可能性が残せるのでよいということはいえます。実際にどうするかは、そのシステムの拡張性や性能向上の余地をどこまで残す必要があるかによって変わります。

1.6.8　増加分を考慮する

　ドライブのサイズには増加分を見込んでおく必要があります。構築直後に空き容量が確保されていてもそれだけでは安心できません、運用している最中に容量は増加するからです。ユーザーがデータを保存することで容量が増加するのは当然ですが、それ以外にも主に以下のような要因で容量が増加します。

- 各種のデータベースファイルが増加する。
- 各種のログファイルが生成される。
- Service Packや修正プログラムの適用によって%windir%¥winsxsが増加する。

　例えば、SQL Serverであればデータベースを保持することが目的ですから、データベースファイルに対して適切な増加分を見込んだ上でサイジングを行わなければいけません。また、データベースのログファイルは使えば使うほど増加し続け、フルバックアップを行わないと削除されないので、ログファイルの考慮に加えてバックアップ失敗時の増加量も見込んでおく必要があります[23]。その他にも、イベントログをはじめとして、各種ログファイルを生成するものは多数あります。これらは適切に管理しないとたまり続ける一方です。

　見積もりが最も難しいのはOSのシステムボリュームです。将来どれだけのServicePackや修正プログラムが出るかを事前に知ることはできないので、十分に容量を見積もっておくか、後からで

---

[21] OS上では大きな容量が割り当てられたようにあらかじめ認識させるが、実際の消費容量しかディスクを消費しない仕組み。最初から大量のディスクを用意せずにディスク容量が足りなくなってきてからディスクを追加することで容量不足に対応可能になります。

[22] 仮想HDDを当初小さなサイズで作成し、実際に書き込みが行われてサイズが足りなくなったらそのつど拡張していく方式。ディスク使用効率に優れるものの、あらかじめ容量固定で作成する場合に比べてパフォーマンスに劣ります。

[23] バックアップとログファイルの削除の関係については「8.4 データベースはバックアップをしないとディスクがあふれる」でも解説しています。

も増加できるような準備が必要です。Service Packではほとんど丸ごとファイルが入れ替わるような状況なので、少なくともインストール直後の状態の倍以上には膨らむことを想定しておく必要があるでしょう。この動作の説明や、アンインストール用にアーカイブされたファイルを削除する方法に関しては以下の技術情報を参照してください。

> Windows VistaおよびWindows Server 2008で、Service Packおよび修正プログラムの適用後にブートパーティションの使用領域が増加する
> ☞ http://support.microsoft.com/kb/973016/ja

考慮が足りず、ドライブの空き容量が不足して動作が停止してしまうのはありがちです。注意してください。

1.7　クライアントアクセスライセンス（CAL）とその設定

この節ではクライアントアクセスライセンス（CAL）に関して説明します。Windowsシステムを構築する際には、ライセンス周りのことを正しく理解しておく必要があります。とにかく動けばよいという考えでよく理解せずに適当に導入するとライセンス違反になる恐れがあります。注意してください。

1.7.1　サーバーライセンスとクライアントアクセスライセンス

Windows Serverのライセンスには、サーバーライセンスとクライアントアクセスライセンスの2つがあります。

- サーバーライセンスはサーバーOS自体を構築運用するための権利。
- クライアントアクセスライセンスはサーバー上で動作しているサービスにアクセスするための権利。

この2つが切り離されているために、大きな組織でも小さな組織でも公平な価格設定になります。その一方で管理は複雑になります。

1.7.2　CALの購入方法

　CALはWindows Serverにアクセスする際に必要です。いくつか例外がありますが、まずは基本から説明しましょう。CALを持たせることができる場所（CALの購入方法）は以下の3つです。

表1.3●CALの購入パターン

同時使用ユーザーモード	接続デバイス&ユーザー数モード
1. Windows Server（同時接続数）	2. 接続デバイス（Windows Client、PDAなど） 3. 接続ユーザー

　1.は「同時に使用するユーザー」であるのがポイントです。接続デバイスや接続ユーザー数がどれだけ多くても（たとえ1万でも10万でも）同時にアクセスするユーザー数が5人ならば、サーバーに5CALを持たせておけばよいことになります。特にサーバーの数が少ない環境で有効な購入方法です。この場合、サーバーが複数あればそれぞれにCALを購入する必要があることに注意してください。

　2.は接続デバイスにCALを持たせて、そのデバイスからは任意のWindows Serverにアクセス可能とする方法です。例えば、サーバーが何十台あっても、ユーザーが何百人いても、接続デバイスの数が限られているならば（そしてそれを共有するならば）、そのデバイス数だけのCALを購入すればよいことになります。サーバーやユーザー数がある程度多く、接続デバイスを共有しているような環境で有効な購入方法です。

　3.は接続ユーザーにCALを持たせて、そのユーザーは任意の端末から任意のサーバーにアクセス可能とする方法です。サーバーや端末が何台あっても、ユーザーの数だけCALを購入すればよいことになります。特に、1人のユーザーが複数台の端末(デスクトップPCやノートPC、PDAなど)を使うような場合に効率的なライセンスの購入方法です。

　小規模な組織ではサーバーにCALを持たせる1.の方法をとることが多く、中規模から大規模になってくると、2.や3.の方法をとるようになります。2.と3.のどちらの方法をとるかは、ユーザーと端末のどちらが多いかによります。

　また、CALにはバージョンがあり、サーバーOSの種類に合わせたバージョンのCALが必要です。新しいバージョンのサーバーOSを導入する場合にはCALのバージョンにも注意が必要です。新しいバージョンのCALであれば古いバージョンのサーバーOSにアクセスする権利（ダウングレード権）があります。

1.7.3　ライセンスモードの設定

　CALの仕組みが理解できたら、それがどのようにサーバー側で管理されるのかを理解しましょう。

■ 1.7.3.1　Windows Server 2003、2003R2 の場合

　Windows Server 2003 や 2003 R2 では、CAL の設定はインストール時に次のように聞かれ、ライセンスモードを選択していました。

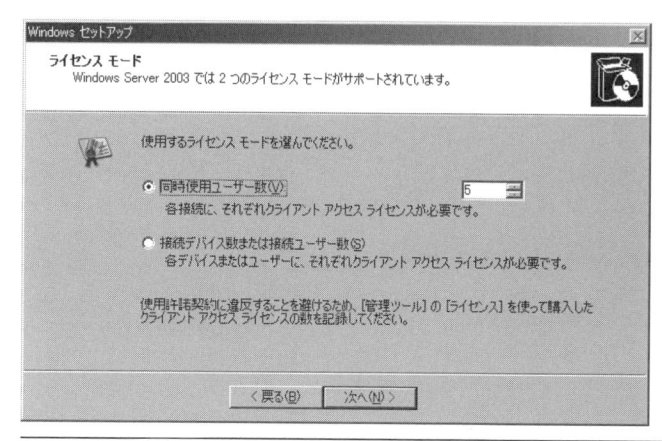

図1.22●Windows Server 2003インストール時のライセンスモードの選択画面

2つのライセンスモード

　サーバー側の設定としては、CAL をサーバーに持たせるかどうかという点で異なる次の2つのモードのいずれかを選択することになります。

- 同時使用ユーザー数モード（サーバーに CAL を持たせるモード）
- 接続デバイスまたは接続ユーザー数モード（サーバーではなく、デバイスまたはクライアントに CAL を持たせるモード）

　もうひとつ重要なルールとして、モードの変更は1回だけ、「同時使用ユーザー数モード」から「接続デバイスまたは接続ユーザー数モード」への切り替えができるようになっています（逆方向の切り替えはできません）。これで、組織が大きくなった場合の典型的なライセンス形態の変更に対応できるというわけです。なお、同時使用ユーザー数モードでのライセンス数の変更は後からでも可能です。

とりあえずの方針

　ここまでの説明から次の方針が導き出されます。

　　よく分からなければとりあえず同時使用ユーザー数モードに設定し、後で必要に応じてモードの変更を行う。

CALの話はややこしく、よく間違いが発生します。前述のとおりライセンスモードは後から自由に変更できるものではなく、特に同時使用ユーザー数モードへの変更を行うにはOSを再インストールする以外ありません。これは大きな損失です。そうならないための上記の方針なのです。

　本来は、事前に確認をしてOSインストール時に適切に設定すべきです。しかし、サーバー導入は急がなくてはいけないのにこの部分が確認できず作業が滞るようでは困りものです。技術者の立場としては、実際の案件を進めるだけならここまで理解できていれば問題ないことが多いです。あくまでもCALの買い方の話なので、CALの購入状況がよくわかっている人に後で話を聞いて設定すればよいでしょう。

■ 1.7.3.2　Windows Server 2008以降の場合

　Windows Server 2008以降のOSでは、CALのモードに関してサーバー側で設定する箇所はなくなりました。Windows Server 2003までは設定箇所があったものの混乱も多く、ソフトウェア的な制限もかけていなかったため、管理するメリットが低いと判断されたのでしょう。

　もちろんOSとして管理していない、設定場所がないからといってライセンスを無視してはいけません。内容を把握して、適切にCALを購入する必要があります。

■ 1.7.4　ライセンスの奥は深い

　この章ではCALとその設定についての基本を説明しました。Microsoft製品のライセンス形態は複雑で、OSだけでなく機能や各種の製品ごとに理解すべきライセンス事項があり、契約自体もさまざまです。例えば、リモートデスクトップサービスやRights Managementサービスを実行するには専用のCALが必要ですし、外部ユーザーのアクセスが多い環境ではエクスターナルコネクタライセンスの使用も可能です。バージョンアップを前提に「ソフトウェアアシュアランス」を購入することでアップグレード権を得ることもできます。ライセンスの話だけで本が1冊かけてしまうほどです。本書ではこれ以上は深く立ち入りません。

　複雑で難解なことはMicrosoft自身も認識しているようです。パートナー企業であれば、パートナーコールセンターに電話すれば無償ですぐに詳しい担当者に対応してもらえます。パートナー企業ではない場合は購入元に相談、確認を行うとよいでしょう。

1.8 VolumeActivation2.0

　ライセンス認証は、管理者として確実に理解し正しく管理すべきものです。ライセンスの管理方法は製品ごとに異なりますが、現在の主要な Windows のライセンス管理方法であり最も重要なものといえるのが、Volume Activation 2.0（VA 2.0）です。

　VA 2.0 は、Windows OS および Microsoft Office のライセンス認証を行うための仕組みです。以前のライセンス認証は、結局のところやるべきことを行うだけのものでしたが、VA 2.0 では事実上「設計」、「運用」のタスクが必要となります。

　このあたりをよく理解せずに「とりあえず動いているから」といって本番運用を始めてしまうと、しばらくして忘れた頃に「使えなくなった！」と連絡が来てしまうなどということにもなりかねません。しっかりと動作を理解しましょう。

1.8.1　VA 2.0 の対象

　まず、VA 2.0 の対象を押さえましょう。本書の執筆時点では次に挙げるソフトウェアが対象になります。

- Windows Vista
- Windows 7
- Windows 8
- Windows 8.1
- Windows Server 2008
- Windows Server 2008 R2
- Windows Server 2012
- Windows Server 2012 R2
- Office 2010
- Office 2013

　要するに、Windows Vista 以降の OS のクライアント版とサーバー版両方と、Office の 2010 以降で採用されているわけです。

1.8.2　VA 2.0 の目的

次に、目的を理解しましょう。VA 2.0 はアクティベーションを容易にしつつ、不正利用を防ぐための方法です。

以前の Windows OS や Office 製品ではアクティベーション自体必要ありませんでした。インストール時にキーを入力すれば後は何もする必要がなく、その気になればいくらでも違法コピーできてしまう状態でした。

不正利用防止のためにアクティベーションの仕組みが導入されたのは、Windows XP、Windows Server 2003 および Office 2003 からです（Volume Activation 1.0）。インターネットに接続できるならアクティベーションのウィザードを実行するだけです。基本的にインターネットや電話でアクティベーションを実施しないとソフトウェアが使えないようにする仕組みが備わったのです。個人の PC であればこの方法で問題ありません。

しかし、組織の管理下にある、場合によっては数千、数万台にもなる PC 一台一台に対してアクティベーションを実施して回るのは現実的ではありません。そこで、企業向けに「ボリュームライセンスメディア」と「ボリュームライセンスキー」が提供されるようになりました。「ボリュームライセンスメディア」を使ってインストールし、インストール時に「ボリュームライセンスキー」を入力すると、後からアクティベーションを実施することなく使い続けられるのです。この仕組みのおかげで、組織の管理者は大量の Windows OS のアクティベーションを個別に実施する手間をかけずに済みました。

しかし、この方法には問題点があります。ボリュームライセンスメディアとそのキーが組織の外部に漏れてしまえば、アクティベーションなしで不正利用し放題になってしまうのです。そこで、Windows Vista、Windows Server 2008 および Office 2010 以降では、企業向けのボリュームライセンスに関してもアクティベーションを行うようにするための仕組みが取り入れられました。それが VA 2.0 です。

1.8.3　VA 2.0 でなされるべきこと

組織が管理する大量の Windows OS すべてに対してアクティベーションを行うには、何らかの自動化の仕組みが必要です。Windows OS 一台一台をそのつどアクティベーションさせるという方法は、台数がまとまると管理が難しくなります。また、インターネット接続を禁止している環境での利用や、長期出張にノート PC を持ち出すといったケースも考えられるので、そのような状態でも問題ない仕組みでなければなりません。

このあたりをうまく解決するのはなかなか難しそうです。Microsoft も単一の方法では実現できないと判断したようで、KMS と MAK という 2 つの方式を組み合わせることにしました。

■ 1.8.3.1　KMS

　KMSはKey Management Serviceの略で、これがVA 2.0の本命です。社内に認証サーバー（KMSホスト）を構築し、ボリュームライセンスメディアでインストールされたWindows OSは自動的にKMSホストを見つけてアクティベートしてもらうという仕組みです。KMSホストだけがインターネット経由でMicrosoftのアクティベーションセンターと1度だけ通信することになります。

　管理者はKMSホストだけにKMSキーの入力を行い、ボリュームライセンスメディアでOSをインストールしておけば、後の処理は自動で行われます。

　KMSによる認証は定期的に更新しなければならない点が重要です。アクティベーションの有効期間は180日に設定されています。つまり、常に社内ネットワークに接続されているサーバーおよびデスクトップPCや、外に持ち出すことがあっても数ヶ月に一度は社内ネットワークに接続されるような端末がKMSの対象となります。一度だけ社内でセットアップ、認証しておいて、家に持って帰って自宅で使い続けるということはできないようになっています。KMSサーバーとの認証の更新は、規定では7日ごとに行われます。

■ 1.8.3.2　MAK認証とMAKProxy認証

　MAKはMultiple Activation Keyの略で、1つのMAKキーで複数台のアクティベーションを行うことができます。MAK認証とMAK Proxy認証の2つがあります。

MAK認証

　これは、Windows XPや2003の頃のアクティベーションとほとんど同じです。一台一台個別にキーを入力し、インターネット経由あるいは電話で認証させます。期限も無期限です。

MAK Proxy認証

　こちらの方法はインターネット経由でアクセスすることができない環境のために用意されています。VAMT（Volume Activation Management Tool）というツールを使って、個々のクライアントからInstallation IDを取得、代理送信します。これによってMicrosoftから得たConfirmation IDsをクライアントに与えることで認証が完了します。

　これらの方式は、KMSでは管理できないクライアントのために残されていると理解するのがよいでしょう。認証のための手間はかかりますが、MAKキーを入れておけば長期にわたって使い続けられるのです。

1.8.4　VA 2.0 の基本的な設計

これらのことから基本的な設計としては以下のようになります。

- まず、組織内に KMS ホストを構築する。
- 組織内のネットワークに接続する Windows OS はボリュームライセンスメディアでインストールし、KMS 認証を行わせる。
- 組織内のネットワークに接続されない状態で半年以上利用し続ける可能性のあるクライアントにはボリュームライセンスメディアでインストール後、MAK キーをセットする。
- KMS と MAK の切り替えを行う必要が出てきた場合にはそのつどライセンスキーの入れ替えを行う。

1.8.5　KMS ホストの構築

実際の展開作業ではまず KMS ホストの構築が必要になりますが、この際にインターネット経由で Microsoft との通信が発生します。自分の組織で正式に構築する場合には特に考慮事項はありませんが、SIer が自社の構築環境で事前に環境を構築してから客先に持ち込むような場合には、念のため自社では KMS ホストのアクティベーションは行わず、客先の本番環境で作業をするのがよいでしょう。

なお、その間 Windows OS のセットアップができないということはありません。インストール後、クライアントは 30 日、サーバーは 60 日の猶予期間があるので、事前に OS のインストールは可能です。ただし、このまま KMS ホストが存在しているネットワークに接続し、DHCP で IP に加えて DNS ドメインが配布されるとそのネットワークの KMS ホストでアクティベートされてしまいます。この場合 KMS サーバーを記憶してしまって障害の元になるだけでなく、ライセンス的に正しくない状況にもなってしまうので、KMS ホストが存在するネットワークには接続してはいけません。認証は本番環境の本番 KMS サーバーで行わせるべきです。

1.8.6　KMS クライアント

ボリュームライセンスメディアを使用してインストールしたシステムでは、既定では KMS ホストが自動的に検索されます。KMS ホストは自身を指す SRV レコード[24] を DNS 上に登録するので、KMS クライアントは次の順番で KMS ホストを検索します。

※ 24　サービスレコード。DNS のレコードでサービスの場所（サービス、プロトコル、優先順位、ポート番号、ホスト名）を表すものです。クライアントは DNS サーバーを使って目的のサービスを提供してくれるサーバーを探すことができます。

- プライマリ DNS サフィックスによって指定された DNS ドメインの KMS サーバーの SRV レコードを検索する。
- SRV レコードが見つからない場合、ドメインに参加しているコンピューターは Active Directory DNS ドメインに対応する DNS ドメインの KMS サーバーの SRV レコードを確認する。
- ワークグループに参加しているコンピューターは、動的ホスト構成プロトコル（DHCP）で指定されている DNS ドメインの KMS サーバーの SRV レコードを確認する。

なお、クライアントのセットアップには通常イメージングの手法を使いますが、その際には sysprep を実行して CMID を変更しないと KMS サーバーに同じクライアントとして認識されてしまい正常動作しないので注意してください[25]。

1.8.7　KMS 認証は少ない台数では利用できない

KMS 認証には最低クライアント数が定められており、この台数に満たない場合には KMS 認証を利用することができません。

- Windows Client: 25 台以上
- Windows Server: 5 台以上
- Office: 5 台以上

上記のすべてを同時に満たす必要はありません。例えば Windows 7 が 4 台あり、Windows Server 2012 が 1 台ある場合には、Windows 7 はアクティベートされず、Windows Server 2012 だけアクティベートされることになります。認証された KMS クライアントの数としてはサーバー OS とクライアント OS を区別しないからです。同様に、例えば Windows Server 2012 が 10 台、Windows 7 が 15 台存在する場合にはすべてのサーバーおよびクライアントが認証されます。

なぜこのような下限が定められているのかというと、「クライアントを 25 台、サーバーを 5 台も認証している（それだけ存在している）ということは、適切に整備された環境で使われているのだろう」ということではないかと推測します。つまり「個人でクライアント、サーバーをこんなに用意するやつはいないだろう」ということです。

この考えは、当初このカウント数に仮想マシンは含めないことになっていたことからも読み取れます。しかし、この「仮想マシンはカウントされない」というのは Microsoft が Hyper-V などで推し進める仮想化の促進とは矛盾するため、Windows Vista SP2 や Windows Server 2008 SP2 以降からは仮想環境も台数としてカウントされるように仕様変更されました[26]。

※25　CMID に関しては「6.4.7 sysprep が書き換えるもの—CMID」でもう少し詳しく説明します。
※26　ということは、KMS キーをどこかから入手してきて、後は仮想マシンをたくさん作成すれば不正に使えてしまう気もします。接続元 IP などから判断はできるでしょうが…。

この台数以下しかマシンが存在しない環境ではすべてMAKキーを利用する必要があります。KMSに比べて面倒ですが、台数が限られる上に一度やってしまえばよいので許容範囲だ、という考えなのでしょう。

1.8.8　VA 2.0のよくある問題

■ 1.8.8.1　KMSホストが乱立する

VA 2.0をよく理解せずに、あちこちのクライアントでKMSキーを使ってインストールをしてしまうことがよくあります。そうすると社内にKMSホストが乱立し、結果としてクライアントの認証台数が25台以上にならないので、そのうち使えなくなってしまう障害があります。VA 2.0が登場したばかりの頃にはかなり頻繁にあった障害です。

KMSホストはDNSに自身がKMSホストであることを表す以下のSRVレコードを登録します。そこを見ると、どれがKMSホストとして動いているのかがわかります。

```
_vlmcs._tcp.dnsdomainname.
```

具体的には、例えばtest.localというドメインの場合にはnslookupコマンドを使って以下のように確認を行うことができます。

```
nslookup -type=SRV _vlmcs._tcp.test.local
```

これによって表示されるレコードを確認して、そこにKMSホストではないはずのものがたくさん並んでいたら、以下の技術情報を参考に動作を変更させましょう。

> Ask the Core Team : KMS_Error_0xC004C008_Activating_Client
> ☞ http://blogs.technet.com/askcore/archive/2009/03/09/kms-error-0xc004c008-activating-client.aspx

このあたりを反省したのか、Windows 7やWindows Server 2008 R2以降では、KMSキーをインストールしようとするとKMSキーであることを確認するポップアップが表示されるようになりました。メッセージをよく読めば間違えることはないと思いますが、よく理解しないまま惰性で作業を継続してしまうようなことがないようにしてください。

■ 1.8.8.2　KMS ホストとの接続ができない（認証ができない）

　KMS クライアントは KMS ホストと TCP の 1688 番で通信します。そのため、ファイアウォールなどで通信ポートを制限しているとライセンス認証ができません。1688 番は通信可能にしましょう。

■ 1.8.8.3　MAK キーが通らない

　1 つの MAK キーでアクティベーション可能なクライアント数の情報は、正式には公開されていません。しかし、VAMT を使用すると上限数を確認することができます。バージョンが異なると上限値も変更されているようです。上限数を超えるとそのキーではアクティベーションできなくなります。この場合 Microsoft のライセンス認証窓口まで電話をして、上限を上げてもらうことになります。ライセンス管理だけを目的にしているので特に追加費用などは必要ありません。

1.8.9　VA 2.0 のコマンド

　VA 2.0 関連の操作は slmgr というコマンド（正確には vbscript）で行います。ここではよく使うと思われるコマンドを紹介します。指定可能なオプションや結果の表示内容は OS のバージョンにより異なりますが、基本的な部分は共通です。

■ 1.8.9.1　KMS ホストの変更（指定）

　KMS クライアントから KMS ホストを明示的に変更するには「slmgr -skms」コマンドを実行します。KMS ホストは一度使い出したら基本的に変更されません。負荷分散構成にしたい場合には以下のような対処を行う必要があります。

- クライアント側で slmgr -skms コマンドを使って KMS サーバーの負荷が均等になるように個別に接続先を変更する。
- 接続数の多い KMS サーバーを停止するか、あるいはポートをブロックするなどの方法で一時的にクライアントからアクセスできないようにする。その後、タイミングを見計らって通信可能とする。

■ 1.8.9.2　キーのインストール

　キーをインストールするには「slmgr -ipk」コマンドを実行します。これは KMS 認証であっても MAK 認証であっても同じです。入力するキーによって結果が異なります。

例えば、MAKキーで認証したクライアントをKMSクライアントに変更するには、このコマンドでKMSクライアントのセットアップキーを入力すれば、KMSクライアントとして動作させることができます。

■1.8.9.3　ライセンスの有効期限日の確認

アクティベーションの状態を調べるには「slmgr -xpr」コマンドを実行します。

MAK認証が行われている場合には、図1.23のようにライセンス認証が行われたことが表示されます。期限などは表示されません。

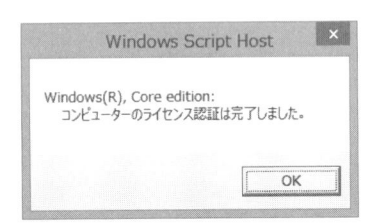

図1.23●MAK認証時のslmgr -xprの実行結果

KMSで正しく認証できている場合には、図1.24のようにライセンス認証が切れる日時が表示されます。

図1.24●KMS認証時のslmgr -xprの実行結果

ライセンス認証ができていない環境では「通知モード」となります。「通知モード」になっていることは画面右下にライセンス認証を促す通知が表示されることでも確認できます。

図1.25●通知モード時のslmgr -xprの実行結果

■ 1.8.9.4　ライセンス情報の表示

ライセンス情報を確認するには「slmgr -dli」コマンドを実行します。-iオプションを-vオプションに変更して「slmgr -dlv」コマンドを実行すると、より詳細な情報を確認することができます。

以下はKMSクライアントから実行した画面です。

図1.26●KMSクライアントでのslmgr -dliの実行結果

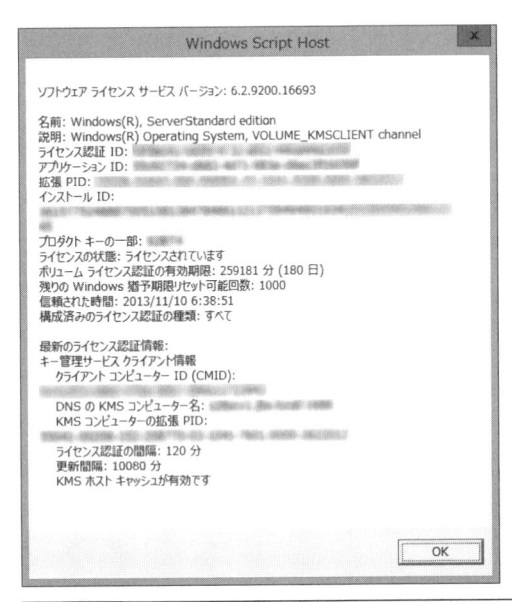

1 Windowsのエディションの選択とインストール

図1.27●KMSクライアントでのslmgr -dlvの実行結果

以下は MAK クライアントから実行した画面です。

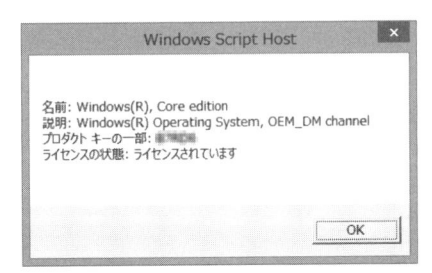

図1.28●MAKクライアントでのslmgr -dliの実行結果

図1.29●MAKクライアントでのslmgr -dlvの実行結果

KMSホストで実行すると、以下のように現在のKMSホストの管理状態が表示されます。

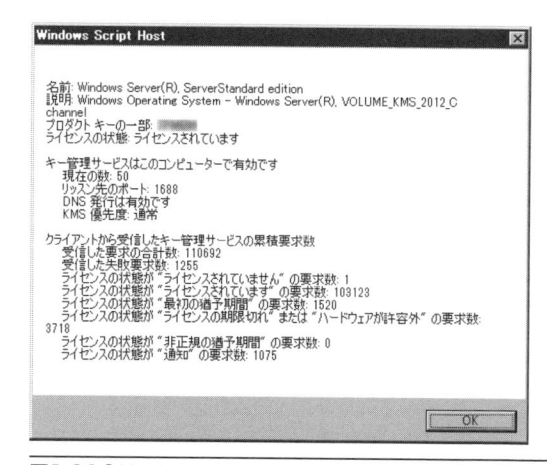

図1.30●KMSホストでのslmgr -dliの実行結果

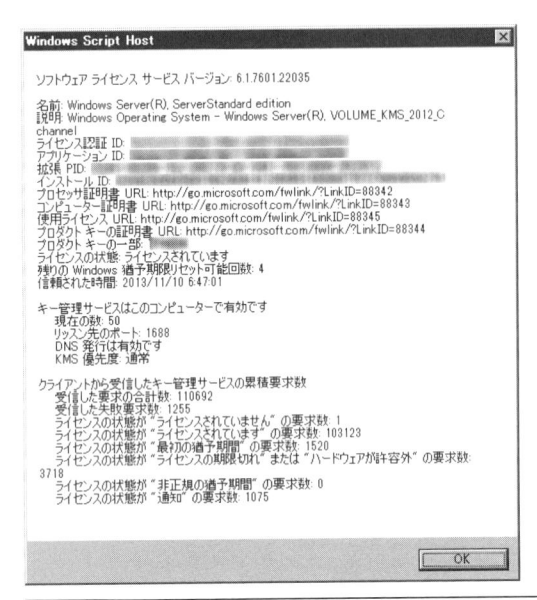

図1.31●KMSホストでのslmgr -dlvの実行結果

　ここで、「現在の数」が50になっていますが、クライアントが何台あっても50以上になることはありません。このカウントはKMSの正常稼働を維持するために使用されるもので、最低クライアント台数以上になっていることを確認できればよいでしょう。

■ 1.8.9.5　ライセンス認証を行う

　実際にアクティベーションを行うには「slmgr -ato」コマンドを実行します。これで「製品は正常にライセンス認証されました」と表示されれば問題ありません。この確認はKMS認証でもMAK認証でもいつでも行えます。

図1.32●slmgr -atoにて正常にライセンス認証が行われた場合の実行結果

　以下のように認証できなかった場合には原因を調査し、何らかの作業が必要になります。

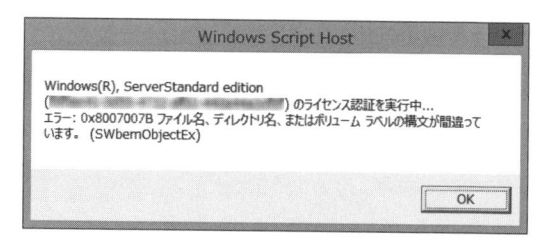

図1.33● slmgr -atoにて正常にライセンス認証が行われなかった場合の実行結果

なお、上記のエラーメッセージ以外にもエラーメッセージにはいくつかのパターンがあります。以下の技術情報を参照してください。

エラー 0x8007232b または 0x8007007B が、Windows をライセンス認証しようとすると発生する
☞ http://support.microsoft.com/kb/929826/ja

1.8.10　ActiveDirectory での VA 2.0 認証

　Windows 8 と Windows Server 2012 の組み合わせから、Active Directory を使ったライセンス認証が行えるようになっています。Windows 7 や Windows Server 2008 R2 より前の OS では利用できません。また、読み取り専用ドメインコントローラーではライセンス認証が行えません。
　これはフォレストワイドでの設定になります。フォレストの機能レベルは Windows Server 2012 である必要はありませんが、adprep によってスキーマを拡張した上で Windows Server 2012 に「ボリュームライセンス認証サービス」の役割を導入し、Active Directory 上にオブジェクトを作成することで利用できるようになります。Active Directory 上のオブジェクトさえ存在していればサーバーに役割を導入し続けておく必要はないので、役割は後で削除することができます。この認証方法はサーバーが何らかの仕事をするのではなく、クライアントが自分で Active Directory 上のオブジェクトを見てライセンス認証をするものです。そのため、KMS サーバーと同じサーバー上でこの役割を追加しても問題ありません。
　KMS とは異なり、クライアントで 25 台以上、サーバーで 5 台以上が必要というような台数制限もありません。ドメインに参加すれば認証されるのでドメイン管理下にあれば認証されていることになります。ただし、180 日間の期限があり、それ以上ドメインと通信しない状態では認証が切れます。この場合再度ドメインにログオンすれば認証されます。
　ドメインを構築するレベルの規模の組織では、今後はこちらのライセンス認証方法が主流となるでしょう。しかし、すべてのサーバーとクライアントが Windows 8、Windows Server 2012 以上

である必要があるので、しばらくはKMSサーバーとの併用が続くと思われます。

1.9 第1章のまとめ

　この章ではWindowsの導入とそれに関連する事柄について説明しました。重要な事柄についてまとめておきましょう。

- エディションは複数あり、サーバー用とクライアント用に分かれています。
- クライアントOSはドメイン参加可能なものを選択しましょう。
- Windows 8では操作方法が大きく変わっているので注意が必要です。
- 今後選択するクライアントOSは64bit版OSで問題ないでしょう。最近のサーバーOSはそもそも64bit版しか存在しません。
- ドライブ、パーティション構成は後から変更が難しいケースがあるので構築後のことまで含めて考慮してから決定しましょう。
- CALの購入方法には3つの選択肢があることを認識し、賢く購入しましょう。
- Vista、2008以降ではVA 2.0が採用されており、ライセンス認証周りの設計、構築が必須作業です。KMS、MAK認証を理解し適切にアクティベーションを行いましょう。

　インストールができてしまえばWindowsはすぐに使い出すことができてしまいます。そのため、Windowsの操作に関することを次にしたくなるところですが、それよりもネットワークの理解の方が大事です。

　次の章では現在のネットワークのデファクトスタンダードであるTCP/IPの基礎について説明します。

第2章
TCP/IP とプロトコル

　TCP/IP はインターネットを支える最も重要なプロトコルであり、Windows でも標準のプロトコルスタックとして採用されています。当然、Windows インフラの管理を行うにあたってその基本を理解しておくことはとても重要です。Windows に限らず、昨今はほぼすべての機器がネットワークに接続されているので、ネットワークの基礎を理解しておかなくては話になりません。裏を返せば、TCP/IP の基本を押さえておけばさまざまな分野に応用が効くといえます。

　ある程度の規模の組織では Windows インフラ管理者とは別に専門のネットワーク管理者を配置することも多々ありますが、それでも仕事をスムーズに進めるためにはネットワーク周りの理解は不可欠です。

　本書では Windows インフラ管理者が知っておくべきポイントに的を絞って解説します。どの項目も重要ですが、特にレイヤー 2 とレイヤー 4 の部分をよく理解しておくと長く現場で使える力となります。

2.1 OSI 参照モデルと TCP/IP

　ネットワークの説明をする際に必ず言及されるのが OSI 参照モデルです。抽象的で理解しにくいのですが、仕組みを理解しエンジニア同士で話をするためにやはり有用です。

　まずは図 2.1 を見てください。

図2.1 ● OSI参照モデルとTCP/IPおよびプロトコルの関係

OSI参照モデル	TCP/IP	プロトコル
レイヤ7 アプリケーション層	アプリケーション層	HTTP / SMTP / DNS / …その他多数
レイヤ6 プレゼンテーション層		
レイヤ5 セッション層		
レイヤ4 トランスポート層	トランスポート層	TCP / UDP
レイヤ3 ネットワーク層	ネットワーク層	ICMP / IP
レイヤ2 データリンク層	ネットワークインターフェース層	ARP RARP Ethernet / PPP / …
レイヤ1 物理層		

OSI参照モデルは階層が7つありますが、TCP/IPは完全にそれに対応してはいません。図2.1で最も重要なことは「階層構造になっている」ということです。つまり、それぞれのレイヤーに関しては「別のものに交換可能」であることと、「他の層のことは考えなくてもよい、それぞれの層どうしで話ができる」ということです。

最初は意味がよく理解できず、イメージが沸きにくいと思います。次の節から各レイヤーについて具体例を挙げながら説明します。ひととおりその内容を見てから図2.1を見なおせば理解が深まるでしょう。

人によって分類が異なる

図2.1では、ARPとRARPをレイヤー2に入れています。しかし、これらはレイヤー3に属するものであると考える人もいます。また、レイヤー2.5として考える人もいます。図2.1ではまた、HTTP、SMTP、DNSなどをレイヤー5〜7にまたがって配置していますが、それぞれを特定のレイヤーに入れて考える人もいます。実際のところ人によって意見が異なり、書籍の記述も食い違っていることがあります。

これはOSI参照モデルがあくまでもモデルであり、現実の世界での実装が必ずしもモデルどおりになっていないからです。あまり細かいところには拘らず、コンセプトを理解するようにしてください。

2.2 レイヤー1：物理層〜なぜ情報が伝わるのか

　この層はイメージすることが難しいネットワークの層の中では比較的イメージしやすい層かもしれません。なぜなら目に見える（ものもある）ので。具体的には以下のようなものがレイヤー1に対応するものとして存在しています。

- ネットワークケーブル
- リピータハブ[※1]
- モデム

　具体的にイメージしやすいのはネットワークケーブルでしょう。ネットワークケーブルを使ってコンピューターとコンピューター（やHUBなど）を接続すると情報がやり取りできるようになります。Windowsでいえばファイルもコピーできますし、適切に構成すればインターネット経由で世界中のサーバーからウェブページ、音楽、動画なども取得することができます。

　このとき、ネットワークケーブルの中では何が起きているのでしょうか。色々なものが通るのだからものすごく複雑な得体のしれないものが通っているのかといえばそうではなく、単純に電気信号が通るだけです。しかも電圧が「高い」と「低い」の2パターンしかありません[※2]。これは、いってしまえば人間が手で旗を上げ下げするのと同じことを行っているだけです[※3]。

　リピータハブに関しても同様です。リピータハブの動作は、入力があった電気信号を他のすべてのポートに対して電気信号として流すというものです。モデムは電気信号を音声信号に変換して電話回線に流したり、その逆を行います。

　つまり、レイヤー1に属するものは何も考えずに電気信号や音声を流す、あるいは変換して流すというただそれだけのことを行うのです。そして、その信号を「デジタル信号」として上位の層（レイヤー2）に渡します。

　OSI参照モデルではそれぞれの層が独立しているのがポイントです。一昔前までは物理層として物理的なケーブルしかありませんでしたが、今は無線LANのように電波を使って通信するものがあります。どちらであっても問題なく通信できます。新しいテクノロジーが出てきても関連する層だけで対応を行えばよく、他の層は何も気にする必要がないのです。

※1　現在一般的に使われているスイッチングハブではなく、リピータハブです。
※2　実際には、非常に高速化されているインターフェースでは2パターンだけでは処理できず、アナログ的な処理が行われていますが、ここではあえて単純化して話をしています。
※3　たった2パターンでPCで使えるすべてのもの（文字、画像、音声、動画、プログラム、その他あらゆるもの）をすべて伝えられるのはなぜだろうと思うかもしれませんが、それこそが「デジタル」のすばらしいところです。興味があれば調べてみてください。

2.3 レイヤー2：データリンク層

2.3.1 イーサネット

　レイヤー2と一口にいっても、PPPやHDLCやADCCPなど多数のデータリンクプロトコルがあります。まずは、基本中の基本であるイーサネットに関して理解しましょう。イーサネットを理解してしまえば管理上はほぼ問題ありません。以下はイーサネットについての話です。

　このレイヤー2の技術は、変化が激しいコンピューター業界にあって長い期間変化していません。ここを確実に押さえることが、長い期間通用する確かな技術力の源泉になります。

2.3.2 MACアドレス

　レイヤー2において理解すべきことはたくさんありますが、まず最初に挙げられるのは「MACアドレス」でしょう。少し大げさですが、私はレイヤー2のMACアドレスの概念を正しく理解しているかどうかが素人とプロの大きな違いだと考えています。そのくらい重要です。

　昨今はTCP/IPが全盛なので、「コンピューターはIPアドレスを持っていて、IPアドレスを住所のように使って通信している」という理解をしている人が多いです。それは間違いではありませんが、上位層であるレイヤー3のレベルで考えたときの話です。レイヤー2レベルで同じような理解をするならば「NICはMACアドレスを持っていて、MACアドレスを住所のように使って通信している」ということになります。

　NICとはNetwork Interface Cardの略で、LANカードなどとも呼ばれます。このNICに、MACアドレスというものが設定されています。

2.3.2.1 MACアドレスを確認する

　IPアドレスの設定はわかるが、MACアドレスはどのように設定するのかと疑問に思う人も多いでしょう。まずは自分が今使っているコンピューター（についているNIC）のMACアドレスを確認してみましょう。

　コマンドプロンプトで「ipconfig /all」を実行してください。

図2.2●ipconfig /allでMACアドレスを確認する

　Windows Vista 以降の環境ではおそらくたくさん表示されたと思いますが、注目すべきは「Tunnel adapter」から始まるもの**ではない**接続です。図 2.2 では有線接続用と無線接続用の 2 つの NIC が表示されています。

　「物理アドレス............: XX-XX-XX-XX-XX-XX」という行があります。Windows のバージョンによっては「Physical Address.........: XX-XX-XX-XX-XX-XX」のように英語の場合もあります。これが MAC アドレスです。

　MAC アドレスは、メーカーが工場で NIC を生産する際に埋め込みます。基本的に私たちが設定するものではありません[※4]。

■ 2.3.2.2　MAC アドレスからベンダーを調べる

　MAC アドレスは、重複しないようにメーカーごとに割り当て可能な範囲が決まっています。したがって、MAC アドレスから NIC のメーカーを特定することができます。具体的には、MAC アドレスの先頭 6 文字（=24 ビット）がベンダーを表しています。以下のサイトで MAC アドレスからベンダー名を調べることができます。

> IEEE-SA - Registration Authority OUI Public Listing
> ☞　http://standards.ieee.org/develop/regauth/oui/public.html

---

※4　実際にはクラスタ構成時や仮想環境など複数の場面で MAC アドレスを指定することがあります。しかし、NIC に埋め込まれている「本物の」MAC アドレスはハードウェアに固有のもので、後から設定するものではありません。

サイトにアクセスして「Search for:」という項目に自分の NIC の MAC アドレスの先頭 6 文字の値を入力し、「Search!」して見ましょう。

```
Here are the results of your search through the public section of the IEEE Standards OUI database report for 50-46-5d:

50-46-5D    (hex)           ASUSTek COMPUTER INC.
50465D      (base 16)       ASUSTek COMPUTER INC.
                            15,Li-Te Rd., Peitou
                            Taipei 112
                            TAIWAN, PROVINCE OF CHINA

Your attention is called to the fact that the firms and numbers listed may not always be obvious in product implementation. Some manufacturers
subcontract component manufacture and others include registered firms' OUIs in their products.


                    [IEEE Standards Home Page] -- [Search] -- [E-mail to Staff]
                                    Copyright © 2013 IEEE
```

図2.3●IEEE StandardsのウェブサイトにてMACアドレスからメーカーを確認する

図 2.3 の例であれば、「50-46-5D」というのは「ASUSTek COMPUTER INC.」の NIC であることがわかります。

管理の現場で、「ネットワークに大量のトラフィックを流している機器がある」あるいは「勝手に DHCP サーバーが立ち上がって間違った設定を行っている」というような障害が発生するケースがあります。このとき、そのトラフィックの送信元の MAC アドレスを調べることでメーカーを特定し、送信元の機器を割り出すヒントにすることがあります。覚えておくと、いざというときに役に立つでしょう。

2.3.3　フレームの構造

レイヤー 2 では宛先、送信元に MAC アドレスが入力され、Ethernet（レイヤー 1）に電気信号として伝えられます。この塊をレイヤー 2 では「フレーム」と呼びます。「フレーム」は以下のような構造をしています。

プリアンブル 8byte	宛先 MAC アドレス 6byte	送信元 MAC アドレス 6byte	タイプ 2byte	データ 46 〜 1500byte	FCS 4byte

図2.4●フレームの構造

「プリアンブル」「タイプ」「FCS」などの理解は後回しで大丈夫です。まず重要なのは「宛先MAC アドレス」と「送信元 MAC アドレス」です。

原則として、Ethernet ではすべてのフレームがすべてのコンピューターに届けられます。繋がっ

ているすべてのコンピューターまで電気信号が届くのです[※5]。NICは、フレーム内の宛先MACアドレスが自分のMACアドレスと等しいかを確認し、自分宛のものであれば上位の層（レイヤー3）にデータを渡す、という動きをします。

2.3.4 ARP—通信相手のMACアドレスを知る

何か通信をしたいとき、送信元MACアドレスには自分が知っている自分自身のMACアドレスを入れればよいとして、宛先MACアドレスはどうしたらよいでしょうか。どうしたら知ることができるでしょうか。

例えばpingを考えてみましょう。「ping x.x.x.x」という形でコマンドを打つときには、宛先のIPアドレスはコマンドを打つ人が入力してくれますが、MACアドレスまでは入力されません。したがって、IPアドレスからMACアドレスを知る仕組みが必要となります。NICの視点で考察すれば、「x.x.x.xのIPアドレスを持っている人MACアドレス教えて」という要求をネットワークに流してMACアドレスを取得すればよいことになります。このやり取りをARP（Address Resolution Protocol）といいます。

「MACアドレスを知る方法 = ARP」です。

2.3.5 ブロードキャスト

「x.x.x.xのIPアドレスを持っている人MACアドレス教えて」というのがARPなのですが、ではこのフレーム自体の宛先MACアドレスには何を入れればよいでしょうか。

宛先MACアドレスを知るための通信を行うにも宛先MACアドレスが必要です。どうすればよいかというと、「全員宛て」を意味するMACアドレスを指定します。全員が通信を受け取り、そのうちx.x.x.xのIPアドレスを持っているコンピューターだけが返事をすればよいのです。

このような「全員宛て」という意味で「FF-FF-FF-FF-FF-FF」というMACアドレスが使われます。先ほど「NICはフレーム内の宛先MACアドレスが自分のMACアドレスと等しいかを確認し、自分宛のものであれば上位の層（レイヤー3）にデータを渡す」というように説明しましたが、より正確には宛先MACアドレスとして「全員宛て = ブロードキャストアドレス（FF-FF-FF-FF-FF-FF）」であっても受け取って上位層に渡すようになっています[※6]。

[※5] これは現在ではほぼ建前で、実際には指定した通信相手だけに届く環境がほとんどです。「2.4 スイッチングハブの動作」で説明します。

[※6] この他にも、アプリケーションによっては「グループ宛て = マルチキャストアドレス（01-00-5E …）」を利用します。

2.3.6　他のコンピューターのMACアドレスを確認する

それではMACアドレスを確認してみましょう。自分自身のMACアドレスはすでに確認しました。今度は直接フレームをやり取りできる範囲にある他のコンピューターのMACアドレスです。コマンドプロンプトで「arp -a」と入力してみましょう。

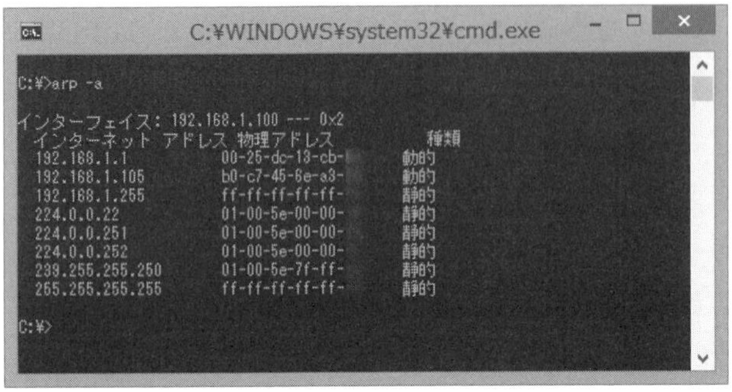

図2.5●arp -aで学習しているMACアドレスの一覧を表示

これは、現在記憶しているIPアドレスとMACアドレスの対応一覧を表示するコマンドです。表示されなければ、適当なアドレスにpingを打つか、もしくはウェブブラウザで適当なサイトにアクセスしてから再度コマンドを実行してください。

このように、他のコンピューターのMACアドレスを認識し、それを使って通信していることが確認できます。この「通信相手のMACアドレスが取得できているか」という確認方法は障害対応のときにも非常に有効なので、ぜひ覚えておきましょう。

2.3.7　MACアドレスだけではいけない理由

MACアドレスというものが存在し、宛先のアドレスはARPを使えば取得できることがわかりました。ところで、この仕組みさえあれば他にアドレスは必要ないように思えるかもしれませんが、そうはなりません。その理由を説明します。

かつてWindowsネットワークで使われていたNetBEUIというプロトコルでは、MACアドレスが唯一のアドレスでした。NetBIOS名というものはつけますが、NetBEUIにおいてそれはMACアドレスと一対一に対応づけられます。後述するサブネットマスクやデフォルトゲートウェイ、ルーティングといった面倒なことは何一つありません。ネットワークに接続しさえすれば通信できるので非常に簡単です。

しかし、実際に通信相手にデータを届けるには、ブロードキャストして相手のMACアドレスを

知る必要があります。そしてそのフレームは、ネットワークのすべてのコンピューターに届かなくてはいけません。これは小規模なネットワークであれば問題になりませんが、規模が大きくなると大問題になります。

例えば、今日最大のネットワークであるインターネットにおいてすべてのコンピューターが発するブロードキャストをすべてのコンピューターに届けようとしたら、おそらくブロードキャストパケットだけでネットワークは飽和してしまうでしょう。実際のインターネットでは、レイヤー2（ブレードキャストが届く範囲）はある程度狭い範囲で閉じるようになっています。そして、レイヤー2同士を繋げる役目は上位層にゆだねています。

2.4 スイッチングハブの動作

レイヤー2においてはまずMACアドレスを意識することが重要だという話をしました。MACアドレスを理解したら、次に理解したいのはリピータハブとスイッチングハブの違いです。

2.4.1 リピータハブで接続されたネットワーク上の通信

リピータハブで接続されているネットワークでは大まかに以下のような動きをします。

1. アプリケーションが通信を行おうとする。
2. NICがデータを受け取り、宛先MACアドレスをセットする。（レイヤー2）
3. NICが電気信号としてデータを流す。（レイヤー1）
4. リピータハブは受け取った電気信号を全ポートにそのまま流す。（レイヤー1）
5. （別のコンピューターの）NICが電気信号を受け取る。（レイヤー1）
6. 受け取るべきフレームであるかどうかMACアドレスを元に判断する。（レイヤー2）
7. 受け取るべきであれば上位層にデータを渡す。受け取るべきフレームでなければ破棄する。（レイヤー2）

ここでポイントとなるのは4.の動きです。リピータハブは全ポートに電気信号をそのまま流すので、そこに接続しているPCには、他のPC間のやり取りも含むすべての通信が届きます。1GBのファイルを送信すると、受信先ではないPCにも1GB分のデータが流れてしまうのです。これは非常に無駄ですし、ネットワークがすぐに混雑してしまいます。

2.4.2 スイッチングハブの動き

本来、PC-1宛ての通信であればPC-1だけに届き、PC-2宛ての通信であればPC-2だけに届けばよいのです。これを実現してくれるのがスイッチングハブです。必要なコンピューター（＝ポート）にだけ電気信号を流せばよいのですから、コンピューター（NIC）が6で行っていることをスイッチングハブも行えばよいのです。

コンセプトは分かりました。ここまでの説明が理解できていれば具体的にスイッチングハブがどのように動作しているのかは推測できるはずです。推測しながら先を読んでみてください。

自分の仮説を持って動作を理解する

コンピューターの世界はすべて、プログラムされたロジックに従って動いています。したがって新しい知識を獲得するには、ただ暗記するのではなく、「自分が開発者ならどのようにデザインするか」「その動作の裏側にどのようなデータがあり、ロジックが展開されているのか」ということを意識すべきです。
自分の仮説を持って動作を観察し、仮説に反する事実を確認したら、その事実が成り立つような新しい仮説を構築する。その繰り返しによって自分のロジックを通して物事を理解できるようになり、未知の動作に対する推測が可能になります。

2.4.3 スイッチングハブの動作—MACアドレステーブル

スイッチングハブは、フレーム内の宛先MACアドレスを見て、そのMACアドレスがつながっているポートだけに電気信号を流します。ところで、どのポートにどのMACアドレスがつながっているのかということを把握するにはどうすればよいでしょうか。

実は、スイッチングハブには「MACアドレステーブル」が備わっていて、各ポートの先にあるMACアドレスをそこに記録しているのです。これはARPテーブルとは別物なので注意してください。ARPテーブルはMACアドレスとIPアドレスの対応表であり、MACアドレステーブルはMACアドレスとポートの対応表です。

ポート1　　　　ポート2　　　　ポート3

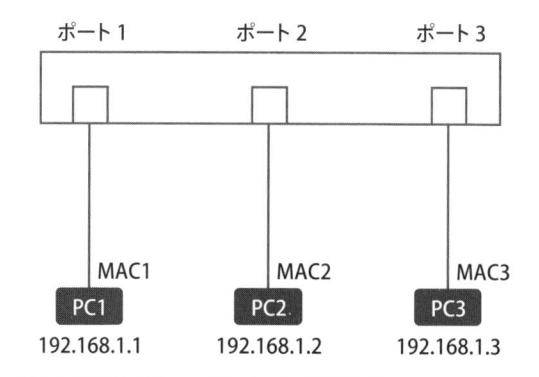

```
                MAC1           MAC2           MAC3
                PC1            PC2            PC3
             192.168.1.1    192.168.1.2    192.168.1.3
```

図2.6●スイッチングハブと3台のPC

　図2.6のような環境を想定して、スイッチングハブの動作を追跡しましょう。ここでは、PC1からPC2のIPアドレスに対してpingが実行されたとします。このときにスイッチングハブの視点に立って一緒にMACアドレステーブルを更新してみます。

　まず、PC1上でpingが実行されました。この時点ではまだPC1はPC2のMACアドレスを知らないので、MACアドレスを知るためにARPをブロードキャストします。

宛先 MAC	FFFFFFFFFFFFFF
送信元 MAC	MAC1
ターゲット IP	192.168.1.2
送信者 IP	192.168.1.1

ポート1　　　　ポート2　　　　ポート3

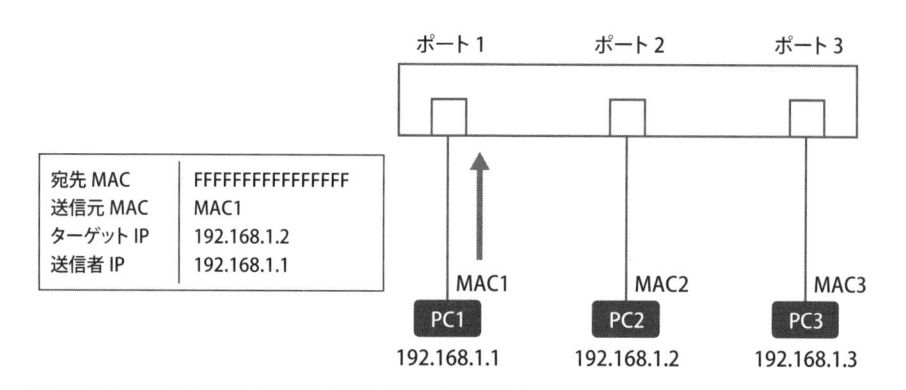

```
                MAC1           MAC2           MAC3
                PC1            PC2            PC3
             192.168.1.1    192.168.1.2    192.168.1.3
```

図2.7●PC1がARPパケットをブロードキャスト

　ポート1にフレームが入ってきました。このフレームにはもちろん送信元MACアドレスが書いてあるので、ポート1の先にはMAC1があるということがわかりました。MACアドレステーブルに書き留めておきます。

表2.1●ポート1の先にMAC1が存在することを学習したMACアドレステーブル

ポート1	MAC1
ポート2	
ポート3	

　流れてきたフレームの宛先は「FFFFFFFFFFFF」、つまりブロードキャストです。したがって、入ってきたポート以外のすべてのポートに対して無条件で通信を流します。

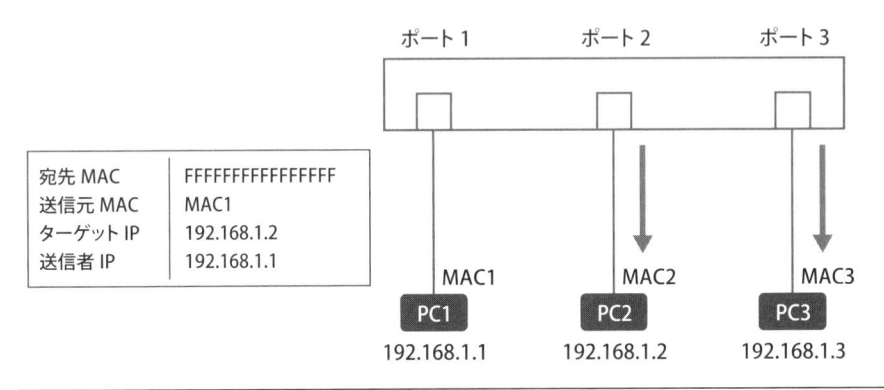

図2.8●ポート2と3にARPパケットが送信される

　このとき、無関係なPC3にもフレームが届いている点に注目してください。このようにブロードキャストフレームは同一ネットワーク上にあるすべてのホストに届きます。自分にはまったく無関係な通信も結構たくさん届くのが仕様なのです[※7]。

　さて、フレームを受け取ったPC2とPC3は、宛先がブロードキャストなのでそれを受け取り、ARPであることを認識します。さらにターゲットIPアドレスを読み取り、PC2は自分に宛てられたものであることを認識します。自分のARPテーブルにはPC1のMACアドレスを記録しておき、その上で返信をします。一方、PC3は自分宛てではなかったので無視します。

　PC2はARPに対する応答を返します。

※7　このことは、パケットキャプチャソフトでネットワークに流れるパケットをキャプチャしてみるとよくわかります。ネットワークには「お喋り」なホストがたくさんいます。

2.4 スイッチングハブの動作

宛先 MAC	MAC1
送信元 MAC	MAC2
ターゲット IP	192.168.1.1
送信者 IP	192.168.1.2

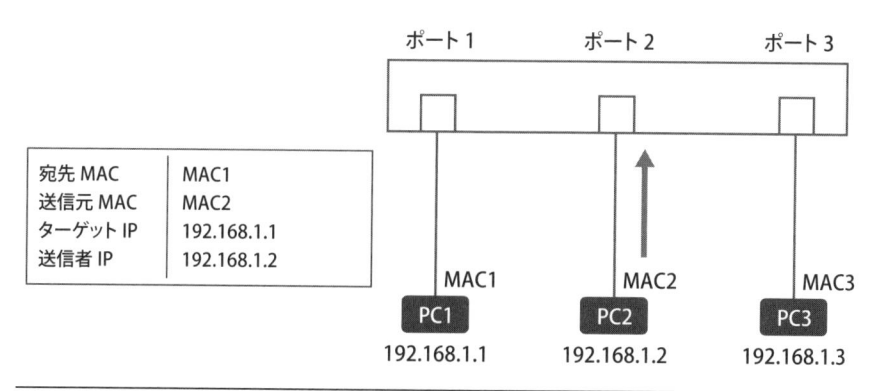

図2.9●PC2がARPの応答を送信

　スイッチングハブのポート2からフレームが入ってきました。送信元MACアドレスを見るとMAC2からのものであることがわかります。これもMACアドレステーブルに書いておきましょう。

表2.2●ポート2の先にMAC2が存在することを学習したMACアドレステーブル

ポート1	MAC1
ポート2	MAC2
ポート3	

　次に入ってきたフレームの宛先を見ると、MAC1と書いてありました。MAC1がポート1の先にいることはMACアドレステーブルにすでに書かれています。したがって、ポート1だけに流せば十分です。ポート3に流す必要がないと判断できたため、PC3が無駄なフレームを受け取らずに済んでいます。

宛先 MAC	MAC1
送信元 MAC	MAC2
ターゲット IP	192.168.1.1
送信者 IP	192.168.1.2

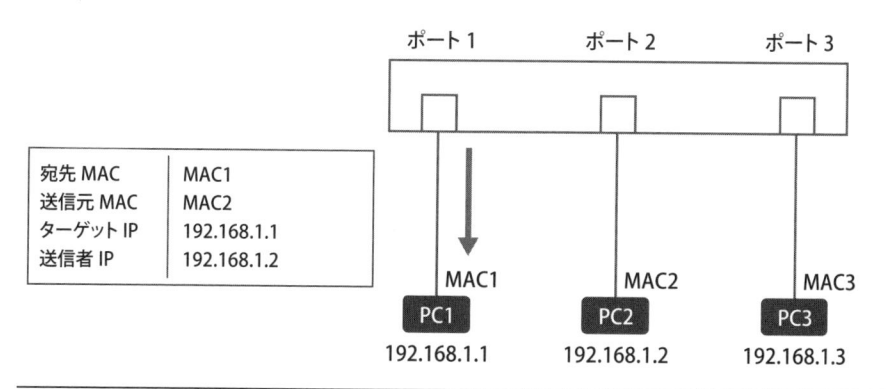

図2.10●MAC1が存在するポート1だけにパケットが送信される

これで PC1 は PC2 の MAC アドレスを知ることができたので、ping を実際に 192.168.1.2 に宛てて送信します。このときの MAC アドレスは先ほど ARP によって学習した MAC2 を入れます。

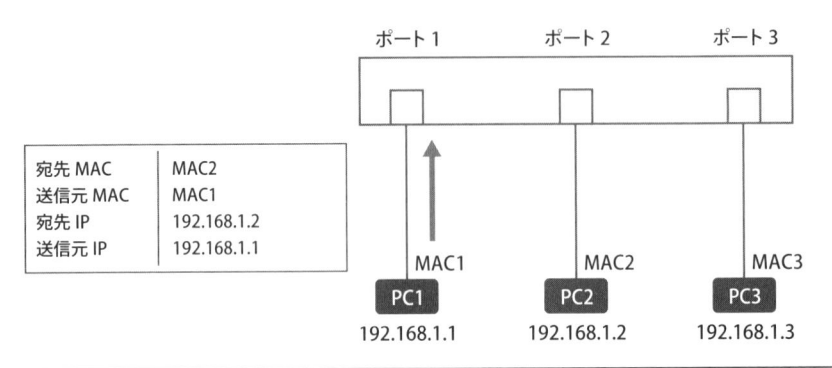

図2.11●PC1からpingパケットの送信

スイッチングハブのポート 1 にフレームが入ってきました。今回は arp ではなく ping なのですが、その違いは無視して宛先と送信元の MAC アドレスだけを見て動作します。今回の送信元の MAC1 はすでに学習済みで更新はありませんが、新しいフレームが入ってきたので現在もまだ接続されていることがわかります。

表2.3●MACアドレステーブルの状態（更新なし）

ポート 1	MAC1
ポート 2	MAC2
ポート 3	

宛先の MAC アドレスは MAC2 なので、ポート 2 だけに流します。PC3 は無関係なフレームを受け取らずに済んでいます。

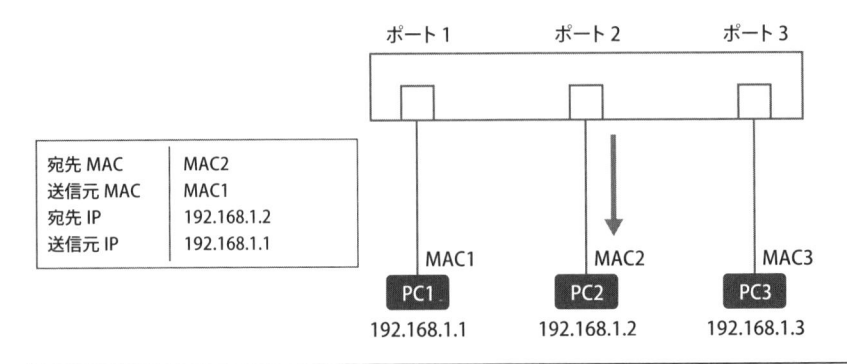

図2.12●MAC2が接続されているポート2だけに送信

PC2 は宛先が自分の MAC アドレスなので、フレームを受け取って上位層に渡します。そして ping のリクエストであることを確認し、宛先 IP が自分の IP アドレスなので返信を行います。

```
宛先 MAC    MAC1
送信元 MAC  MAC2
宛先 IP     192.168.1.1
送信元 IP   192.168.1.2
```

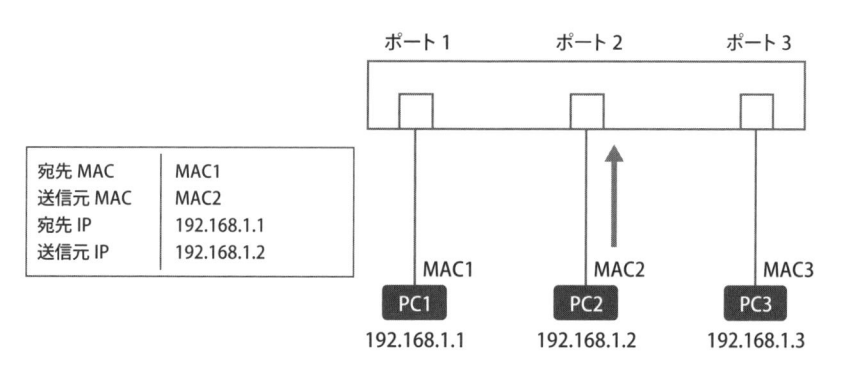

図2.13●PC2がpingに応答

スイッチングハブのポート 2 からフレームが入ってきました。送信元 MAC アドレスは MAC2 なので更新の必要はありません。宛先は MAC1 であり、MAC アドレステーブルを参照してポート 1 だけに流せばよいことがわかります。

表2.4●MACアドレステーブルの状態（更新なし）

ポート 1	MAC1
ポート 2	MAC2
ポート 3	

```
宛先 MAC    MAC1
送信元 MAC  MAC2
宛先 IP     192.168.1.1
送信元 IP   192.168.1.2
```

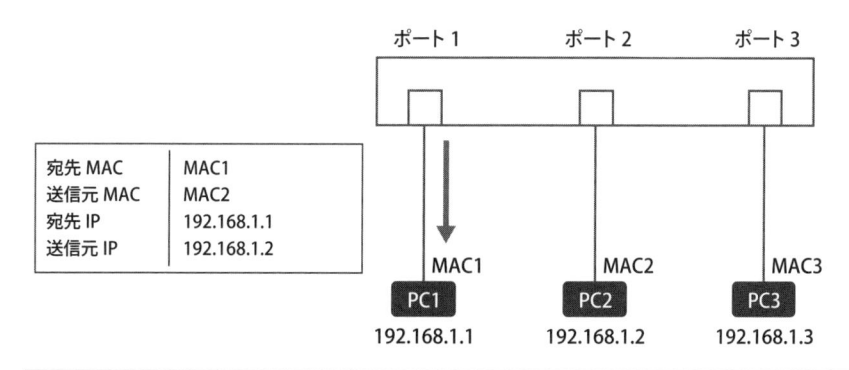

図2.14●MAC1が接続されているポート1だけに送信

PC1 はフレームを受け取り、宛先 MAC が自分の MAC アドレスなので上位層に渡します。ping

の応答であるということを認識し、ping が成功したことを認識、処理します。

　以上のようにして、スイッチングハブは PC1 と PC2 の間の通信が無関係な PC3 に最小限しか届かないように制御しているのです。この例では 1 台だけですが、実際のネットワークでは数十台、数百台の PC が無駄な通信を受け取らずに済むので、ネットワークのパフォーマンスが格段に向上します。

2.4.4　MAC アドレステーブルはいつまで覚えているのか

　スイッチングハブの各ポートの先にある MAC アドレスは、つながっている PC の入れ替えなどによって変更されることがあります。したがって、受け取ったフレームを適切に送り出すには、MAC アドレステーブルを適切に更新する必要があります。そのために次のような仕組みが備わっています。

- 学習済みの MAC アドレスは一定時間たつと破棄される。
- 学習済みの MAC アドレスからのフレームが別のポートから入ってきたら、既存のものを消し、新しいポートに学習しなおす。

　基本的には何も考えなくてもポートを差し替えただけで繋がりますが、何かおかしいと思ったときには MAC アドレステーブルをチェックするということを発想できるようになりましょう。

　スイッチングハブがこのような動作をしてくれるので、基本的にコンピューター（NIC）が受け取るのは次に挙げるものだけになります。

- 自分（の NIC に付いている MAC アドレス）宛のフレーム
- ブロードキャストやマルチキャストなどの明示的に届けられるもの

　これによって、赤の他人同士の通信を受け取る必要がなくなり、非常にパフォーマンスがよくなりました。

2.5 レイヤー3：ネットワーク層

2.5.1 IPアドレス

この節では、TCP/IPの中核であるIPアドレスについて説明します。

2.5.1.1 宛先のネットワークまで送り届ける

IPアドレスはTCP/IPで通信をする際に必ず設定されるものです。ネットワーク上の住所がIPアドレスで、ネットワーク上のデータはIPアドレスを宛先として届けられる、と例えられることがよくありますが、あえていうならIPアドレスは「レイヤー3での宛先」です。すでに説明したように「レイヤー2での宛先」はMACアドレスなのです。つまり

- 同一ネットワーク内の通信であればMACアドレスが宛先となる（レイヤー2）
- 別ネットワークへの通信であればIPアドレスが宛先となる（レイヤー3）

というわけです。したがって、IPアドレスは主に「宛先のホストが存在するネットワークへ送り届ける」という目的で使用されています。

2.5.1.2 たらいまわす

IPアドレスを宛先とした通信の特徴は「たらいまわし」にすることです。ネットワーク上のホストのTCP/IP設定では、基本的に以下のものしか設定しません。

- IPアドレス
- サブネットマスク
- デフォルトゲートウェイ

「IPアドレス」と「サブネットマスク」があれば、宛先のIPアドレスが同一ネットワークにあるかどうかは判別がつきます[※8]。同一ネットワークにあればそのアドレスと直接通信しますが、そうでない場合、宛先のアドレスまでの経路はまったくわかりません。その場合は何も考えずに、デフォルトゲートウェイに届けることを依頼します。

しかし、大抵の場合、デフォルトゲートウェイとなっているルーターも宛先ネットワークをすべて知っているわけではありません。そして、宛先のIPアドレスが自分の知っているネットワーク

※8 「2.5.2 サブネットマスク」で詳しく説明します。

にないものであれば、ルーターもさらに上位の「ゲートウェイ」に届けることを依頼します。宛先のIPアドレスを含むネットワークが見つかるまで、このような依頼のたらいまわしが繰り返されるのです。

　もちろん、この繰り返しはどこかで必ず終わります。インターネットの世界ではすべての経路を「フルルート」と呼び、フルルートを持つルーターは必ず「その宛先はこちら」という判断ができます。それ以降は宛先のIPアドレスを含むネットワークを知っているルーターをたどって通信が行われるので、最終的に宛先のIPアドレスに到達することになります。このようにして世界中で繋がるのです。

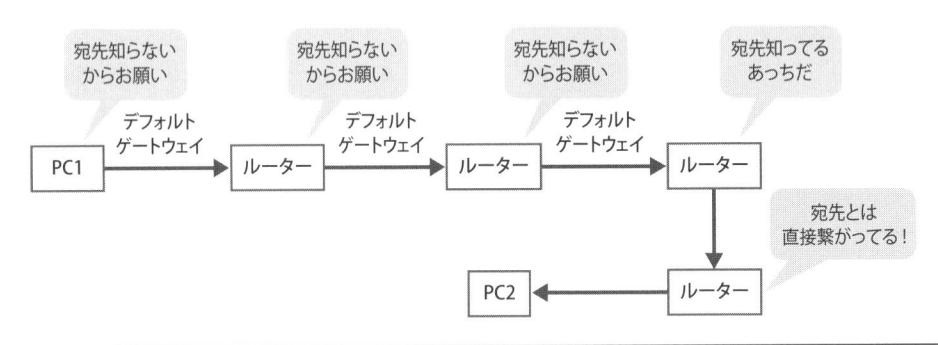

図2.15●ルーターがパケットをたらい回す

■2.5.1.3　宛先はIPアドレス（名前解決）

　このとき、宛先は必ず「IPアドレス」であることに注意してください。普段、例えばウェブサイトを見ているときに意識しているのは www.google.com などIPアドレスではないものですが、裏ではこれを必ずIPアドレスに変換しています。

　名前解決は複数の方法で行われます。名前解決周りについては「第3章 Windows ネットワーク」で説明します。

2.5.2　サブネットマスク

　IPアドレスの次はサブネットマスクの理解が必要です。理屈を押さえておけば理解は簡単です。

■2.5.2.1　サブネットのマスクである

　まず、そもそも「サブネットマスク」という言葉ですが、これは「『ネットワーク』を複数の『サブネットワーク』に分割するための『マスク』」というように私は理解しています。ちょうど、塗

装の際に「マスキングテープ」を使って必要な箇所以外に塗料がつくのを防ぐように、IPアドレスからネットワークアドレスを抜き出すときに不必要な部分を隠すものです。

■ 2.5.2.2　ネットワークは分割される

　TCP/IPのネットワークは大きく扱うこともできますが、ブロードキャストが数多く飛び交ってしまい、これがネットワーク全体のパフォーマンスを下げてしまったり、ホストに対しても負荷をかけてしまったりするため、適当な大きさに「分けて」使います。同時に、セキュリティ上の理由からも複数のネットワークに分けておき、ネットワークの分け目の部分でパケットのコントロールを行うようなこともあります（ファイアウォール）。

■ 2.5.2.3　クラス、CIDR

以前は、ネットワークの分割方法としては以下の5つだけでした。

- クラスA（0.0.0.0-127.255.255.255）
- クラスB（128.0.0.0-191.255.255.255）
- クラスC（192.0.0.0-223.255.255.255）
- クラスD（224.0.0.0-239.255.255.255）
- クラスE（240.0.0.0-255.255.255.255）

　しかし、これでは粒度が大きすぎるということで、CIDR（Classless Inter-Domain Routing）という手法が一般的に用いられるようになりました。これはルーターがルーティングする際の情報を集約できるようにするための手法なのですが、これがそのままホスト上のTCP/IPの設定にも反映されています。これによって、サブネットマスクのビット長は可変になりました。
　以降ではルーターの話を省略し、ホスト上のサブネットマスク周りの話に焦点を絞って、もう少し具体的に説明しようとしてみます。

■ 2.5.2.4　問題―同一ネットワークか？

　ここで問題です。「次の2つのIPアドレスは同一ネットワーク上にあるでしょうか、それとも別ネットワークにあるでしょうか」

- IPアドレス1 - 192.168.1.1
- IPアドレス2 - 192.168.1.130

以前の、分割方法が5つしかなかった頃であれば答えは「同一ネットワーク」でした。しかし、

今は「サブネットマスクが提示されていないからわからない（複数の可能性がある）」というのが答えになります。

具体的にサブネットマスクを提示してみます。

- パターン1
  - IPアドレス1 - 192.168.1.1 / 255.255.255.0
  - Pアドレス2 - 192.168.1.130 / 255.255.255.0
- パターン2
  - IPアドレス1 - 192.168.1.1 / 255.255.255.128
  - IPアドレス2 - 192.168.1.130 / 255.255.255.128
- パターン3
  - IPアドレス1 - 192.168.1.1 / 255.255.255.192
  - IPアドレス2 - 192.168.1.130 / 255.255.255.192

それぞれのパターンで同一ネットワークか別ネットワークかわかるでしょうか。判別するには「IPアドレスをサブネットマスクでマスクし、ネットワークアドレスを求め、それを比較する」ことが必要です。コンピューターの中ではすべて0、1で計算されているので、このあたりは2進数に変換すると非常に理解しやすくなります。2進数にしてから考えてみます。

■ 2.5.2.5　2進数に変換する

IPアドレスは8ビット（オクテット）ごとに「.」（ドット）で区切って表記されています。まずは2進数にしてみましょう。10進数から2進数への変換方法に関しても理解しているのが望ましいですが、ここではWindows標準付属の電卓を使って変換してしまいましょう。例えば192を2進数にしてみます。「表示」から「プログラム」を選択した状態で192と入力したのが図2.16です。

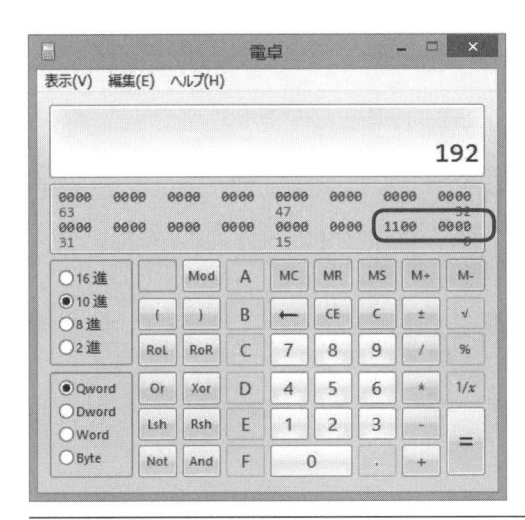

図2.16●電卓で2進数を確認

赤枠で囲った部分が変換結果になります。「11000000」が192の2進数表現です。

古いバージョンの電卓であれば10進数で192を入力してから2進数に変換すると結果が表示されます。

図2.17●古いバージョンの電卓に10進数で192を入力

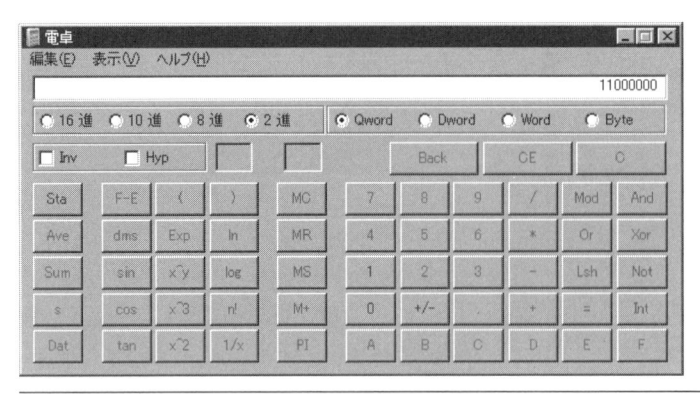

図2.18●古いバージョンの電卓で192を2進数表示

　例えば10進数の1を2進数の1に変換すると、答えが「1」となり桁が足りませんが、IPアドレスは8ビットごとに区切られているので、8桁になるまで0を左に足せばよいです。
　10進数から2進数への変換を行うと以下のようになります。これはぜひ自分でやってみてください。

表2.5●IPアドレスの2進数への変換

10 進数	2 進数
192.168.1.1	11000000.10101000.00000001.00000001
192.168.1.130	11000000.10101000.00000001.10000010

　次はサブネットマスクを2進数にします。こちらもIPアドレスと同じ構造になっているので、同じように2進数に変換します。

表2.6●サブネットマスクの2進数への変換

	10 進数	2 進数
パターン1	255.255.255.0	11111111.11111111.11111111.00000000
パターン2	255.255.255.128	11111111.11111111.11111111.10000000
パターン3	255.255.255.192	11111111.11111111.11111111.11000000

　これもぜひ、自分でやってみてください。1が連続する部分が左に、0が連続する部分が右にきれいに分かれます。このように、サブネットマスクというのは例外なく「1が左からいくつ並んでいるか」で表現できる数になっているので、サブネットマスクは10進数の数字として表2.7のいずれかになります。

表2.7●サブネットマスクとして登場する数字

10進数	2進数
0	00000000
128	10000000
192	11000000
224	11100000
240	11110000
248	11111000
252	11111100
254	11111110
255	11111111

表 2.7 の左側の 10 進数の数だけを見ているとわかりにくいですが、右側の 2 進数に変換した結果を見ると明らかな規則性のある数字であることがわかります。このくらいなら暗記してしまってもよいかもしれません[9]。

ここまで理解すると、いちいちサブネットマスクを「255.255.255.0」などと示す必要がないことに気がつくはずです。左からずっと 1 が連続しているのですから「左から何ビット目までが 1 なのか」を伝えれば十分です。そのため、IP アドレスの後に「/ ビット数」をつけて次のように表現することもあります。

- パターン 1
  - IP アドレス 1 - 192.168.1.1/24
  - IP アドレス 2 - 192.168.1.130/24
- パターン 2
  - IP アドレス 1 - 192.168.1.1/25
  - IP アドレス 2 - 192.168.1.130/25
- パターン 3
  - IP アドレス 1 - 192.168.1.1/26
  - IP アドレス 2 - 192.168.1.130/26

2.5.2.6　マスク

IP アドレスとサブネットマスクを 2 進数にできたら次は「マスク」です。IP アドレスに「マスキング」をして一部を隠すことでネットワークアドレスが出てきます。具体的にやってみましょう。

---

[9] 左側の 10 進数を見ただけで「きりがよい数字だ」という人がいたら、その人はまず間違いなくコンピューターに関連する仕事をしている人です。

表2.8●192.168.1.1/24のネットワークアドレス

192.168.1.1/24	
IPアドレス	11000000.10101000.00000001.00000001
サブネットマスク	11111111.11111111.11111111.00000000
ネットワークアドレス	11000000.10101000.00000001.00000000

　上記の結果をよく見てください。IPアドレスとサブネットマスクのAND演算[10]を行ったものがネットワークアドレスになっています。つまり、「サブネットマスクが1のビットはIPアドレスがそのまま、サブネットマスクが0のビットはIPアドレスがどうであろうと0」というのがネットワークアドレスになります。
　AND演算は「両方1なら答えは1」という演算（計算）です。つまり以下のようになります。

- 1 and 1 → 1
- 1 and 0 → 0
- 0 and 1 → 0
- 0 and 0 → 0

　このような計算はコンピューターの得意とするものです。
　サブネットマスクは左から何ビットかがずっと1、というパターンです。「IPアドレスの左からxビットを取り出したもの」がネットワークアドレスであり、「何ビットまでがネットワークなのかを指定する」のがサブネットマスクです。
　ここまで理解できれば後はやるだけです。

■ 2.5.2.7　回答―同一ネットワークか？

パターン1
- IPアドレス1 - 192.168.1.1/255.255.255.0
- IPアドレス2 - 192.168.1.130/255.255.255.0

表2.9●192.168.1.1/255.255.255.0のネットワークアドレス

IPアドレス	192.168.1.1	11000000.10101000.00000001.00000001
サブネットマスク	255.255.255.0	11111111.11111111.11111111.00000000
ネットワークアドレス	192.168.1.0	11000000.10101000.00000001.00000000

※10　「AND演算」という言葉をわざわざ持ち出さなくても説明、理解はできるのですがここではあえて登場させています。AND、OR、XORなどの演算はさまざまな場面で登場しますし、ゆっくり取り組めば決して難しいものではないのでぜひ慣れてください。

表2.10●192.168.1.130/255.255.255.0のネットワークアドレス

IPアドレス	192.168.1.130	11000000.10101000.00000001.10000010
サブネットマスク	255.255.255.0	11111111.11111111.11111111.00000000
ネットワークアドレス	192.168.1.0	11000000.10101000.00000001.00000000

パターン1はネットワークアドレスが同一なので、「同一ネットワーク」です。

パターン2

- IPアドレス1 - 192.168.1.1/255.255.255.128
- IPアドレス2 - 192.168.1.130/255.255.255.128

表2.11●192.168.1.1/255.255.255.128のネットワークアドレス

IPアドレス	192.168.1.1	11000000.10101000.00000001.00000001
サブネットマスク	255.255.255.128	11111111.11111111.11111111.10000000
ネットワークアドレス	192.168.1.0	11000000.10101000.00000001.00000000

表2.12●192.168.1.130のネットワークアドレス

IPアドレス	192.168.1.130	11000000.10101000.00000001.10000010
サブネットマスク	255.255.255.128	11111111.11111111.11111111.10000000
ネットワークアドレス	192.168.1.128	11000000.10101000.00000001.10000000

パターン2はネットワークアドレスが異なるので「別ネットワーク」です。

パターン3

- IPアドレス1 - 192.168.1.1/255.255.255.192
- IPアドレス2 - 192.168.1.130/255.255.255.192

表2.13●192.168.1.1/255.255.255.192のネットワークアドレス

IPアドレス	192.168.1.1	11000000.10101000.00000001.00000001
サブネットマスク	255.255.255.192	11111111.11111111.11111111.11000000
ネットワークアドレス	192.168.1.0	11000000.10101000.00000001.00000000

表2.14●192.168.1.130/255.255.255.192のネットワークアドレス

IPアドレス	192.168.1.130	11000000.10101000.00000001.10000010
サブネットマスク	255.255.255.192	11111111.11111111.11111111.11000000
ネットワークアドレス	192.168.1.128	11000000.10101000.00000001.10000000

パターン3はネットワークアドレスが異なるので「別ネットワーク」です。

2.5.2.8 サブネットマスクに関してのまとめ

サブネットに関してまとめると以下のようになります。

- IPアドレスからネットワークアドレスを生成するためにサブネットマスクがある。
- IPアドレスとサブネットマスクを2進数でAND演算すればネットワークアドレスになる。
- 難しいサブネットマスクがでてきたら、関数電卓で計算しよう（orそんなにパターンはないから暗記しよう）。

同じネットワークかどうかで通信フローや処理ロジックがまったく異なるため、正しく理解してください。

2.6 レイヤー4：トランスポート層

レイヤー4、トランスポート層にはTCPとUDPという2つのプロトコルがあります。まずTCPについて説明し、その後UDPについて説明します。

2.6.1 ポート番号

まずは「ポート番号」についての話です。IPアドレスまでは知っていても、TCPのことはよく知らないという人が多いはずです。5層より上の層はアプリケーションに依存した話になるので、ネットワークを押さえる意味ではこの4層が理解の要になります。しっかり理解していきましょう。

2.6.1.1 どうやってアプリケーションを区別するのか

ブラウザを2つ開いている状態を考えてください。1つのブラウザではyoutubeでAという動画を再生しています。もうひとつのブラウザではyoutubeでBという動画を再生しています。

さて、このとき自分のPCとyoutubeのサーバーとの間には（少なくとも）2つの通信が確立されています。どちらも同じブラウザですし、相手も同じyoutubeのサーバーです。この2つはど

うして混ざってしまわないのでしょうか。

通信にはIPアドレスを使っているはずです。仮に自分のPCのIPアドレスをIP1、youtubeのサーバーのIPをIP2としましょう。以下の2つの通信が確立されているはずです。

表2.15●接続をIPアドレスで表す

No.	接続元 IP アドレス	接続先 IP アドレス
1	IP1	IP2
2	IP1	IP2

この情報だけでは、2つの通信を区別することはできません。これは当然のことで、「IPアドレスだけで通信の確立がなされているのではない」のです。IPアドレスだけではなくてそのPCの中で「どのプログラムと関連づいているのか」、より正確にいうと「どのプロセスと関連づいているのか」ということが管理されているのです。これが「ポート番号」です。

有名なポート番号として「HTTP = TCP/80番」というものがあります。ブラウザでHTTPを使って接続するときにはTCPでHTTPサーバー（ウェブサーバー）の80番ポートに接続すると決まっています。

表2.16●接続をIPアドレスと接続先ポート番号で表す

No.	接続元 IP アドレス	接続先 IP アドレス	接続先ポート番号
1	IP1	IP2	80
2	IP1	IP2	80

これでもまだ見分けがつきません。これはつまり「サーバー側だけのポート番号だけでは通信を区別できない」ということです。普段ポート番号はサーバー側だけが意識されることが多いですが、「クライアント側のポート番号」も意識する必要があるのです。

それでは、クライアントのポート番号は何番になるのかというと、これは他とバッティングしないかぎり「何番でもよい」のです。クライアント側が接続のために一時的に使用するポート番号のことをエフェメラルポートといいます。このエフェメラルポートの番号はWindows XP、Windows Server 2003以前は規定の状態で1025～5000が利用されます。Windows Vista、Windows Server 2008以降は49152～65536が規定の状態で利用されます。

ここでは接続に利用したポート番号（=ブラウザが使用したポート番号）が49152と49153番だったとしましょう。

表2.17●接続をIPアドレスと接続ポート番号で表す

No.	接続元 IP アドレス	接続元ポート番号	接続先 IP アドレス	接続先ポート番号
1	IP1	49152	IP2	80
2	IP1	49153	IP2	80

これでそれぞれの通信が区別できるようになりました。このようにサーバーのIPアドレスとポート番号、クライアントのIPアドレスとポート番号という4要素を使って接続の状態を表します。

このように、プログラムが通信をする際には、それぞれに動的なポート番号が割り当てられるので、混ざることがないのです。

繰り返しになりますが、サーバー側のポート番号だけではなく、クライアント側のポート番号も意識していきましょう。

2.6.2　接続の確立方法（3ウェイハンドシェイク）

TCPにて接続を確立する際の取り決めが3ウェイハンドシェイクです。TCPを理解する上でも、障害対応をする上でも非常に重要です。

2.6.2.1　TCPヘッダ

3ウェイハンドシェイクを理解するためにはTCPヘッダのフラグに注目する必要があります。以下がTCPヘッダの構造です。

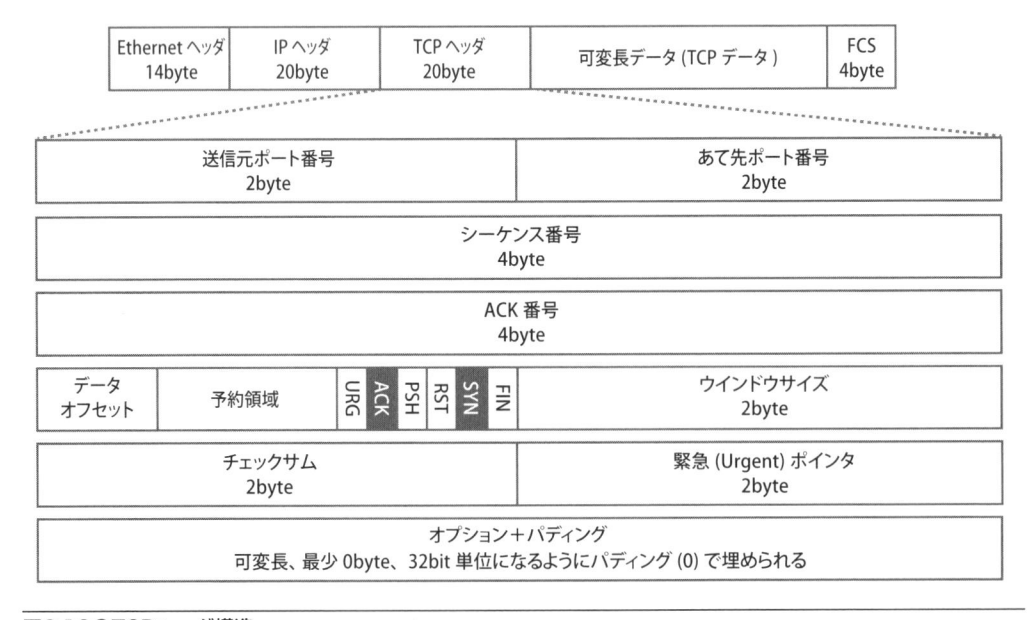

図2.19●TCPヘッダ構造

予約領域とウインドウサイズの間の部分が TCP のフラグです。この中でも特に SYN フラグと ACK フラグが重要です。

表2.18●TCPフラグの意味

フラグ	意味
URG	緊急転送データ
ACK	受信確認
PSH	プッシュ。アプリケーションに直接引き渡す
RST	接続のリセット
SYN	同期[※11]
FIN	送出の終了

　接続を開始するには、まずクライアントからサーバーに対して接続開始の意味を持つ SYN フラグをセットしたパケットが送信されます。

　次に、サーバーからクライアントに SYN と ACK がセットされたパケットが返信として送信されます。初めのパケットに対する応答の意味を表す ACK と、サーバーからクライアントへの接続開始を表す SYN がセットされています。

　最後に、クライアントからサーバーへ ACK がセットされたパケットが返されます。サーバーからの SYN に対する応答です。

　図に表すと以下のようになります。上から下に時間が流れるように書いてあります。

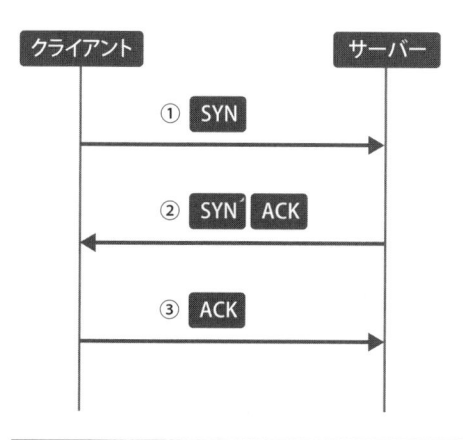

図2.20●TCP接続確立時のパケットの流れ

※11 「同期」という表現に若干違和感があるかもしれません。これは互いの「どこまでやり取りしたか」という番号（シーケンス番号と ACK 番号）を同期させるということから来ています。

これでクライアントとサーバーの両方からSYNが送信され、それに対するACKが返ったことになります。これによって互いに接続が確立されたと認識します。この3パケットのやり取りを3ウェイハンドシェイクと呼びます。TCPではすべての接続に関してこの3ウェイハンドシェイクを必ず行います。

この後は互いにパケットを送受信し続けますが、その際にはすべてのパケットにACKフラグが立っています。そして、SYNフラグが立っているのは通信の最初の2つのパケットだけ、ACKフラグが立っていないのは通信の最初の1つのパケットだけとなります。

互いに確認し合うことで確実に通信を開始することができます[※12]

■ 2.6.2.2　フラグを見れば向きがわかる

このとき、フラグに注目すると通信の開始や開始した向きがわかります。
例えば以下のようなネットワークを考えます。

```
192.168.1.1
  [PC1]
───┬──────────────────────  ネットワークA
   │                        192.168.1.0/24
[ファイアウォール]
   │
───┴──────────────────────  ネットワークB
         │                  10.10.1.0/24
       [PC2]
       10.10.1.1
```

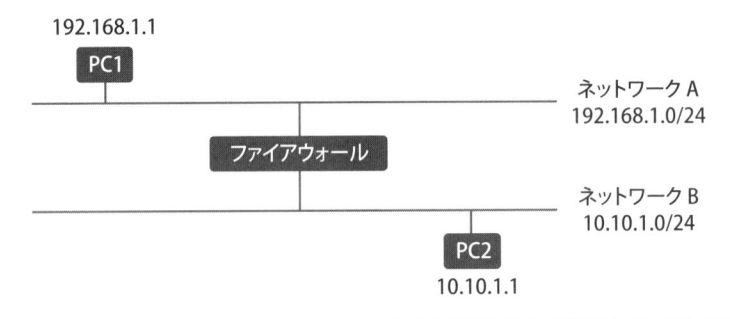

図2.21●ファイアウォールで隔てられた2つのネットワーク

ここで、ネットワークAからネットワークBに対して開始した通信は許可し、逆は許可しないとします。パケット内の送信元IP、宛先IP、SYN、ACKだけに注目すれば通信の向きを判断することができます。

PC1とPC2の間で発生する可能性のある3ウェイハンドシェイクのやり取りを列挙して、それをファイアウォールの視点に立って許可／拒否の判断ができることを確認してみましょう。1回3つのパケットのやり取りで向きが2つあるので全部で6パターンあります。

[※12] 簡単なやり取りをしたいだけのときには通信開始前にわざわざ3パケットもやり取りをするのは面倒です。そのような場合にはUDPが使用されます。TCPとUDPの違いに関しては「2.6.5 TCPとUDPの違い」で説明します。

表2.19 ● 3ウェイハンドシェイクのパケットで向きを判断できるか

No	送信元 IP	宛先 IP	SYN	ACK	結果
1	192.168.1.1	10.10.1.1	1	0	SYNフラグだけが立っているので3ウェイハンドシェイクの①であることがわかる。送信元はネットワークAであり、宛先はネットワークBなので通信を許可する。
2	10.10.1.1	192.168.1.1	1	1	SYNフラグとACKフラグの両方が立っているので3ウェイハンドシェイクの②であることがわかる。送信元はネットワークBであり、宛先はネットワークAであるが、通信を開始したのはネットワークAであると判断できるので、通信を許可する。
3	192.168.1.1	10.10.1.1	0	1	ACKフラグだけ立っている。3ウェイハンドシェイクの③、あるいはそれ以降の通信であることがわかる。このパケットだけでは通信の向きはわからない。
4	10.10.1.1	192.168.1.1	1	0	SYNフラグだけが立っているので3ウェイハンドシェイクの①であることがわかる。送信元はネットワークBであり、宛先はネットワークAなので通信は拒否する。
5	192.1681.1	10.10.1.1	1	1	このパケットはNo.4の戻りパケットであり、4が拒否されるため実際には発生しない。仮に発生したとしても、SYNフラグとACKフラグの両方が立っているので3ウェイハンドシェイクの②であることがわかる。送信元はネットワークAであり、送信先はネットワークBである。これはそもそもの通信を開始したのはネットワークBということなので通信を拒否する。
6	10.10.1.1	192.168.1.1	0	1	ACKフラグだけ立っている。3ウェイハンドシェイクの③、あるいはそれ以降の通信であることがわかる。このパケットだけでは通信の向きはわからない。

　表2.19のNo.1、2、4、5では、通信の向きを判断して許可／拒否の判断が行えます。しかし、No.3、6に関しては送信元、宛先、SYNフラグ、ACKフラグを見ているだけでは通信の向きがわかりませんでした。SYNフラグに注目することで通信の最初の部分での制御は行えるけれども、その後に関してはそもそもコンピューター間でどのような通信状態であるのかを追跡しておかないといけないのです。

接続状態までファイアウォールで記録、監視し、それを元に判断して通信を許可することを「ステートフルインスペクション」と呼びます。「状態」を管理しているというわけです。ステートフルインスペクションであるファイアウォールでは、上記の表のうちNo.1、4の3ウェイハンドシェイクの1番目のパケット（SYNフラグが立っており、ACKフラグが立っていない）を検知するとそれを通信の開始と捉えて、それぞれのIPアドレスとポート番号を含めて接続の状態を把握します。これによって、通信の「向き」まで含めて通信の許可／拒否が行えます。

このように、TCP通信においては「状態」の管理が重要です。

2.6.3 TCPの接続の状態の遷移

TCPに関しての接続の状態の遷移について紹介しておきましょう。

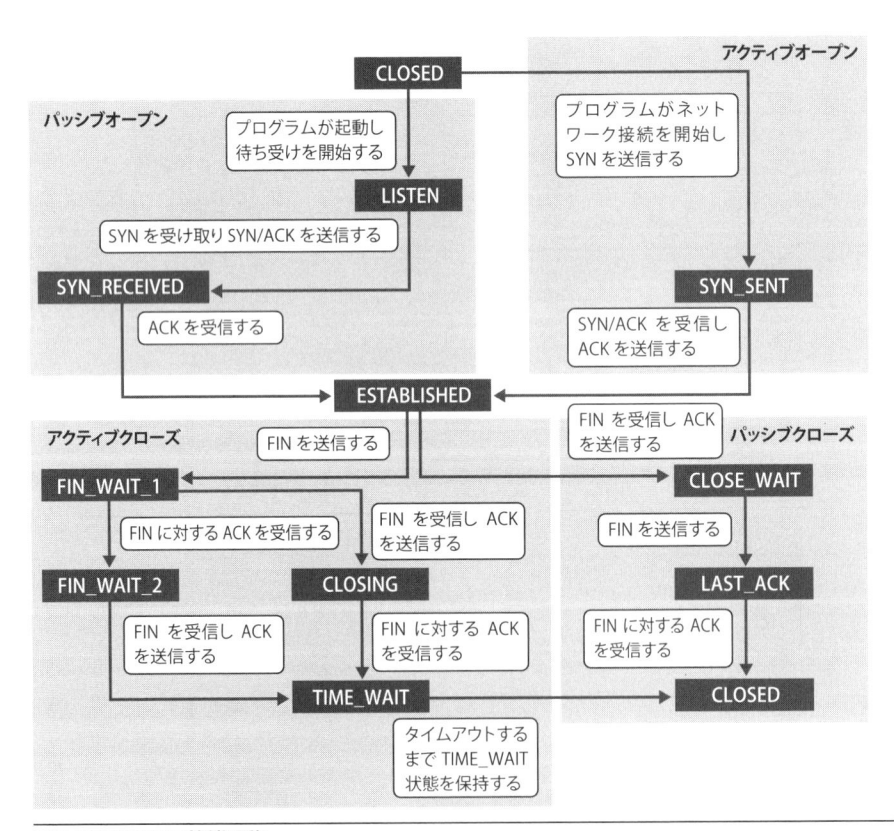

図2.22●TCPの状態遷移

図2.22はTCPの遷移を表したものです。接続を開始する処理と接続を切断する処理のそれぞれに対して、能動的に行う側と受動的に行う側があります。

表2.20●接続と切断の名称

接続	能動的に行う	アクティブオープン
	受動的に行う	パッシブオープン
切断	能動的に行う	アクティブクローズ
	受動的に行う	パッシブクローズ

　基本的にサーバー側がパッシブオープン、クライアント側がアクティブオープンを行うことになります。切断に関しては上記のように RFC では定められているものの、正しくこの手順を踏んでクローズしている状況は少ないのが実状です。大抵は FIN パケットを相互にやり取りすることなく、RST フラグをつけて通信を無理やり切断してしまいます。実際にパケットをキャプチャして見る際にはこの点に気をつけてください。

2.6.4　接続の状態を確認する―netstat

　接続を確認する方法はたくさんありますが、Windows の標準コマンドとしては netstat コマンドがあります。netstat は非常に便利でよく使用されるコマンドです。現場でよく使うオプションを紹介しておきます。ぜひ実際に試してください。

■ 2.6.4.1　netstat -an

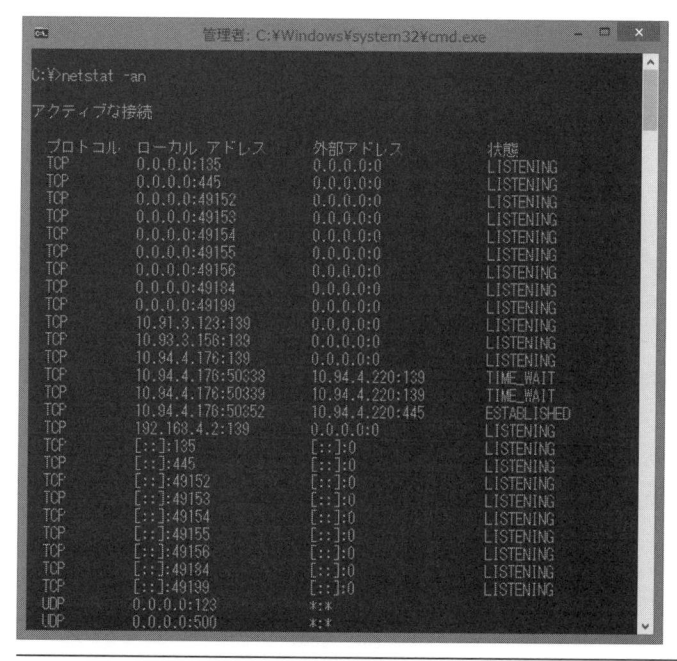

図2.23●netstat -anで接続の状態を表示

私がいつもよく使うのは-anオプションです。-aで接続状態に加えて、待ち受けているポートの状態を表示しています。「状態」が「LISTENING」になっているものが待ち受けているものです。いわゆる「サーバー」になっているものです。加えて-nオプションを指定することで、名前解決をさせないようにしています。このオプションの動きによって接続先がホスト名ではなく、IPアドレスで表示されます。

接続先がホスト名で表示されたほうが見て分かりやすいですが、毎行表示するためにIPアドレスに対応するホスト名をDNSに問い合わせる必要があるため、動作が非常に遅くなってしまいます。-nオプションを指定することでIPアドレスのまますばやく表示することができます。これは状況に合わせて使い分けてください。

■ 2.6.4.2　netstat -ano

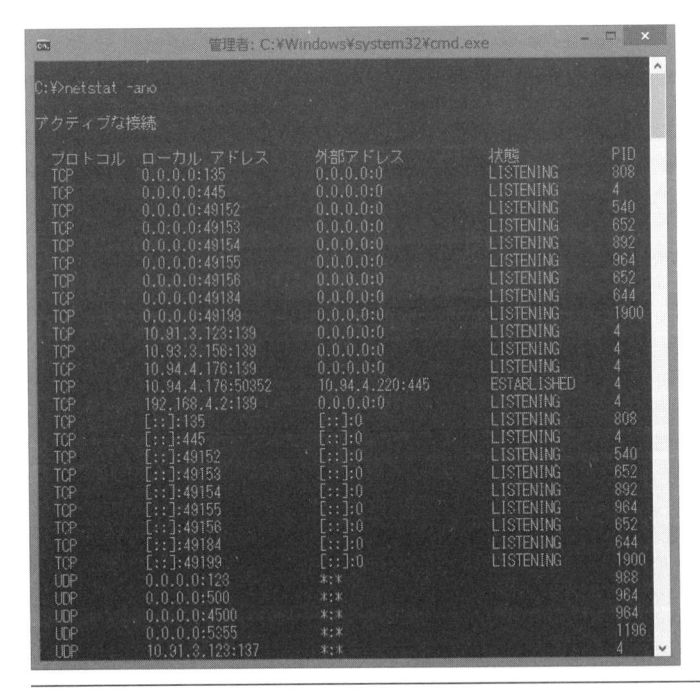

図2.24●netstat -anoでPIDをつけて接続の状態を表示

「なんでこんなポート番号で待ちうけしているのだろう」、「この接続はどのプログラムが使っているのだろう」というような疑問を感じたときには-oオプションを指定して、そのポートを開いたプログラムのPID[13]を表示できます。

※13　プロセスIDのこと。プロセスを一意に識別するためのIDです。具体的には番号が振られます。例えばnotepad.exeを2つ起動すると3000と3100のように別々のPIDが割り振られます。

これでPIDを確認した後で「tasklist」のコマンドの実行結果を比較することで、実際に接続を使っているプロセスを特定することができます。

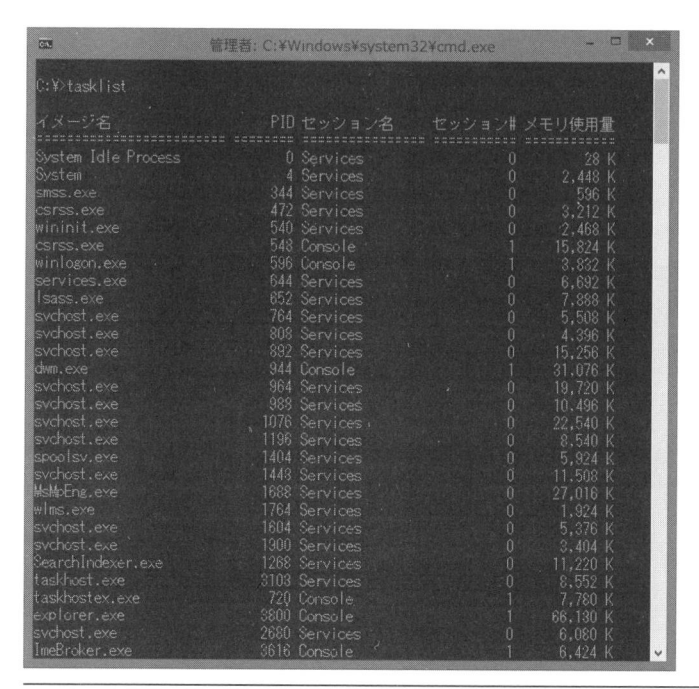

図2.25●tasklistでプロセスの一覧を表示

イメージ名がsvchost.exeとなっている場合には「tasklist /svc」を実行することで具体的なサービスまで確認することができます。

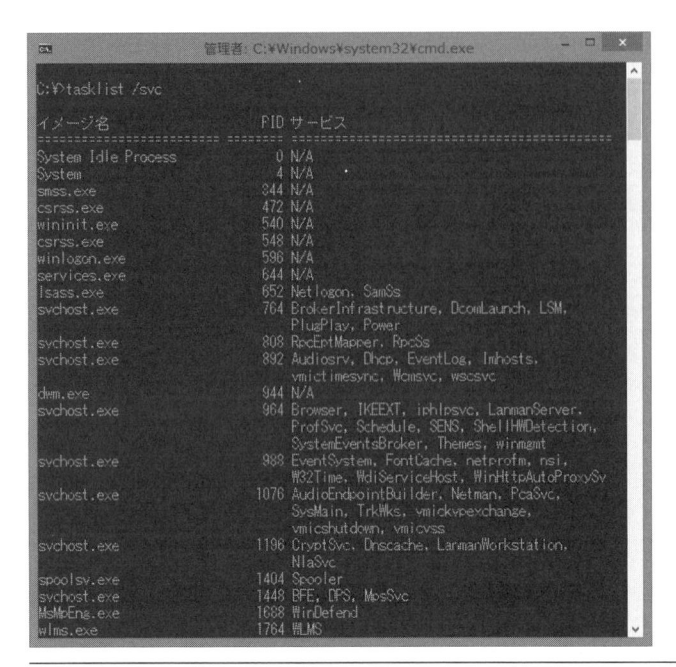

図2.26●tasklist /svcでプロセスが関連しているサービスを表示

■ 2.6.4.3　netstat -anb

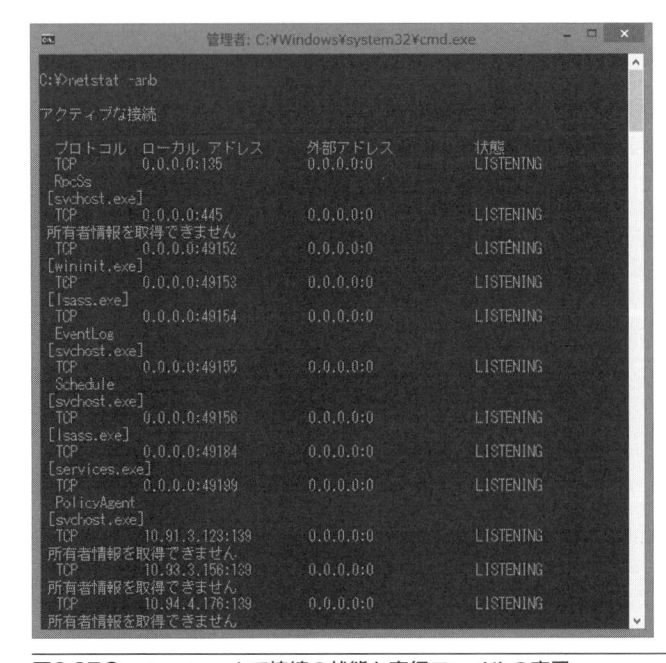

図2.27●netstat -anbで接続の状態と実行ファイルの表示

-bオプションを指定すると接続に使われた実行ファイルが表示されます。PIDからプロセスを追うよりも、-bオプションを指定して直接実行ファイルを表示させる方が目的に合っているときもあるでしょう。

2.6.5　TCPとUDPの違い

　トランスポート層にはTCPとUDPの2つのプロトコルが存在します。もしもあなたがプログラマーで、自分でアプリケーションを開発するのであればどちらを使用するのかは自分で決めることができます。どちらを使わなければいけないというものでもありませんが、上位層のプロトコルの特性によってトランスポート層に何を使うかが決められています。例えばHTTPはTCPを使いますし、DNSは基本的にUDPを使用します。

　TCPは、相手と接続を確立してから通信を始め、メッセージが到着したことを互いに確認し、もしも届いていなければ再送しながら通信します。そして通信が終わったら接続を切ります。始まりと終わりがあって、どこまでやり取りしたのかを管理できます。

　一方UDPは、接続の確立を行わずにいきなりパケットを送りつけます。届いたかどうかの確認もUDP自体では（トランスポート層では）行いません。UDPでパケットをいきなり送り、相手からの返事を受け取っておわるというのが典型的な形態です。その上でどのように管理するかは上位のプロトコルに完全に委ねられています。

■2.6.5.1　UDPには接続の状態がない

　netstat -anの実行結果の下の方を見ると、UDPの情報が出力されています。

　UDPにはTCPと同じようにポート番号はありますが、状態が何も書かれていません。

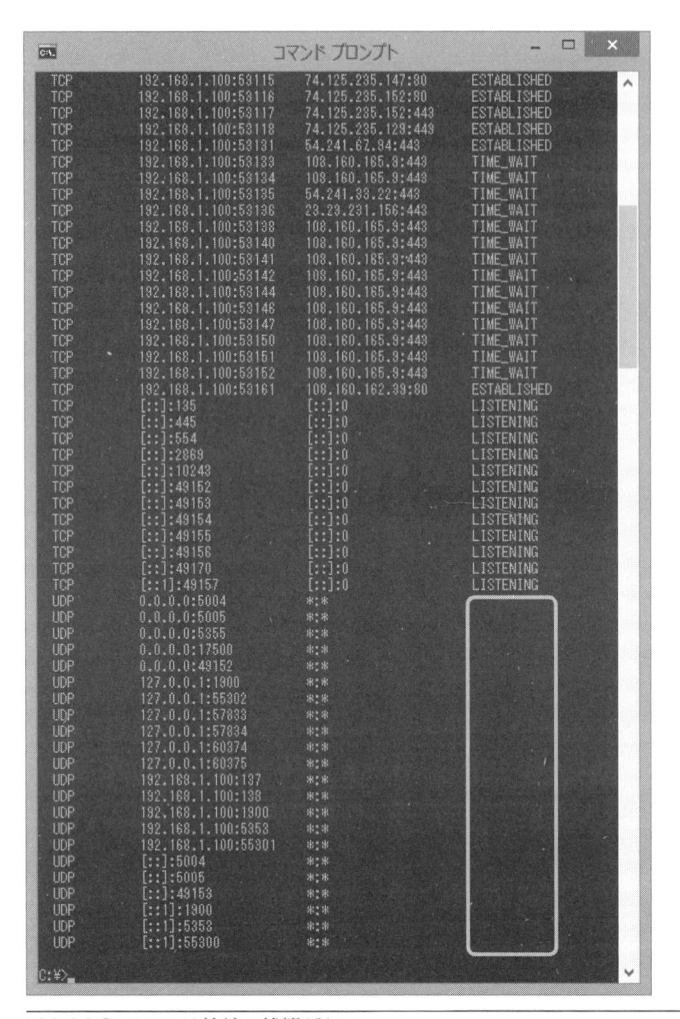

図2.28●UDPには接続の状態がない

　これは、UDPにはそもそも「状態」という概念がないということです。TCPのように接続の確立ということをしませんので、そもそも状態はないのです。

　「状態」の概念がないということは、UDPに関しては通信の「向き」がわからず、ステートフルインスペクションを行うファイアウォールであっても「向き」に応じて通信の許可、拒否が行えないということです。代わりに、通信を許可する側からのUDP通信が発生したら、その宛先からの戻り方向のUDP通信は一定期間許可するというような処理が行われる場合があります。

2.7 NAT

NATはNetwork Address Translationの略で、ほとんどのネットワークで、より正確にいえばネットワーク同士の接続部分に使われている重要なものです。レイヤー3とレイヤー4の理解があればNATの仕組みは自分で考えて思いつくことができるはずです。

例えば、最も身近なところでは以下のようなことがNATによって実現されています。

- PCのIPアドレスはプライベートIPアドレスなのに、インターネットの世界に接続できている。
- 複数のPCが同時にインターネットに接続できている。

IPv4のグローバルIPアドレスがもう枯渇するといわれて久しいですが、今日でもまだ何とかなっているのはNATの技術が普及しているからでもあります。

2.7.1 NATは何をするものか

NATはその名のとおりアドレスを変換するものです。具体的にはパケット内のIPアドレスやTCPのポート番号を書き換えます。その書き換えパターンによってさまざまなバリエーションがあり、呼び方や目的が変わります。よく耳にするのは以下のようなものです。

- 1対1NAT
- NAPT（Network Address Port Translation）
- IPマスカレード（IP masquerade）
- DNAT（Destination NAT）
- SNAT（Source NAT）

それでは具体的な利用シーンを想定しながら動きを見ていきましょう。

2.7.2 （NATなし）PCからインターネットにアクセスする

まずは理解を容易にするためにNATを使用しない状態から解説します。図2.29のような接続を考えます。

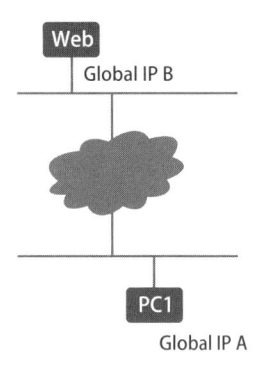

図2.29●PCを直接インターネットに接続した状態

　これでなんの問題もなく世界中と通信できる訳ですが、同時に世界中の誰からも自由にアクセスされる状態にもなっていることがポイントです。NAT を考えるときには「どこにアクセスできるか」に加えて「どこからアクセスされるか」が重要になります。なお、本当にこのように「PC を直接インターネットに接続する」のは非常に危険なので行わないでください。おそらく瞬時に攻撃されることになります。

2.7.3　ブロードバンドルーター経由でインターネットに接続する

　次に、一般家庭でよくあるように、まずブロードバンドルーターがインターネットに接続し、その下に PC を接続する構成を考えます。また、説明のために、インターネット上にウェブサーバーがある場合を考えてみます。

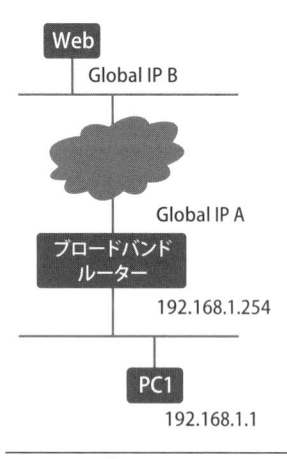

図2.30●ブロードバンドルーターの下にPCがある状態

- PCはプライベートIPを持っている。
- PCはデフォルトゲートウェイとしてブロードバンドルーターを利用する。
- ブロードバンドルーターはグローバルIPを持っている。

　この接続形態は非常に一般的なもので、PCからインターネットに接続することができます。「プライベートIPはインターネット上では使用できない」ということを知っていれば、「なぜプライベートIPしか持っていないPCがインターネットにアクセスできているのか？」という疑問が出てきます。ここでNATが使われているのです。

　簡単にいうと、「PCがインターネットにアクセスしようとするときに、ブロードバンドルーターからのアクセスということにする」ことでアクセスできるようにしています。このときの動きをIPアドレスに注目してパケットレベルで見てみましょう。

　まず、PCからウェブサーバーに接続要求が出されます。送信元IPアドレスは192.168.1.1、宛先IPアドレスはGlobal IP Bになります。

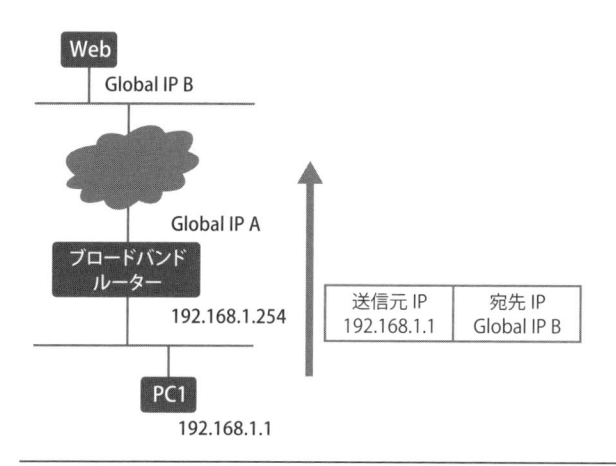

図2.31●PC1からウェブサーバーにパケットを送信

　このパケットはまず、デフォルトゲートウェイであるブロードバンドルーターに届けられます。ブロードバンドルーターはそのままルーティングするのではなく、送信元IPアドレスを自分自身のグローバルIPに変換して送信します。宛先IPアドレスはGlobal IP Bのまま、送信元IPアドレスはGlobal IP Aになります。

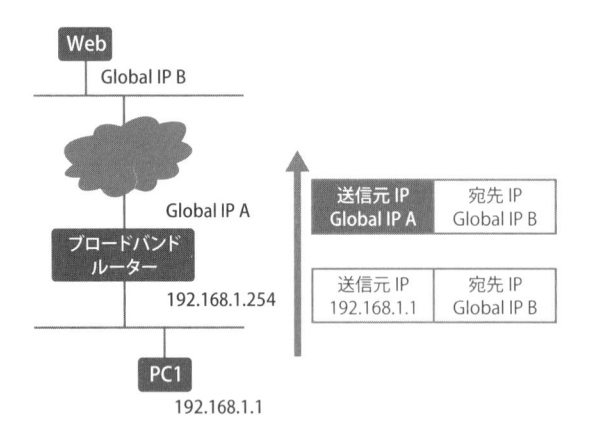

図2.32●送信元IPアドレスの書き換え

　このとき、パケット内のIPアドレスが書き換えられています。これこそがNATです。通常のルーターはIPアドレス部分を参照するだけで書き換えることはしません。**NATはIPアドレス部分を書き換えます**[※14]。ここがポイントです。

　それでは続きを見てみましょう。パケットは途中いくつものルーターを経由して、ウェブサーバーにまで届きます。このときウェブサーバーにしてみると、通信をしてきたのは単にGlobal IP Aであるように見えます。PCの存在はウェブサーバーにはまったくわかりませんし、わかる必要もありません。NATの種類にもよりますが、NATが行われる場合実際の送信元、送信先とパケット上の送信元、送信先が異なることが多いです。

　次はウェブサーバーからの応答です。ウェブサーバーはGlobal IP Aからの通信だと思っているので、宛先IPアドレスはGlobal IP A、送信元IPアドレスはGlobal IP Bになります。

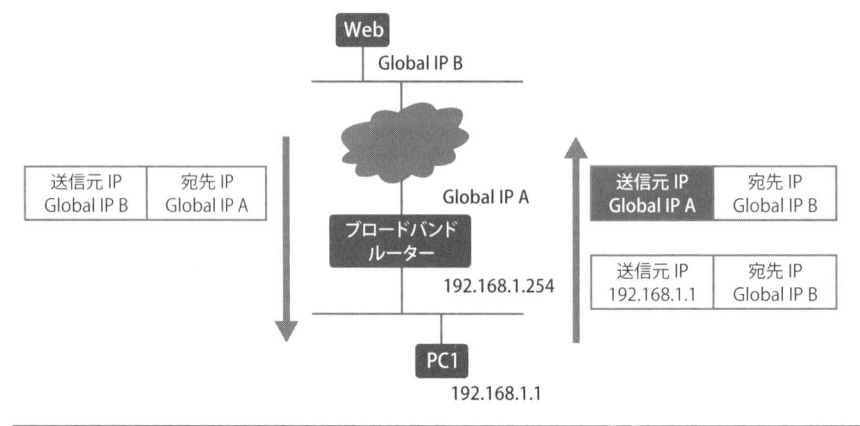

図2.33●ウェブサーバーからの応答

※14　TCPポート番号まで書き換えるタイプのNATもあります。

このパケットがブロードバンドルーターに届きます。**ブロードバンドルーターはこの通信はPCからの通信だと知っているので**[15]、宛先IPアドレスを192.168.1.1に変換し、送信します。ここでもNATが行われています。

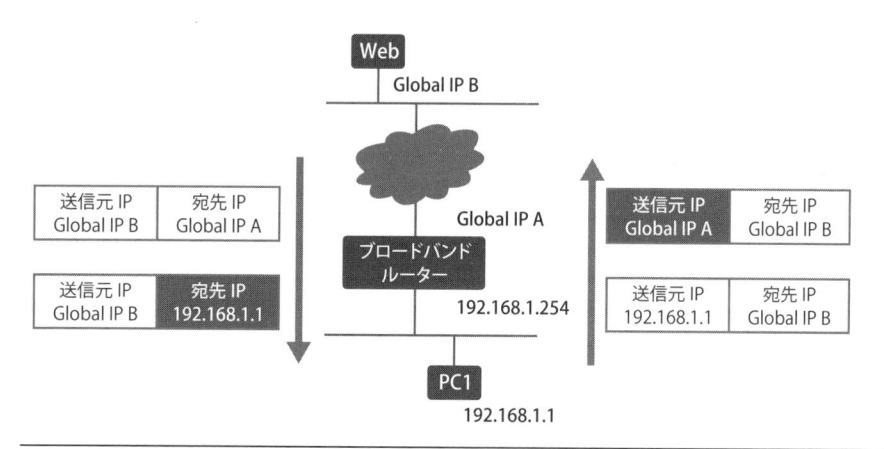

図2.34●宛先IPアドレスの書き換え

さて、PCまでパケットが返ってきました。このときPCにしてみれば、送信したパケットに対して単純に応答があったように見えます。ブロードバンドルーターがNATを行うかどうかなどを気にする必要はありません。別の言い方をすると、パケットの行きと帰りの両方でブロードバンドルーターが適切にNATを実施することで、PCとウェブサーバーにとっては普通の通信に見え、だからこそ通信が成り立つのです。それぞれの立場でパケットのやり取りを見てみましょう。

表2.21●PCの立場から見たパケットの送信元と宛先

	送信元IPアドレス	宛先IPアドレス
送信パケット	192.168.1.1	Global IP B
応答パケット	Global IP B	192.168.1.1

表2.22●ウェブサーバーの立場から見たパケットの送信元と宛先

	送信元IPアドレス	宛先IPアドレス
受信パケット	Global IP A	Global IP B
応答パケット	Global IP B	Global IP A

こうして見ると、よくできた機能であるとわかります。通信の途中でIPアドレスを相互に変換することでうまく通信できるのです。おかげでプライベートIPアドレスしか持たない端末がイン

※15 NATをかけるときにそのことを記憶しておけばよいわけです。

ターネット上のグローバル IP を持つホストと通信することができました。

さて、これが NAT の基本なのですが、ここまでの解説のなかではあえて TCP のポート番号には触れませんでした。その結果、ここまでの解説は嘘ではないにしても若干情報が足りないものになっています。特に「もしも PC が 2 台以上あったら？」ということを考えてみるのはよい頭の体操になるでしょう。

次は複数 PC が存在する状況を考えてみます。

2.7.4 1 対 1NAT、NAPT、ポートフォワーディング

さらに PC がもう 1 台ある環境を考えてみます。PC1 と PC2 が同じブロードバンドルーターの下にある状況です。

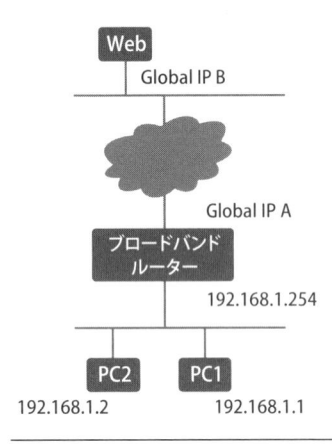

図2.35●2台のPCがブロードバンドルーターの下にある

TCP では送信元ポートはランダムに選ばれます。そのため、「PC1 と PC2 が同じサーバー（宛先 IP）の同じサービス（宛先ポート番号）に同じ送信元ポート番号を使って接続する」ということは普通に起こりうることです。同一 LAN 内であればこれは表 2.23 のように区別することができます。

表2.23●同一LAN内では送信元IPアドレスから区別可能

No.	送信元 IP アドレス	送信元ポート番号	宛先 IP アドレス	宛先ポート番号
1	PC1 の IP アドレス	送信元ポート番号	宛先 IP	宛先ポート番号
2	PC2 の IP アドレス	送信元ポート番号	宛先 IP	宛先ポート番号

PC1 の IP と PC2 の IP が異なるので当たり前に区別できます。

これが図2.35の中で、同じウェブサーバーに対して接続をしようとし、そのときの送信元ポート番号がたまたま同一で、さらにそのパケットがNATでIPアドレスだけ変換されたときにはどうなるでしょうか。

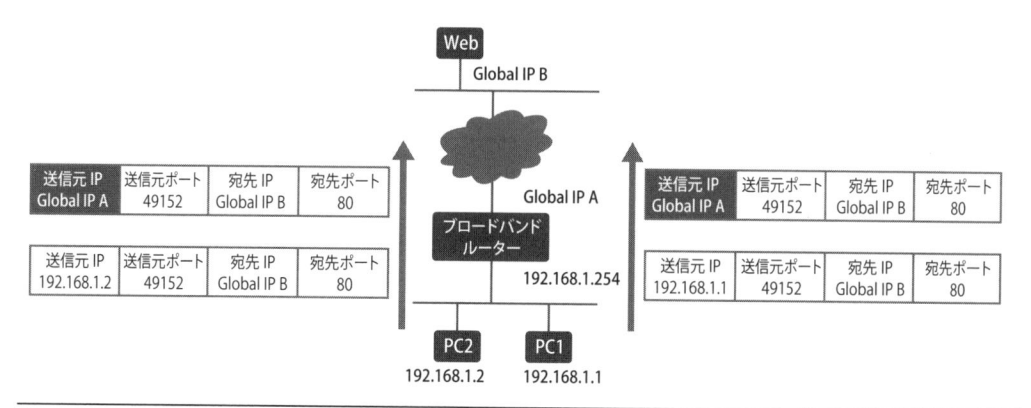

図2.36● IPアドレスだけの変換では区別できない

変換前パケットには送信元IPしか違いがなかったのに、それをどちらもGlobal IP Aに変換してしまっては区別がつかなくなってしまいます。これでは通信が混ざってしまい、うまく動作しません。

これを解決するにはどうしたらよいでしょうか。さまざまなやり方がありますが、ここでは大きく2つのやり方を紹介しましょう。

1. 専用のIPアドレスを用意する方法
2. TCPポートを書き換える方法

■ 2.7.4.1　専用のIPアドレスを用意する方法―1対1NAT

1つの方法は「ブロードバンドルーターにPC1、PC2に対応するグローバルIPをそれぞれ割り当てる」という方法です。IPアドレスでしか区別がつかないので、IPアドレスをそれぞれ用意すればうまくいきます。表2.24のように、グローバルIPとプライベートIPの対応を作ってしまいます。

表2.24● 1対1NAT変換テーブル

プライベートIP	グローバルIP
192.168.1.1	Global IP C
192.168.1.2	Global IP D

こうすることでインターネットとプライベートネットワークとで相互に通信できます。このように体系の異なるIPアドレス同士を1対1で対応付けするNATを1対1NATと呼びます。

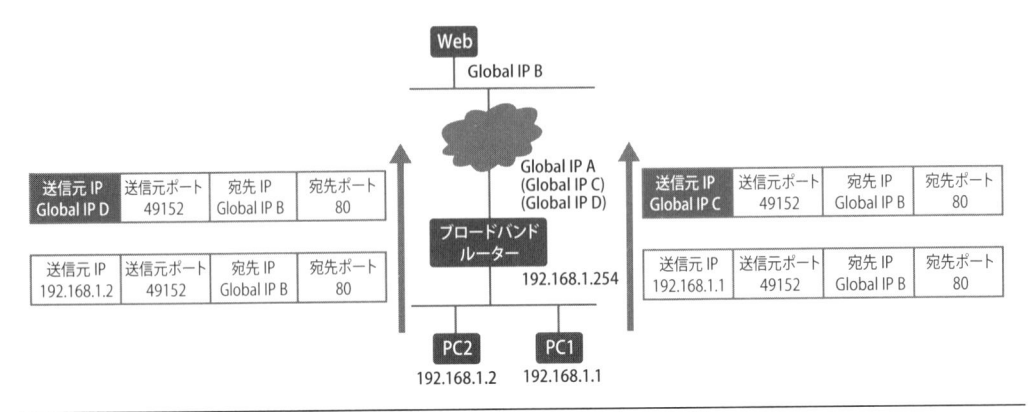

図2.37●1対1NAT プライベートネットワークからインターネットへの変換

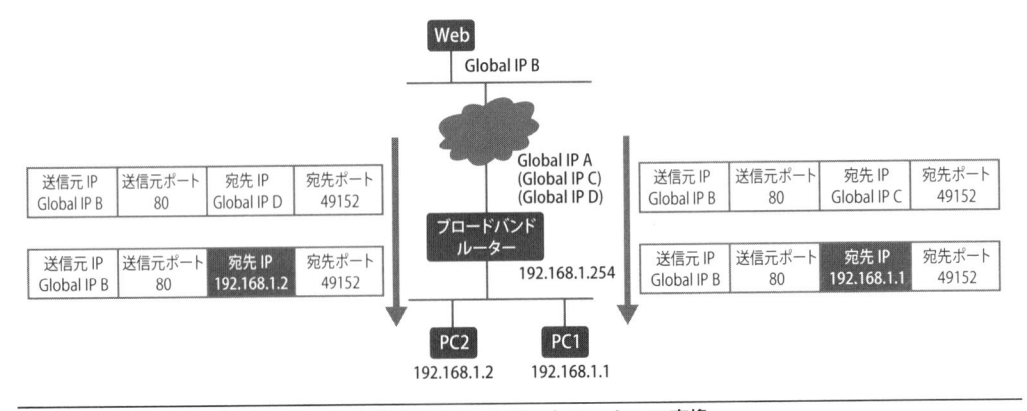

図2.38●1対1NAT インターネットからプライベートネットワークへの変換

注目すべきは、プライベートネットワーク（PC1、PC2が存在するプライベートIPを使った192.168.1.0/24のネットワーク）からインターネットへの通信だけでなく、インターネットからプライベートネットワークへの通信も対応付けることが可能なことです。実際に通信させるかどうかは別問題ですが、「対応づけを矛盾なく行うことができる」ということは重要です。やろうと思えばプライベートネットワークに存在するサーバーをプライベートIPを持ったままインターネット上に公開することが可能になります。

そして、グローバルIPアドレスが1対1NATを行うホストの数だけ必要になってしまうことも特徴です。

このNATはインターネット上に複数（ウェブやメールなど）のサービスを提供するサーバーの

公開のときに使われることが多いです。グローバル IP アドレスがサーバーの数だけ必要になるため、比較的大きな組織で使われることが多い形態です。

■ 2.7.4.2　TCP ポートを書き換える方法—NAPT

グローバル IP アドレスを複数用意できない環境で複数端末の同時インターネットアクセスを実現するには、TCP ポート自体を書き換える必要があります。

送信元のポート番号はランダムに選ばれ、基本的には何番でもかまわないため、TCP ポートを書き換えた上でそれぞれのホストにとっては整合性のある状態にすればよいのです。NAT を行う場所（今回の場合はブロードバンドルーター）で変換テーブルを用意し、管理を行えばよいだけです。

具体例を見てみましょう。

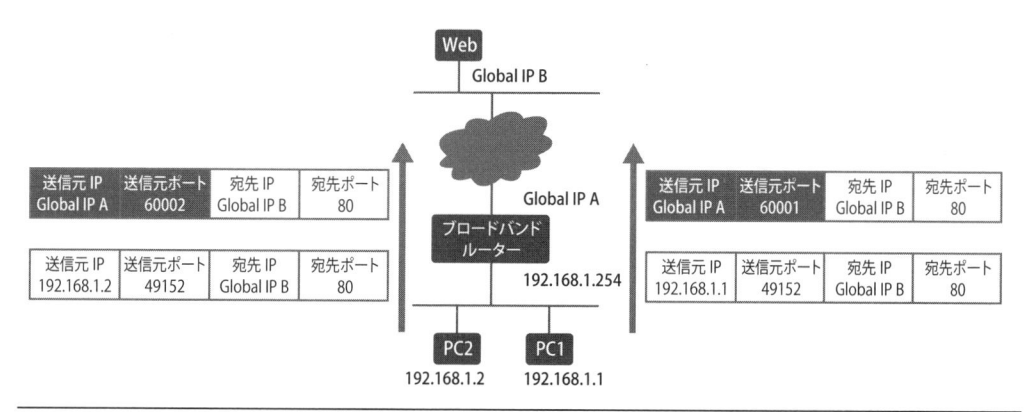

図2.39●NAPT プライベートネットワークからインターネットへの変換

図 2.39 の例でのブロードバンドルーター上の NAT 変換テーブルは表 2.25 のようになります。

表2.25●NAPT変換テーブル

変換前 IP アドレス	変換前ポート番号	変換後 IP アドレス	変換後ポート番号
192.168.1.1	49152	Global IP A	60001
192.168.1.2	49152	Global IP A	60002

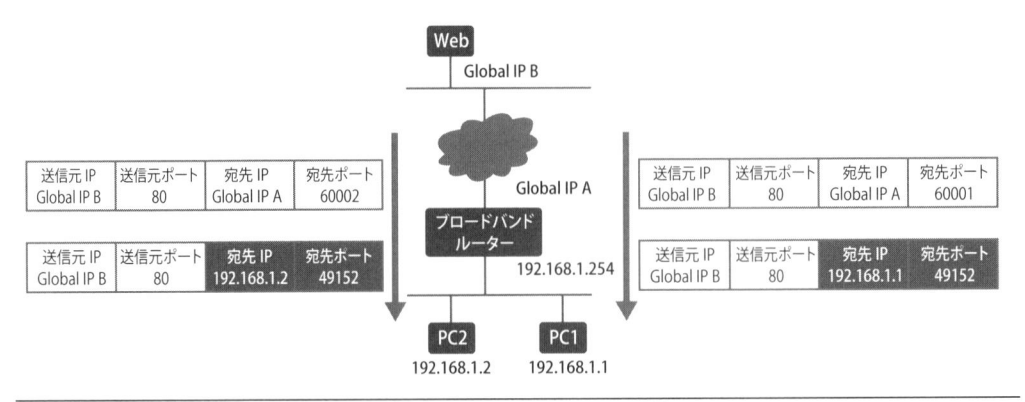

図2.40●NAPT インターネットからプライベートネットワークへの変換

　このように、NATの変換表にIPとポート番号の情報まで盛り込むことで、1つのグローバルIPだけを用いて複数の端末がプライベートネットワークからインターネットにまでアクセスできるようになりました。

　この際、NATでポート番号まで管理、変換しているのでNAPT（Network Address Port Translation）と呼ばれます。ちなみに、「IPマスカレード」という単語で呼ばれることもありますが、これは過去、LinuxにおけるNAPTの実装の名前が「IPマスカレード」であったために、このように呼ばれるそうです。

　1対1NATではインターネットからのアクセスにもそのまま対応できましたが、NAPTの場合にはそうはいきません。NAPTを実行しているホストの変換テーブルに対応していなければ単純にパケットは破棄されます。これは逆に見れば、インターネットから来る意図しないアクセスから保護してくれていることにもなります。

■ 2.7.4.3　ポートフォワーディング

　使用可能なグローバルIPアドレスの数は少ないけれどもインターネットに複数のサーバーを公開したい場合があります。この場合には、ホスト1台に対して1つのグローバルIPアドレスが必要になる1対1NATは使用できません。代わりに、1つのグローバルIPアドレスの特定のポートとホストを紐付けることができます。例えば、TCP80番はホスト1に、TCP25番はホスト2に、という具合です。あらかじめ変換テーブルを用意しておき、NAPTを応用すれば、インターネットからのアクセスに関しても同時にコントロール可能であることが直感的にわかるでしょう。このように、ポートを特定のホストに振り分けることを「ポートフォワーディング」と呼びます。これもNAPTの一形態です。

2.7.5　Active Directory の NAT サポート

　NAT は非常に便利な技術ですが、NAT の存在がネットワークの接続性に悪影響を与えてしまうことがあります。

　例えば企業の合併に伴うネットワークの接続において、それぞれのネットワークで使用しているプライベート IP アドレスに重複する範囲が多く、すぐに IP アドレスの変更を行うことができなかったために、組織内の接続部分に NAT を導入するケースがあります。この場合、Active Directory に関して Microsoft がサポートしない構成となってしまいます。詳細は次の技術情報を参照してください。

> Description of support boundaries for Active Directory over NAT
> ☞ http://support.microsoft.com/kb/978772/en

　実際のところ、数年に 1 度、「NAT があるけれども信頼関係を結びたい」という相談を受けます。そのつど最新の状態を調査し、使用予定のアプリケーションのテストを行います。その結果、テストでは正常に動作するものの、上記の技術情報のとおり Microsoft がテストしていないという点がネックとなり、採用を諦めるケースがあります。

　インターネットとの接続では NAT を利用するのは当然ですが、組織内での利用は極力避けておくべきです。

2.8　レイヤー 7：アプリケーション層

　この節では、代表的なプロトコルとして HTTP と SMTP を取り上げます。実際に自分の手でウェブサイトを閲覧し、メールを送信することで理解を深めてください。プロトコルレベルで理解しておくことで障害が発生したときの対処が容易になります。

2.8.1　HTTP—コマンドプロンプトだけでウェブサイトを閲覧する

　アプリケーション層のプロトコルとして HTTP を取り上げます。世の中にはさまざまなブラウザがあり、非常に高機能なものが多いです。しかし、それらが提供している機能のうち基礎となる部分に関してはかなりシンプルです。実際に手で HTTP プロトコルを「しゃべる」ことで理解を深めてください。

■ 2.8.1.1　HTTPとは

まず最初に、HTTPとは何かという点に関してです。HTTPはHyper Text Transfer Protocolの略です。プロトコルというのは「手続き」なので、Hyper Textを転送するための手続きだというわけです。Hyper Textというのはテキストを超えるものという意味です。そして、Hyper Textを書く手段がHTMLで、そのHTMLを伝える手段がHTTPなのです。

要は世の中にたくさんあるウェブサーバーから情報を得るにはHTTPでおしゃべりすればよい、ということです。

数多くのアプリケーションがウェブ上に存在している昨今、Windowsインフラ管理者としてもHTTPの基本は押さえておく必要があります。

■ 2.8.1.2　ウェブページを取得してみる

それでは実際にやってみましょう。どこでもよいのですが、ここでは私が用意したテストページ[※16]を取得してみましょう。

まずはブラウザでテストページを見てみましょう。アドレスとして「http://ebi.dyndns.biz/test.html」を入力してください。「This is a test page.」とだけ書かれた非常にシンプルなページが表示されます。このときにブラウザが裏で行ったこととまったく同じことをこれからあなたが実行するのです。

まずは、ウェブサーバーであるebi.dyndns.bizに接続します。ウェブサーバーはTCPの80番で動作しているので80番に接続します。

まずコマンドプロンプトを開きます。コマンドプロンプトの開き方は「1.1.3 コマンドプロンプトの起動方法－コマンドの実行方法」を参照してください。コマンドプロンプトを起動した上で次のコマンドを実行します。

```
telnet ebi.dyndns.biz 80
```

telnet、ebi.dyndns.biz、80の間にはそれぞれ半角スペースが入ります。

telnetのインストール

「'telnet' は、内部コマンドまたは外部コマンド、操作可能なプログラムまたはバッチファイルとして認識されていません。」と表示されてしまう方は、telnetを使用するためにWindowsに機能を追加する必要があります。コントロールパネル内の「プログラムと機能」より「Windows

---

※16　以前はGoogleのページがシンプルでサンプルとしてちょうどよかったのですが、httpsにリダイレクトするようになってしまったのでしかたなくページを用意しました。

の機能の有効化または無効化」を選択し、「Telnet クライアント」にチェックを入れて telnet
クライアントを使える状態にしてください。

ここでは最後に「80」とポート番号を明示的に指定することで HTTP の 80 番ポートに接続し
ていますが、番号の代わりに「http」とプロトコル名を記述することもできます。

接続に成功すると何も表示されない状態になります。それで正常です。

裏の動きを想像する

アプリケーション層では「接続成功」でおしまいですが、その背後では DNS を使った名前解
決が行われ、セッション層では 3 ウェイハンドシェイクが完了し、ネットワーク層では多数
のルーターがパケットを中継し、データリンク層では ARP を使った MAC アドレスの解決や、
MAC アドレスを宛先にしたフレームのやり取りが行われるなど、さまざまな場所でさまざまな
ことが起きています。
それぞれのレベルで考えられるようになると、さまざまな場面で応用ができるようになります。

この状態でウェブサーバーに対してページを要求します。次のように入力します。

```
GET /test.html HTTP/1.1
Host:ebi.dyndns.biz
```

最初の GET は大文字で入力する必要があります。それ以外は大文字でも小文字でもかまいませ
ん。GET、/test.html、HTTP/1.1 の間にはそれぞれスペースが必要です。
入力中に自分で自分が入力している文字が見えませんが[※17]、気にせずそのまま入力してくださ
い。そして入力後には Enter を 2 回押します。
これで以下のようにテストページの HTML が入手できます。

※17 設定によっては見えます。

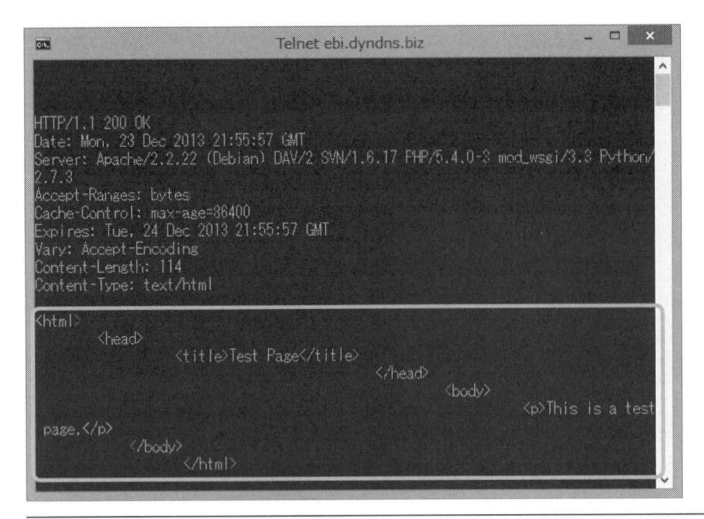

図2.41●telnetでHTMLを取得

　ブラウザで http://ebi.dyndns.biz/test.html に行き、ソースを表示すると、改行の場所などは異なりますが、まったく同じものが入手できていることがわかります。いま手動で行った一連の動作をブラウザが裏で行ってページを取得して、その結果を表示しているということを実感できます。ブラウザもあなたと同じように ebi.dyndns.biz に TCP の 80 番で接続し、/test.html を HTTP/1.1 で GET したのです。

　これが基本中の基本です。この方法で世界中のさまざまなウェブページを取得できるのでぜひ色々なサイトに対して試してみてください。

2.8.2　SMTP―コマンドプロンプトだけでメールを送信する

　HTTP の次は SMTP です。これは Simple Mail Transport Protocol の略で、電子メールを送信するためのプロトコルです。電子メールはインターネット経由で世界中と情報を送受信できるすばらしい仕組みですが、Simple とあるように基本的な仕組みはかなり単純です。それを実感するために、メールクライアントを使用せずにコマンドプロンプトだけでメールを送信してみましょう。障害対応の際の参考にもなります。

　ここでは、例として私の gmail のアドレスである ebibibi@gmail.com にメールを送ってみます。読者の皆さんも、ご自身のメールアドレスで実験してください。

■ 2.8.2.1　メールサーバーを探す

　まず、メールサーバーを探します。メールをどこに送れば届くか、ということです。これは

DNS に MX レコードとして記述されています。

nslookup を使い「set type=mx」として、MX レコードを指定した上で「gmail.com」というドメインの MX レコードを検索します。

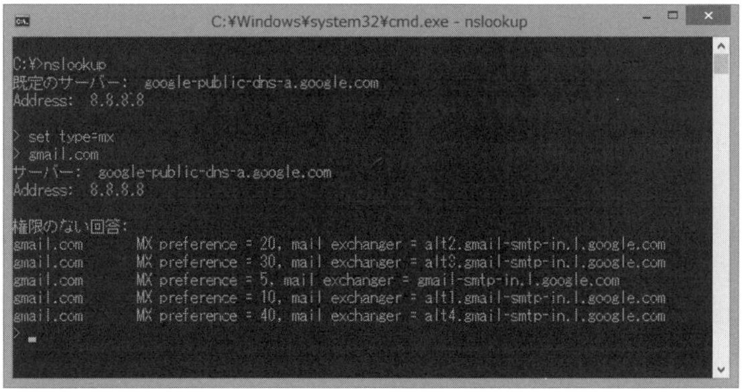

図2.42●nslookupでメールサーバーを確認

コマンドの実行結果から以下の 5 台のメールサーバーが存在していることがわかりました[18]。

- gmail-smtp-in.l.google.com
- alt1.gmail-smtp-in.l.google.com
- alt2.gmail-smtp-in.l.google.com
- alt3.gmail-smtp-in.l.google.com
- alt4.gmail-smtp-in.l.google.com

どのサーバーに送信してもメールは届くはずですが、MX preference の値が低いものほど優先的に送信するという決まりになっているので、ここでは MX preference が最低の 5 になっている「gmail-smtp-in.l.google.com」にメールを送ることにしてみましょう。

■ 2.8.2.2　メールサーバーへの接続

メールサーバーにメールを送信するにはまず TCP のコネクションを張らなくてはいけません。SMTP プロトコルのポートは 25 番ポートです。

telnet コマンドで 25 番ポートに接続します。

```
telnet gmail-smtp-in.l.google.com 25
```

※18　これは執筆時の状況であり、いつ変更になるかはわかりません。google のメールサーバー管理者次第です。

■ 2.8.2.3　SMTPでのメール送信

　接続できたらSMTPプロトコルでメールを送信します。SMTPプロトコルは人間が手でメールを送れるくらいシンプルなものです。以下の例はRFC的に正しくない部分も含まれていますが、メールの送信自体はできます。まずは真似をして体感してください。

　図2.43の実行例のうち、220、250、354など数字で始まっている行はサーバーが応答を返してくれた行です。それ以外の行がこちらからサーバーに対して入力した行です。

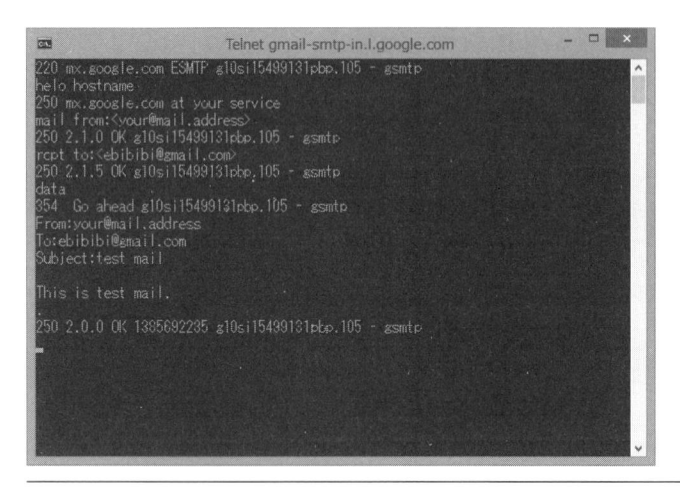

図2.43●telnetでメールを送信

　図2.44のようにgmailに届きました。

図2.44●gmailに届いたメール

　届いたとはいっても、迷惑メールとして処理されています。差出人は存在しないメールアドレスですし通常のメールクライアントが付与する各種情報がついていないので迷惑メール扱いされるのも仕方がないことです。それでも届くことは確かめられました。

　SMTPプロトコルの詳細はRFC2821で定義されているので、興味がある人は見てみるとよいでしょう。

RFC 2821 - Simple Mail Transfor Protocol
☞ http://www.ietf.org/rfc/rfc2821.txt

2.9 第2章のまとめ

この章では TCP/IP の基本的な事柄について説明しました。重要な事柄についてまとめておきましょう。

- OSI 参照モデルを紹介しました。階層構造であり、各層は独立して入れ替え可能であることの理解が重要です。
- レイヤー 1 は物理層です。物理層に何を使っていても上の層では気にする必要はありません。
- レイヤー 2 はデータリンク層です。
  - レイヤー 2 の宛先は MAC アドレスです。ARP によって MAC アドレスが解決されます。ARP ではブロードキャストを使っており、ブロードキャストが届く範囲がレイヤー 2 の範囲です。
  - スイッチングハブは飛び交うフレームの送信元 MAC アドレスを確認し学習することで余計なフレームが無関係なホストに届くことを防いでくれます。
- レイヤー 3 はネットワーク層です。
  - レイヤー 3 の宛先は IP アドレスであり、ネットワーク同士の接続（分割）はルーターが行います。
  - 同じネットワークかどうかの判断は IP アドレスとサブネットマスクの AND 演算からネットワークアドレスを算出し、行われます。
- レイヤー 4 はトランスポート層です。
  - ポート番号によって通信するアプリケーション（プロセス）が区別されます。
  - TCP では接続の状態が管理され、3 ウェイハンドシェイクによって接続が確立されます。
  - TCP のフラグによって通信の開始や向きを判断できます。
  - UDP では接続の状態が管理されていません。
- NAT は IP アドレスやポート番号を変換する仕組みです。NAT によりプライベート IP アドレスを持つ複数台のホストからインターネットに通信ができたり、インターネットからプライベートネットワークに接続ができたりします。
- HTTP や SMTP などのプロトコルは基本部分は非常に単純で、人間が手でウェブページを取得したり、メールを送信できたりします。裏ではレイヤー 1 〜 7 までのすべての層の動作が行われています。

TCP/IPの基礎部分の理解があれば、これを元にしてWindowsネットワークを理解することができます。次の章では実際にWindows PC同士を接続することも含めてWindowsのネットワークについて見ていきます。

第 3 章
Windows ネットワーク

　この章では Windows ネットワークに関しての話題を扱います。Windows ネットワークは TCP/IP に根ざしていながらも過去の遺産を引きずっていたり、簡単に構成ができるように独自の仕組みが備わっていたりする関係で少々癖がある物になっています。

　また、Windows OS と深く関連している Internet Explorer の話や NIC が複数ある場合の話も行います。Windows 独自の部分も含めて確認していきましょう。

　この章の内容は少し難しいかもしれません。その場合には先に読み進めてもらった上で、現場で実際にこの章に書かれていることに出会ったときに読み返すことにしてもよいです。遅かれ早かれ、ここに書かれていることを理解しなくてはいけないときが来ます。

3.1 2 台の PC をネットワークで接続する

　2 台の WindowsPC をネットワークで接続することを通して、Windows のネットワークを理解しましょう。何もしなくても繋がる便利で簡単な面もあれば、たった 2 台の PC を接続するだけでもさまざまな考慮事項と裏で動く仕組みがあります。

　この章の内容を理解するには、他の章の理解、特に第 2 章で説明した TCP/IP の理解が重要です。また、実際に環境を用意して試しながら読み進めることで理解が深まるでしょう。昨今は有償、無

3 Windows ネットワーク

償含めて多数の仮想環境※1 が使用できるので、環境を物理的に用意することが難しければ、PC 上で仮想マシンを評価版の Windows を使って構築してください。

なお、ここで作成した環境は「5.1 アカウントデータベースの一元管理」でも利用するので可能であれば保持することをお勧めします。

3.1.1　まず接続する（レイヤー 1）

まず、2 台の PC を接続する必要があります。接続するには主に以下のような方法があります。どの方法でもかまいません。下位レイヤーに上位レイヤーが影響を受けずにいられるところがレイヤーの分かれているメリットです。

- スイッチングハブ※2 を用意し、それぞれの PC を接続する。
- 2 台の PC を直接ケーブル※3 で接続する。
- それぞれの PC を同じ無線 LAN のアクセスポイントに接続する。

仮想環境で行う場合には仮想マシンを 1 台作成し物理的な PC と同じネットワークに直接接続させてください。あるいは仮想マシンを 2 台作成し両方を同じネットワークに設定してください。

3.1.2　規定の状態では通信できない（ことが多い）

接続が済んだら次はネットワークの設定ですが、その前に今の状態を確認してみましょう。何もネットワークの設定をしていない状態で ping を実行してください。

```
ping 別のコンピューター名
```

結果はどうでしょうか。実はこの状態での結果は OS のバージョンやネットワーク接続時の選択によって異なります。クライアント OS では Windows XP SP2 から、サーバー OS では Windows Server 2008 から Windows ファイアウォールが既定の状態で有効になっているため基本的に応答がないはずです。それ以前の Windows であれば応答があるはずです。

設定は間違っていないのに通信できないと思ったら Windows ファイアウォールがブロックしていた、ということは非常によくあります。通信ができないときには、まず Windows ファイア

※1　無償であれば VMare Player、VirtualBox などが比較的簡単に扱えてお勧めです。
※2　もちろんリピータハブでもかまいませんが、かえって入手困難でしょう。
※3　昔は直接接続するにはクロスケーブルを使う必要がありましたが、最近の PC であればオート MDI/MDI-X 機能に対応しており、クロスケーブル、ストレートケーブルの自動判別を行ってくれるのでケーブルの種類の意識は必要ありません。

ウォールの確認を行う癖をつけるようにしてください。

Windowsファイアウォールについては「3.2 Windowsファイアウォール」でもう少し詳しく説明します。ここでは動作を確認するためにWindowsファイアウォールを無効にして進めましょう。なお、ドメイン環境ではグループポリシーによってWindowsファイアウォールの設定が変更されていたり、設定変更自体が行えないようにポリシーが適用されていたりする場合があります。

3.1.3　Windowsファイアウォールの無効化

「ファイル名を指定して実行」にて「Firewall.cpl」を実行します。

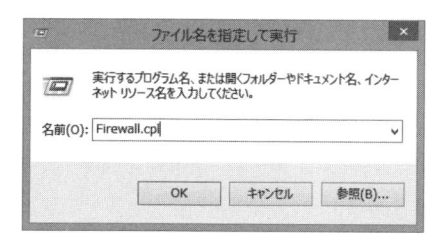

図3.1●Windowsファイアウォールの設定画面の起動

「Windowsファイアウォールの有効化または無効化」を選択します。

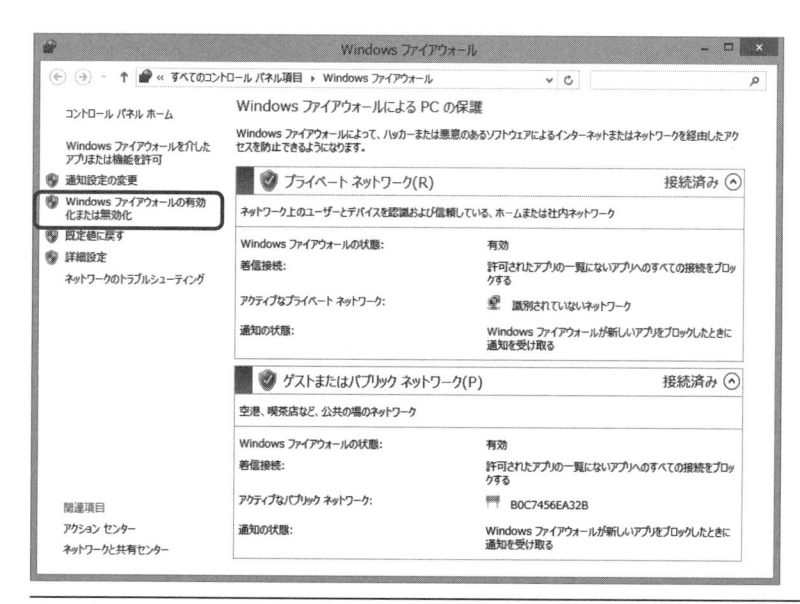

図3.2●Windowsファイアウォールの設定を変更

プライベートネットワークの設定とパブリックネットワークの設定の両方で「Windowsファイアウォールを無効にする」を選択した上で「OK」をクリックします。

図3.3●Windowsファイアウォールを無効に設定

なお、Windowsファイアウォールを無効にすることはセキュリティの観点からはよいことではありません。実験が終わったら設定を元に戻すようにしてください。

3.1.4　APIPAを理解する

Windowsファイアウォールを無効化したところで、再度pingコマンドを実行してください。

```
ping 別のコンピューター名
```

まだWindowsファイアウォールを無効にしただけで、ネットワークの設定をしていないのにpingに応答があるはずです。応答がない場合には後述する「通信できない原因」を参照してください。

もう少し見てみましょう。「ファイル名を指定して実行」にて

```
¥¥別のコンピューター名
```

を入力してください。結果は環境やパスワードの設定などによって異なるのですが以下のどれかの挙動のはずです。

- パスワード入力を求められた
- コンピューターに接続でき、ウインドウが開いた

さらにいうと、「マイネットワーク」(XP)、「ネットワーク」(Windows Vista 以降）を開くとそこにもう1台のコンピューターが表示されているはずです。表示されるまでには時間がかかるのでまだ表示されていないようであれば 10 分程度待ってからもう一度表示してください。

つまり、何も設定していないのにもうネットワーク的に接続されていて、しかも、コンピューター名を互いに認識できているのです。Windows は知識がないユーザーでも簡単に使えるように「ネットワークに刺せばとりあえず繋がる」ようになっているのです。

このとき、IP アドレスやサブネットマスクなどのネットワーク設定は APIPA（Automatic Private Ip Addressing）という機構が働いて設定されています。アドレスは 169.254.0.0/16 の範囲から重複しないように選ばれます。この設定は `ipconfig /all` で確認することができます。

この機能は、親切かつ便利ではありますが「設定されるまでに時間がかかる」「インターネットには接続できない」という致命的な問題もあり、実際にはよく分かっていない人がわけもわからず使ってしまっていることを除けば、まず使われていません。「ぜんぶ繋がれば後はどうでもかまわない。インターネットにもアクセスできなくてよい。」という状況でもなければこの機能は使うべきではありません。

あなたの管理する環境でネットワークに繋がらない PC があり、IP アドレスが APIPA の範囲になっているものがあったら、ネットワーク設定がそもそも行われていないのが原因であることになります。

3.1.5 ネットワークの設定をする（レイヤー3）

では、次にネットワークの設定をしていきましょう。現在は TCP/IP がデファクトスタンダードなので、Windows のネットワークにおいても TCP/IP の設定をすることになります。これは以下の手順で行えます。

まず、使用している NIC のプロパティを開きます。これはバージョンによってアクセス方法が異なります。

Windows XP、Windows Server 2003 の場合

「マイネットワーク」を右クリック→「プロパティ」→「ローカルエリア接続」（※使用するネットワークアダプター）を右クリック→「プロパティ」→「インターネットプロトコル (TCP/IP)」→「プロパティ」

Windows Vista、Windows Server 2008 以降の場合

画面右下のタスクトレイ内のネットワーク通知アイコンを右クリック→「ネットワークと共有センターを開く」→「アダプターの選択の変更」→「イーサネット」（※使用するネットワークアダプター）を右クリック→「プロパティ」→「インターネットプロトコルバージョン 4（TCP/IPv4）」→「プロパティ」

ここで 2 台のコンピューターのネットワーク設定を以下のように設定します。

- 同一のネットワーク
- 重複しない IP アドレス

今はプライベートなネットワークを作るので、IP アドレスとしてはプライベート IP アドレスを設定すべきです。具体的には以下のアドレスの範囲から選択します。

表3.1●プライベートIPアドレスの範囲

IP アドレス範囲	サブネットマスク
10.0.0.0 - 10.255.255.255	255.0.0.0
172.16.0.0 - 172.31.255.255	255.240.0.0
192.168.0.0 - 192.168.255.255	255.255.0.0

慣習的に、2 台であれば 192.168.1.0/24 のネットワークを使って、192.168.1.1、192.168.1.2 という IP を割り当てることが多いです。ただ、上記のプライベート IP アドレスの範囲であれば何を使ってもかまいません。さらにいうと、上記のプライベート IP アドレスの範囲を超えてグローバル IP アドレスの範囲を使っても通信は問題なく行えます。ただし、特殊用途の IP アドレスとして割り当てられている範囲もあるため、適当に設定すると通信できないこともあります。ここは素直にプライベート IP アドレスを使うべきでしょう。

3.1.6　IPv6 の無効化

Windows Vista、Windows Server 2008 以降では IPv6 が既定で有効になっていますが、ここでは無効にしましょう。NIC のプロパティで IPv6 のチェックを外してください。

IPv6 について

IPv4 のグローバル IP アドレスが枯渇しかけていることもあり、IPv6 へ移行しなければならないタイミングが迫っているといわれ続けていますが、実際の現場で IPv6 を使うことはまだあま

りありません。この状況はこの先もしばらく続くことは間違いありません。もちろん今のうちから IPv6 の勉強、評価は始めておきたいところですが、管理者としてはまずは IPv4 の理解が先です。そのため、本書では IPv6 は対象外とします。

今回の検証内容の範囲ではこの NIC のプロパティでチェックを外すだけで問題ありませんが、いくつかのシステムでは、この操作だけを行うと逆に問題が発生することがあります。システム全体で IPv6 を完全に無効にするためにはレジストリの設定を変更します。詳細は次の技術情報を参照してください。

Windows で IPVersion 6 またはその特定のコンポーネントを無効にする方法
☞ http://support.microsoft.com/kb/929852/ja

3.1.7 デフォルトゲートウェイと DNS

このとき、デフォルトゲートウェイと DNS サーバーに何を入れればよいのか迷うかもしれませんが、今回の構成ではネットワーク上にデフォルトゲートウェイも DNS サーバーも存在しないので、どちらの入力も不要です。あるいは何か適当な IP アドレスを入力してもかまいません。適当な IP アドレスを入力した場合、状況によってその IP に対して通信をしようとしますが失敗するだけです。

なお、デフォルトゲートウェイがない環境であっても値を適当に入れておかないと正常に動作しないアプリケーションがまれにあるので注意してください。これは単にソフトウェアの作りが悪いだけなのですが、原因を知らないとかなりの時間を無駄に費やすことになるので注意が必要です。以下の技術情報はその具体例です。

Outlook 2007 と Exchange Server の接続を試みたときに、エラーメッセージ " アクションを完了できません。Microsoft Exchange Server への接続が利用できません " または "Your Microsoft Exchange Server is unavailable" が表示される
☞ http://support.microsoft.com/kb/913843/ja

3.1.8 通信してみる

ここまでで基本的な設定が完了しました。ping を実行すると応答があるはずです。確認してください。

```
ping 別のコンピューター名
```

3.1.9 通信できない原因

たいていのケースではここまでの手順で通信ができるようになるのですが、場合によっては通信できないこともあります。ここではその原因となりうるものとその対処法を挙げてみます。

■ 3.1.9.1　Windows ファイアウォールがブロックしている

すでに説明したとおり、最近のバージョンでは Windows ファイアウォールが規定で有効になっています。この場合、設定が正しくても Windows ファイアウォールによってブロックされてしまい通信できません。特に以下のような状況であれば、まず間違いなく Windows ファイアウォールが原因です。

- arp -a コマンドを実行すると、MAC アドレスの取得まではできている。
- 片方からは通信できるのに、もう片方からは通信できない。
- 通信できるものもあるのに、通信できないものもある（例えば、ファイル共有にはアクセスできるのに、ping の応答がないなど）。

■ 3.1.9.2　ネットワークの設定が間違っている

ネットワークの設定が間違っている場合にはもちろん通信できません。よくあるのは、ping の実行時に「Destination Unreachable」というメッセージが返ってくるケースです。これは、2 台の PC が同一ネットワークにないことを表しています。IP アドレスとサブネットマスクの設定を確認してください。

■ 3.1.9.3　実は接続できていなかった

次のような場合には接続できていないため、通信は成功しません。

- ケーブル挿し忘れ
- ケーブルが断線している
- HUB の電源が入っていない
- 無線 LAN に接続できていなかった

これらの状況では、ipconfig コマンドの結果で「メディアは接続されていません」あるいは「Media disconnected」と表示されるのでそれによって判別可能です。

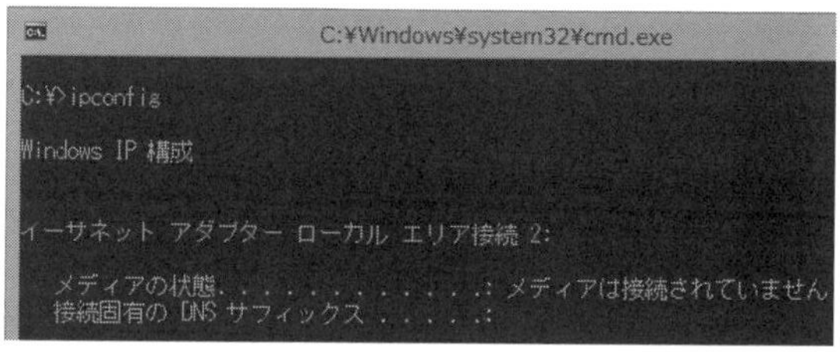

図3.4●接続されていない状態

　このような初歩的なことでつまずくはずがないと思うかもしれませんが、あまりにも初歩的で逆に気がつかないことが度々あります。特に電話越しに障害の状況を聞いているときに起きがちですので気をつけましょう。

3.2 Windows ファイアウォール

　Windows ファイアウォールは、Windows 自体に備わっているネットワークレベルの保護機能です。許可した必要な通信以外を遮断することができます。Windows XP、Windows Server 2003 までのバージョンでは受信パケットに対してだけ動作し、発信パケットの制御は行えませんでした。Windows Vista、Windows Server 2008 以降のバージョンでは受信パケットに加えて発信パケットの制御もできるようになりました。

　クライアント OS では Windows XP SP2 から、サーバー OS では Windows Server 2008 から Windows ファイアウォールが既定の状態で有効になっています。有効な状態ではさまざまな通信がブロックされます。「つながらないと思ったら Windows ファイアウォールがブロックしていた」というのは非常によくある話です。必要なサービスに関しては適切に通信を許可する必要があります。

　どのように構成するかは組織次第ですが、基本的にはすべてブロックしておき、必要なものだけ通信を許可するように構成するのが安全です。役割や機能を追加すると必要な通信の許可設定が行われることが多く、何も意識しなくても運用できるケースが多いですが、有効にして運用する場合には適切に設定を把握管理しておくことが必要です。

3.2.1　プロファイル

　Windows PC を別のネットワークに接続することがあります。特にノートパソコンやタブレット

では場所を移動して別のネットワークに接続する機会は多いでしょう。このとき、接続先がどのようなネットワークなのかによってWindowsファイアウォールのルールを切り替えられるように、「プロファイル」が用意されています。

Windows XP SP2、Windows Server 2003では以下の2つのプロファイルが用意されています。

- ドメインプロファイル
- 標準プロファイル

ドメインプロファイルは、PCがドメインに参加していて、ドメインコントローラーと通信できる場合に自動的に有効になります。それ以外の場合には標準プロファイルが有効になります。

Windows Vista、Windows Server 2008以降では以下の3つのプロファイルが用意されています。

- ドメインプロファイル
- プライベートプロファイル
- パブリックプロファイル

ドメインプロファイルが有効になる条件は、やはりドメインに参加し、ドメインコントローラーと通信できる場合です。その他の場合には「PCの共有をオンにしてこのネットワークのデバイスに接続しますか？」「お使いのコンピューターの現在の場所を選択してください」という質問がなされ、ユーザーがネットワークの種類を選択します。

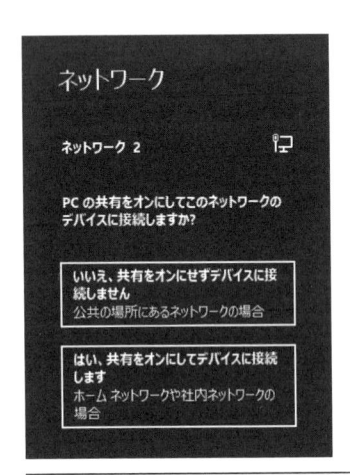

図3.5●Windows 8のネットワークの場所の選択

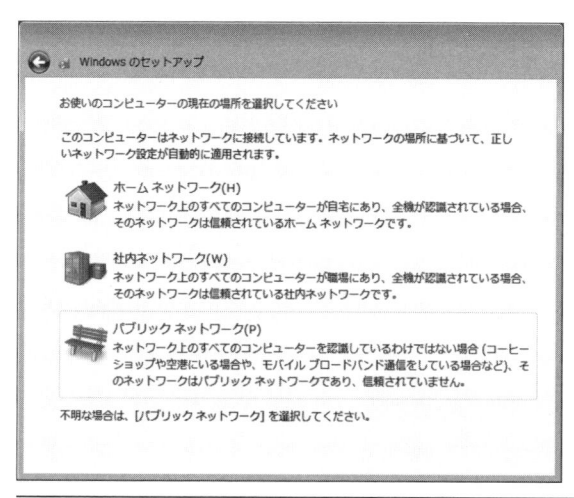

図3.6●Windows 7のネットワークの場所の選択

　プライベートプロファイルは自宅などのある程度利便性を優先するネットワークで、パブリックプロファイルは無料無線 LAN のように誰が接続しているかわからないネットワークを想定しています。パブリックプロファイルの方がより多くのサービスの公開をブロックします。

3.3　NetBIOS 名とホスト名とコンピューター名の違い

　「NetBIOS 名」と「ホスト名」と「コンピューター名」について解説します。難しいと感じた場合には後回しにして次の節に進んでもかまいません。実際に NetBIOS 名、ホスト名、コンピューター名の違いで悩んだときに読み返してください。

　「ホスト名」「コンピューター名」はよく使われる単語ですが「NetBIOS 名」は知らない人も多いのではないでしょうか。それでも、おそらく何らかの障害が発生して調査をしているときに、技術文書内で出会うことになります。そして「ホスト名」や「コンピューター名」との違いがわからず混乱することになるでしょう。それぞれの単語を知っている人でも、これらの単語が混ざってしまいよく理解できていない人はかなり多いです。いざというときの障害対応で差が出るのでしっかり理解しましょう。

　まず、ホスト名と NetBIOS 名について解説し、最後にコンピューター名との関連を説明します。

3.3.1　ホスト名とNetBIOS名を確認する

「ホスト名」と「NetBIOS名」のことを知らない方は、まず手元のWindows PCで確認してみましょう。

3.3.1.1　ホスト名の確認方法

コマンドプロンプトにて「ipconfig /all」を実行することでホスト名を確認できます。

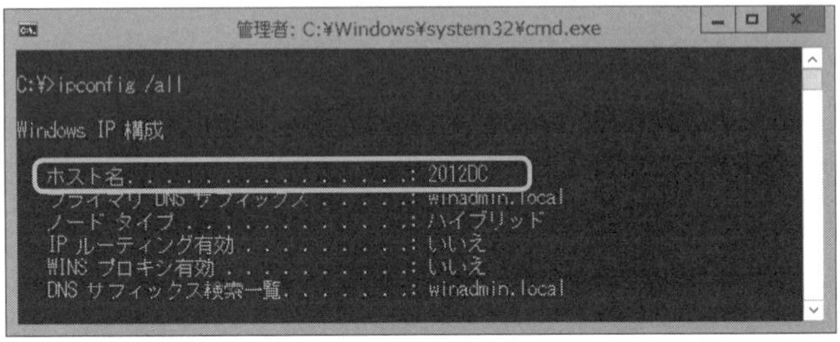

図3.7●ipconfig /allでホスト名を確認

3.3.1.2　NetBIOS名の確認方法

コマンドプロンプトにて「nbtstat -n」を実行することでNetBIOS名を確認することができます。

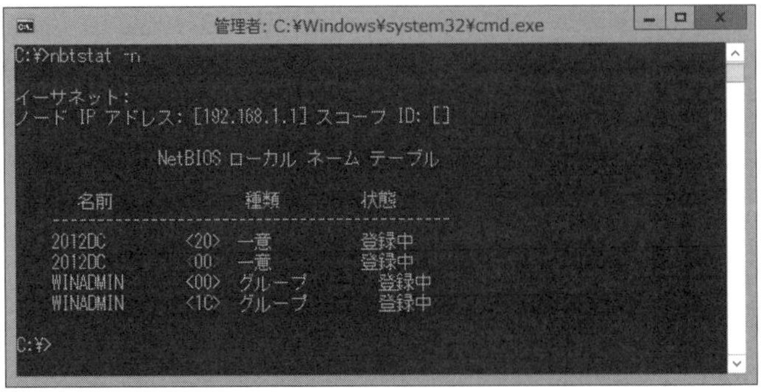

図3.8●nbtstat -nでNetBIOS名の確認

初めて見る方はよく意味がわからなくて戸惑うことでしょう。だからこそ、この文章を書いているのです。画面を見て<00>や<20>が気になってしまった方には以下の技術情報が参考になるでしょう。

NetBIOS サフィックス（NetBIOS 名の 16 番目の文字）
☞ http://support.microsoft.com/kb/163409/ja

3.3.2　Windows ネットワークの歴史

「NetBIOS 名」を理解するには、Windows ネットワークの歴史を知らなくてはいけません。

■3.3.2.1　NetBEUI の時代

　初めて Windows にネットワーク機能が標準搭載された Windows95 の規定のプロトコルは、TCP/IP ではなく NetBEUI というものでした。NetBEUI は NetBIOS という API を利用していました。NetBEUI は TCP/IP とはまったく異なる考え方のプロトコルです。IP アドレスはなく、ルーティングも行いません。名前だけ決めておけばアクセスできるという、非常にシンプルな考え方のプロトコルです。

　この NetBIOS の API を利用するために「コンピューターにつける名前」が「NetBIOS 名」です。

　Windows95、98 の時代には、コンピューターにコンピューター名（=NetBIOS 名）だけつけておいて、後は Ethernet で接続（レイヤー 1 で接続）だけしておくことで、「¥¥ コンピューター名」という形式で他のコンピューターにアクセスしてファイル共有やプリンタ共有を利用することができました。

　「NetBEUI 時代に使っていたコンピューター名」が「NetBIOS 名」です。

■3.3.2.2　NetBEUI の限界

　NetBEUI は現在ではほとんど使われていません。それは、次の点で現在のネットワーク環境に合わなくなってしまったからです。

- ルーティング機能がないため大規模なネットワークには向かない。
- インターネットが普及し、NetBEUI との相互接続性に問題がある。

　Windows 95、98 の時代には、ファイルやプリンタの共有のためには NetBEUI プロトコルを使って、インターネット接続には TCP/IP を使うというように、複数のプロトコルスタックを同時に使うこともありました。今では用途別に複数のプロトコルスタックを使い分けるということはほとんどありません。

■ 3.3.2.3　TCP/IPへの移行

　やがて、Windowsネットワークも、インターネット普及の流れに乗るためにTCP/IPを標準のプロトコルに採用します。しかし、単純にTCP/IPに移行してしまうとそれまで使っていたNetBEUI+NetBIOSのAPIを使ったWindowsファイル共有やプリンタ共有が使えなくなってしまう上に、Windowsネットワークの特徴であった「とりあえず名前だけ決めておけば繋がる」という利点が失われてしまいます。

　そこでMicrosoftは、TCP/IPの上でNetBIOSのAPIを使えるようにするという戦略をとりました。これをNetBIOS over TCP/IPといいます。TCP/IP上でNetBIOSを使えるようにしたわけです。これにより、NetBIOSのアプリケーションそのままに、TCP/IPを使って複数セグメントに分かれた大規模なネットワークにも対応可能になりました。

　このNetBIOS over TCP/IPの機能があるため、何も設定していない状態で「pingコンピューター名」に応答が返ってくるのです。

■ 3.3.2.4　複数セグメントになったことで起きる問題

　NetBIOS over TCP/IPによって複数セグメントに対応し、大規模なネットワークに対応できるようになりました。しかし、もともとNetBEUIは「ブロードキャスト」を多用することで簡単に接続できるようになっていたため、複数セグメントに分かれてしまうとNetBIOSのAPIがネットワーク全体で適切に使えない、という問題が出てきてしまいます。

　この問題を解決してセグメントを越えるために出てきた技術がWINS[※4]です。各コンピューターがNetBIOS名とIPアドレスの対応付けをWINSサーバーに登録しておき、利用したい場合にはWINSサーバーに問い合わせることで、セグメントを越えることができるようになりました。また、lmhostsファイルというファイルにもNetBIOS名とIPアドレスの対応付けを書くことができるようになっています。

　WINSサーバーを使うかlmhostsファイルに記述をすることでセグメントを越えることができるようになっています。WINSサーバーとlmhostsファイルは、いってみればNetBIOSを複数セグメントに対応させるための技術なのです。

■ 3.3.2.5　NetBIOS名

　ここまで見てきたように、NetBIOS名というのはもともとTCP/IPとは別のNetBEUIというプロトコルスタック上で使われていた名前です。自分のNetBIOS名をコンピューターは知っていて、それが（ブロードキャストで）呼ばれたら返事をするような仕組みになっています。

※4　Windows Internet Naming Serviceの略。名前に込めた思いとは裏腹にインターネットでの名前解決の仕組みとしては利用されませんでした。

Windowsが NetBEUI から TCP/IP に乗り換える際に過去の遺産を持ってきたという構造になっています。したがって、最初からプロトコルスタックに TCP/IP を採用していた UNIX 系の OS では NetBIOS 名という考え方は存在しません。

3.3.3　UNIX系ネットワーク（TCP/IP）の歴史

「NetBIOS 名」と対比させて「ホスト名」を理解するには、UNIX 系ネットワークの歴史を知る必要があります。

■3.3.3.1　hosts ファイル

TCP/IP では他のコンピューターと通信する際には IP アドレスを利用します。

IP アドレスを人間がすべて記憶することは難しいため、hosts ファイルに IP アドレスとそれにつけるコンピューターの名前（＝ホスト名）を記述し、管理していました。すべてのコンピューターに hosts ファイルを記述するというのが最も原始的な形態です。

個別の hosts ファイルにホスト名と IP アドレスの対応付けをすべて記述していたのでは、ネットワークにコンピューターが 1 台増えただけで、既存のコンピューター上のすべての hosts ファイルを更新して回ならければならなくなります。IP アドレスを変更したい、ホスト名を変更したい場合も同様です。

このように hosts ファイルだけでは、小規模なネットワークならともかく、大規模なネットワークでは事実上管理できません。

■3.3.3.2　DNS

hosts ファイルの問題を解決する仕組みとして考え出されたのが DNS です。クライアントは DNS サーバーに問い合わせて、ホスト名と IP アドレスの変換を行います。

ただし、この際に単純に hosts ファイルに記載されていたものを DNS サーバー上に登録しただけでは何百、何千、何万というレコードを 1 台のサーバーで管理しなくてはいけなくなります。DNS はインターネット上でも使われていますが、インターネット上のホストとなると何十億、何百億という単位です。これを 1 台ですべて管理したり、冗長化のために複数台にコピーしたり、というのはかなり効率が悪いです。さらに、同じ名前のホストが複数存在するかもしれません。この場合どれか 1 つのレコードだけを登録するわけにもいかないので、名前の変更が必要になります。

そこで DNS には、このような問題を解決するための仕組みとして、「ドメイン」と「ゾーン」という概念が導入されています。「ゾーン」ごとにレコードを管理し、ホスト名の後にドメイン名までつけて 1 つのホストを表します。例えば Microsoft のウェブサーバーは microsoft.com というド

メイン上の www というホストです。そして www.microsoft.com. というのが完全修飾ドメイン名（FQDN）[※5] になります。

ちなみに、WINS にはこの「ゾーン」や「ドメイン」という考え方が存在しないので上記の問題をそのまま抱えています。Microsoft も WINS には見切りをつけていて、廃止の方向に向かっています。まだ WINS サーバーが稼働している環境も残っているとは思いますが、WINS を利用している環境に出会うことは随分少なくなりました。

3.3.3.3 ホスト名

ここまで見てきたように、「ホスト名」は hosts ファイルおよび DNS にて管理され、ドメインという概念を含んだものです。

NetBIOS 名とは異なり、PC 上に自分のホスト名に対してその IP アドレスを返答するような仕組みは備わっていません。

3.3.4 ActiveDirectory で DNS を導入

Microsoft は、Windows Server 2000 で Active Directory という Windows ネットワークを管理する新しい仕組みを導入し、その中で名前解決の仕組みに DNS を導入します。ここから本格的に Windows ネットワークでも TCP/IP+DNS という仕組みを採用したわけです。

ただし、過去の資産を継承するために NetBIOS の仕組みも存続させます。NetBIOS over TCP/IP も搭載していますし、NetBIOS 名の名前解決の仕組みとして WINS も健在です。

このようにして、Windows ネットワークは NetBIOS 名とホスト名が混在するややこしい状態になりました。

このややこしい状態は、Windows 8.1 や Windows Server 2012 R2 が登場した現在でも変わっていません。それどころか IPv4 に加えて IPv6 も使えるようになり、その両方で、NetBIOS over TCP/IP のブロードキャストを使った名前解決とは異なる、マルチキャストを使った LLMNR という方法でホスト名から IP アドレスへの変換方法を提供するなど、状況はさらにややこしくなっています。

3.3.5 ホスト名と NetBIOS 名のポイント

以下がポイントです。

※5　完全修飾ホスト名とはいわずに、完全修飾ドメイン名といいます。

- lmhostsファイルとhostsファイル、WINSとDNSとが技術的には対応付けられる。ただし、その技術が必要となってきた経緯は異なる。
- ホスト名はTCP/IP、Unixの文化から来ている。
- NetBIOS名はNetBEUI（プロトコルスタック）+NetBIOS（API）という過去の技術を継承しているために残っている。TCP/IPへとプロトコルスタックを変更する際にNetBIOS over TCP/IPという技術が導入され、これによりTCP/IPネットワーク上でNetBIOS（API）が利用できる。
- NetBIOS名とホスト名が混在しているのはWindowsネットワークだけである。
- Windows Vista以降、IPv6時代に向けてNetBIOSを持ち込まないように新しい仕組みが備わってきているが、まだ混在は続いている。

3.3.6　コンピューター名

ここまでで、「ホスト名」と「NetBIOS名」については理解できたのではないでしょうか。後はコンピューター名との関係です。これは実際の設定画面を見れば一目瞭然です。

図3.9●コンピューターの基本的な情報の表示にてコンピューター名の確認

図3.9を見て分かるとおり、Windowsでは「ホスト名」とも「NetBIOS名」とも呼ばずにコンピューターの名前のことは「コンピューター名」と呼んでいます。FQDNに対応するものは「フルコンピューター名」となっています。

3 Windowsネットワーク

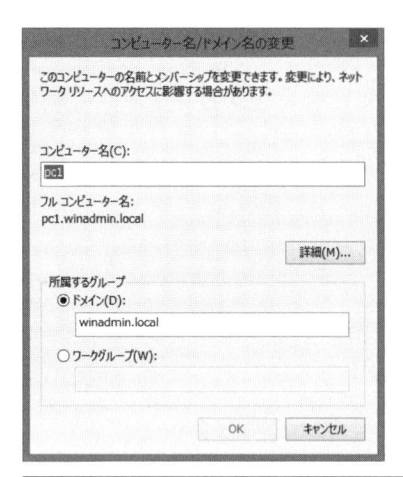

図3.10●コンピューター名の変更画面

図3.10のコンピューター名の変更画面で「詳細」を押すと、「NetBIOSコンピューター名」の表記を確認することができます。

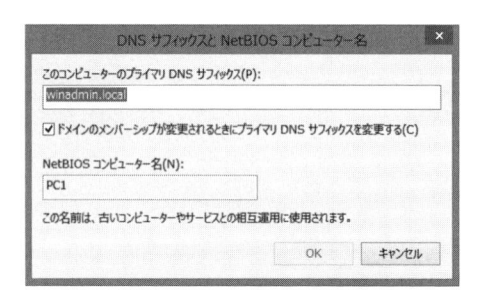

図3.11●NetBIOSコンピューター名の確認画面

このようにWindowsでは「コンピューター名」という単語で設定させつつ、裏ではホスト名とNetBIOS名の両方に同じ文字列を設定しているのです。わざと長いコンピューター名をつけてみると、このことがよりはっきりと分かります。

図3.12●コンピューター名に長い文字列を設定

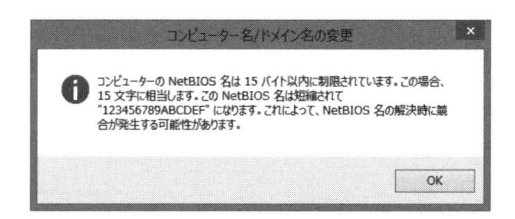

図3.13●NetBIOS名短縮の警告画面

　16文字よりも長いコンピューター名をつけると上記のように警告が表示され、NetBIOS名は15文字に切り詰められます。

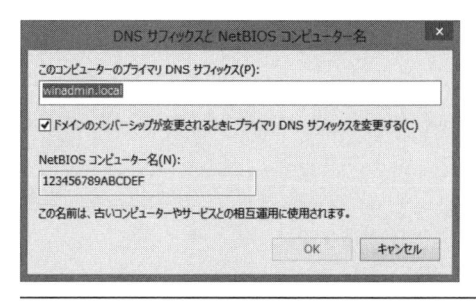

図3.14●15文字に切り詰められたNetBIOS名

　この状態ではホスト名とNetBIOS名に明確に違いが発生します。ホスト名は長い文字列がそのまま保持され、NetBIOS名は15文字までで切り詰められるのです。

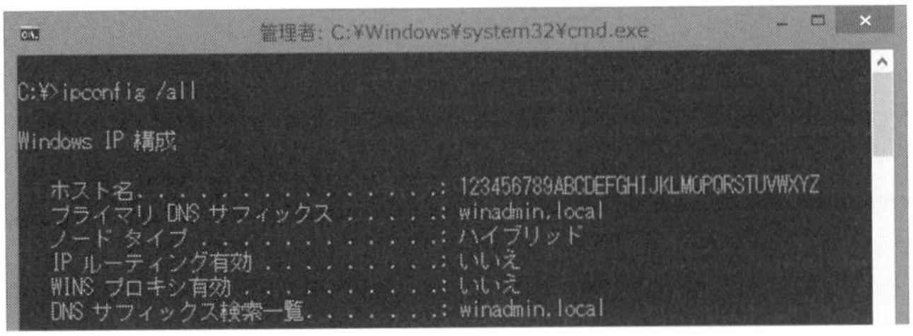

図3.15●ホスト名は長い文字列のまま

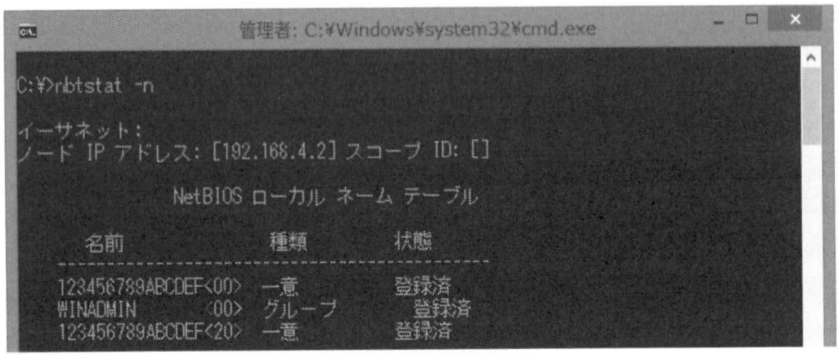

図3.16●NetBIOS名は15文字に切り詰められる

ここまででわかるように以下のような関係になっています。

- 通常は「コンピューター名」=「ホスト名」=「NetBIOS 名」
- コンピューター名が 16 文字以上の場合には「コンピューター名」=「ホスト名」≠「NetBIOS 名」（※ NetBIOS 名は 15 文字目までに切り詰められる[6]）

3.4 Internet Explorer のゾーンとシングルサインオン

Internet Explorer の「ゾーン」とシングルサインオンについての話です。この部分はあまりよく知られておらず、混乱しているケースが多いようなのでぜひ認識を深めてください。

3.4.1 Internet Explorer のゾーンとは

IE の「ゾーン」とはセキュリティを高めるためにある仕組みで、信頼できるサイトかどうかによっ

※ 6　正確には NetBIOS 名は常に 16 文字固定なのでこれは正確な表現ではありませんが、おおよその理解としてはこれで正しいです。

て、実行できる機能を増やしたり制限したりすることを自動的に行います。

　IEを立ち上げて任意のサイトを表示した上で、プロパティを表示し「ゾーン」を確認してみましょう。以下はIE11でGoogleを表示したところですが、「ゾーン」は「インターネット」として認識されています。

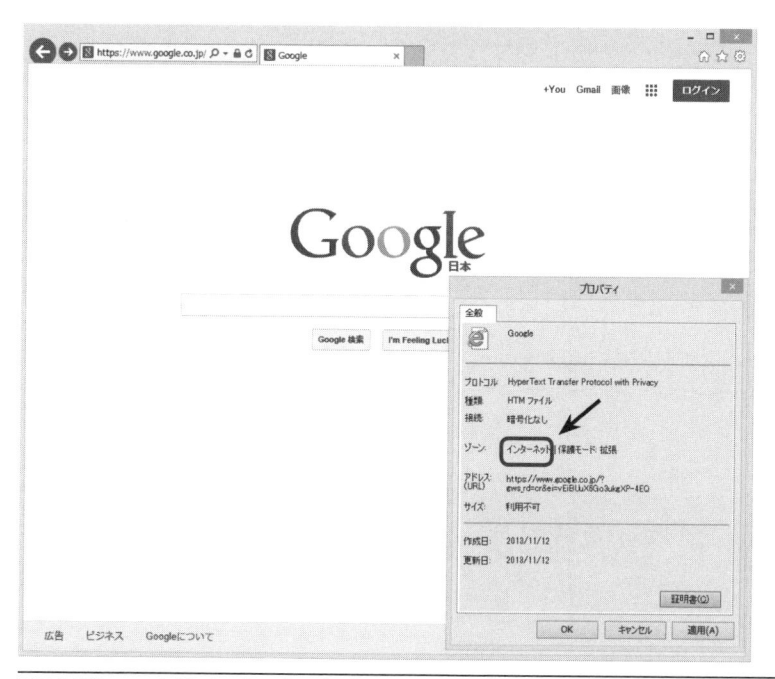

図3.17●googleはインターネットゾーンとして認識される

　このように、インターネット上のサイトは「インターネットゾーン」にあるものとして扱われ、できることを比較的絞った状態になっています。例えば安全でない可能性のあるコンテンツをダウンロードする前に警告が表示され、未署名のActiveXコントロールはダウンロードされません。インターネット上には悪意を持って作成されたサイトも多数存在するため、このように「セキュア」に構成すべきです。一方、社内のイントラサーバーなどであれば信頼してさまざまなことをブラウザ上で実行させても問題ないことが多いでしょう。

3.4.2　ゾーンの種類

ゾーンには次に示す種類があります。

- インターネット

- ローカルイントラネット
- 信頼済みサイト
- 制限つきサイト

それぞれのゾーンのレベルのカスタマイズ[※7]は「ツール」→「インターネットオプション」→「セキュリティ」タブから行えます。

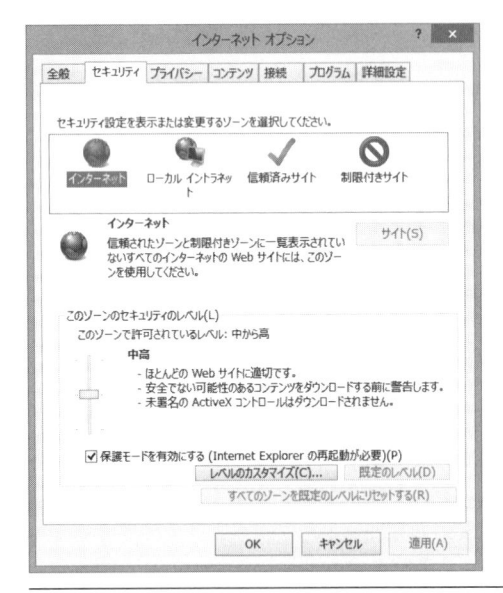

図3.18●インターネットオプションのセキュリティ設定

■ 3.4.2.1　どのサイトがどのゾーンに含まれるのか

では、どのサイトがどのゾーンに含まれるのでしょうか。それは以下のようなルールになっています。

- 信頼済みサイト
  - 明示的にユーザーがアドレスを追加したサイト。
- 制限付きサイト
  - 明示的にユーザーがアドレスを追加したサイト。
- ローカルイントラネット
  - 自動判定。
  - 明示的にユーザーがアドレスを追加することもできる。

※7　ゾーンごとに何を許可し、許可しないのかを詳細に設定可能です。

- インターネット
  - 信頼済みサイト、制限付きサイトに含まれておらず、ローカルイントラネットと自動判定されなかったサイト。

つまり、ローカルイントラネットの自動判定ロジックが肝になるのです。

3.4.3　ローカルイントラネットの判定基準

この話の最も重要なところです。ローカルイントラネットの判定基準はセキュリティ強化の構成が有効になっているサーバーとそれ以外で大きく異なります。

3.4.3.1　Internet Explorer セキュリティ強化の構成が有効になっているサーバーのイントラネットゾーン

イントラネットゾーンは他のゾーンに比べてセキュリティ的に弱く、だからこそ利便性の高い設定になっています。セキュリティ強化の構成が有効になっているサーバーにとっては「イントラネットゾーン」の設定は脆弱すぎるため、管理者が明示的にイントラネットゾーンに指定したサイトだけが「イントラネットゾーン」となります。規定の状態では、イントラネットには自分自身の上で稼働しているサイト（localhost）とヘルプとサポートセンター（hpc://system）だけが登録されています。

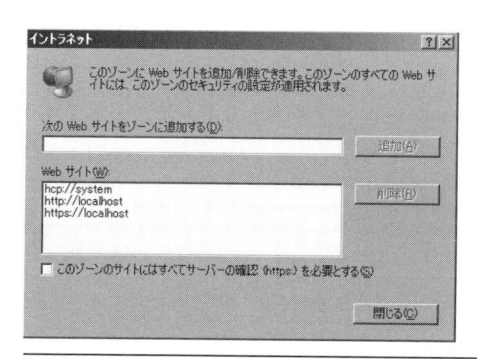

図3.19●セキュリティの強化の構成が有効になっているサーバーで規定の状態でイントラネットとして設定されているウェブサイト

3.4.3.2　通常の Internet Explorer のイントラネットゾーン

セキュリティの強化の構成が有効になっていない通常の Windows PC の Internet Explorer のイントラネットゾーンの設定は、バージョンによって規定の状態が異なります。

IE6 では図 3.20 の状態になっています。

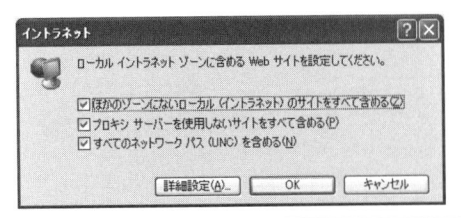

図3.20●IE6のイントラネットゾーンに含めるウェブサイトの設定

IE7 以降は図 3.21 のように「イントラネットのネットワークを自動的に検出する」という設定になっています。

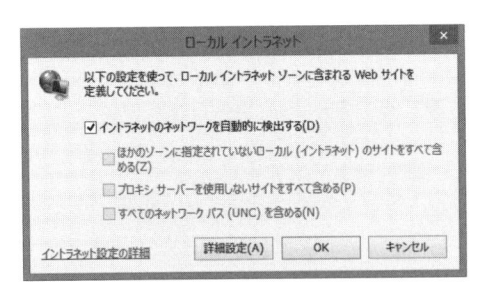

図3.21●IE7以降のイントラネットゾーンに含めるウェブサイトの設定

「イントラネットのネットワークを自動的に検出する」状態でのイントラネットのサイトへの初回アクセス時に図 3.22 のポップアップが出てきます。

図3.22●「イントラネットのネットワークを自動的に検出する」状態でのイントラネットへの初回アクセス時のポップアップメッセージ

ここで「イントラネットの設定を有効にする」を選択すると、図 3.23 のように IE6 の規定値と同じ状態に設定されます。

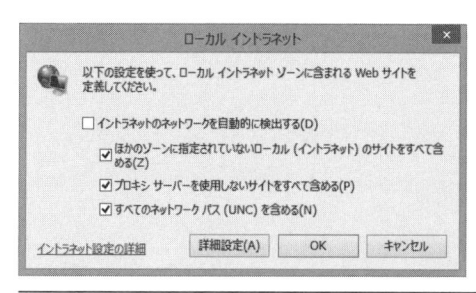

図3.23● 「イントラネットの設定を有効にする」を選択した後のイントラネットゾーンに含めるウェブサイトの設定

「今後このメッセージを表示しない」を選んだ場合には設定は変更されません。「イントラネットのネットワークを自動的に検出する」にチェックが入っている状態では、詳細設定から明示的にイントラネットゾーンの URL として追加したサイトだけがローカルイントラネットゾーンとして判定されます。

■ 3.4.3.3　ローカル（イントラネット）のサイトとは何か

さて、問題はイントラネットの設定が有効になっている場合にどのようなルールでイントラネットとして判定されるかです。これは「宛先のホスト名を名前解決した結果がプライベート IP アドレスなのかグローバル IP アドレスなのかで判定されている」と思ってしまいがちなのですが、実はそうではなく

- URL に「.」（ドット）が含まれるかどうか

が判断基準になっています。IE にとっては URL に「.」（ドット）が含まれていればそれはローカルイントラネットではなく、URL に「.」（ドット）が含まれていなければそれはローカルイントラネットなのです[※8]。このことは以下の技術情報でも説明されています。

> FQDN または IP アドレスを使用すると、イントラネットサイトがインターネットサイトとして判別される
> ☞　http://support.microsoft.com/kb/303650/ja

その証拠として、google のサイトに「www.google.com」ではなく「google」でアクセス可能にしてゾーンの判定がどうなるかを見てみます。ホスト名だけでアクセス可能になるように hosts ファイルに書き込むことでアドレスに「.」（ドット）が含まれないようにして確認します。

※8　この判断ロジックは『4.2「インターネットに繋がらない」－プロキシ編』でも、IE がプロキシを使うか使わないかを判断するロジックとして登場します。

まず、サイトのIPアドレスを確認します。

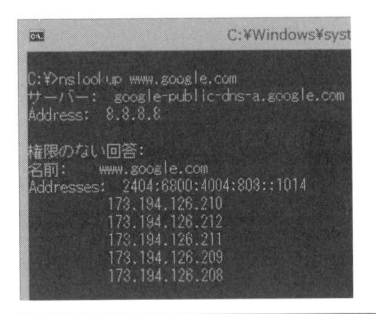

図3.24●nslookupでwww.google.comのアドレスを確認

調べたアドレスをhostsファイルに記述します。この際、管理者として実行されたプログラムで編集する必要があります。

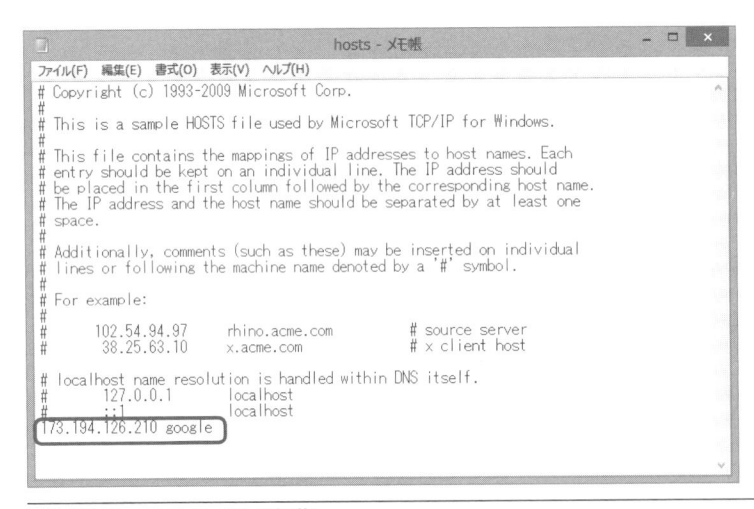

図3.25●hostsファイルの編集

この状態で、IEのアドレスバーに「https://google」と入力してアクセスします。実際のアドレスとは異なるので証明書の警告が表示されますが、実験なので無視して「このサイトの閲覧を続行する」を選択します[※9]。

※9 この操作は通常は行ってはいけません。今回は実験であえて違うホスト名でアクセスしているために表示されています。

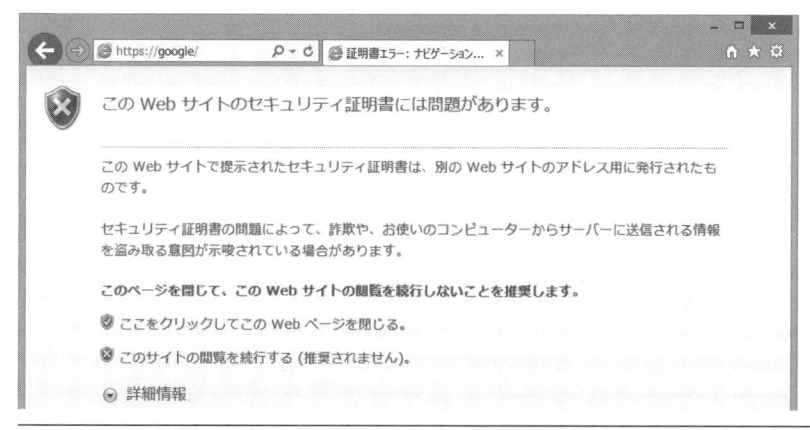

図3.26●証明書の警告画面

結果、URL が異なるので 404 エラーにはなっていますが、プロパティ上では正しく「ローカルイントラネット」ゾーンとして認識されたことが確認できます。

図3.27●ローカルイントラネットゾーンとして認識

つまり IE は

- ローカルイントラネットサイトはすべて Windows サーバーであり、すべて Active Directory に参加している（だろう）。
- すべて Active Directory に参加しているということは、すべて同じ DNS サフィックス[※10]（だろう）。
- ホスト名だけ記述しても、TCP/IP の設定で規定の DNS サフィックスが追加される（だろう）。

というような（適当な）推論のもと、ローカルイントラネットかどうかを判定しているものと思われます。そのため、マルチドメイン環境の場合や、FQDN で URL が記述されたリンクからたどった場合などは、規定の状態で「インターネットゾーン」と判定されてしまい、ホスト名だけでアクセスした場合と挙動が異なってしまうのです。

3.4.4　IE のシングルサインオン

このゾーンの設定の中にシングルサインオンの設定があり、ゾーンの判定方法とあいまってなかなかわかりずらい挙動をします。

「シングルサインオン」というのは、一度 Windows にログオンしてしまえば、その後サイトにアクセスしたりアプリケーションを立ち上げたりしても再度認証を要求されず（ユーザー名やパスワードを聞かれず）にシームレスに利用できる機能です。

よくある問題は、Active Directory 環境下で発生する次の現象です。

- IIS[※11] でウェブサイトを構築していて Windows 統合認証[※12] に設定しているのに、アクセスすると ID とパスワードを求められてしまう。
- しかし、ID とパスワードを求められないケース（端末、ユーザー）もある。

これは、セキュリティレベルの設定と、ゾーンの判定によって起こされているのです。

まず重要なのは、それぞれのゾーンにある「ユーザー認証」の設定です。規定の状態では、どのゾーンに関しても「イントラネットゾーンだけで自動的にログオンする」という設定になっています。

※10　ホスト名の後に続くドメイン名の部分。DNS での名前解決時にホスト名の後に自動的に追加して名前解決を行ってくれます。
※11　Internet Information Services の略。Windows 標準の Web サーバーです。
※12　Windows の認証を使って Web サイトの認証を行うモード。サーバーとクライアントの両方が Active Directory に参加していればドメイン上のユーザーとして認証も可能です。

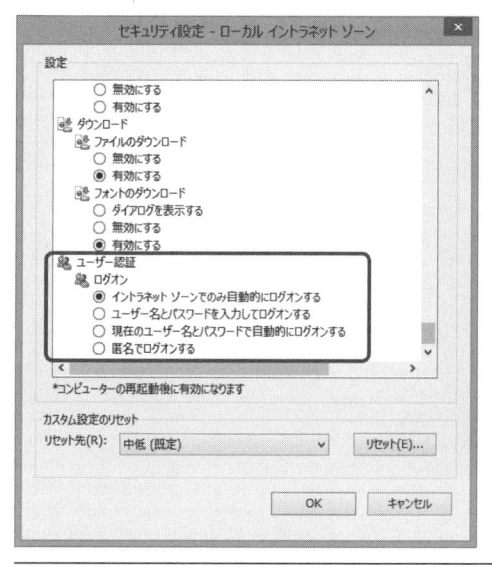

図3.28● 「ユーザー認証」の設定

したがって、次のような挙動になります。

- イントラネットゾーンであればWindows統合認証を使って、ドメインにログオンしているユーザーならその認証情報で自動的にウェブサイトにログオンする。
- イントラネットゾーン以外のゾーンでは、自動的にログオンは行われずユーザー名とパスワードを聞かれる。

■ 3.4.4.1　イントラネットゾーンにならず自動ログオンしなかった場合の回避策

イントラネットゾーンにならず、自動的にログオンできなかった場合の回避策としては

- http://hostname/ の形でアクセスする。
- イントラネットゾーンに明示的に http://hostname.fqdn/ の形のアドレスを登録する。

のいずれかがよいでしょう。正しく「イントラネットゾーン」として認識させる方法です。

なお、次のような対応を行っても自動ログオンは行えるようになりますが、セキュリティ上望ましくありません。

- 信頼済みゾーンにも自動的にログオンする設定にしてしまった上で、該当URLを信頼済みゾーンに入れる。
- インターネットゾーンでも自動的にログオンするように設定してしまう。

3.5 マルチホーム構成時の注意

マルチホーム構成時の注意点についてです。マルチホームというのは NIC が 2 つ以上あって、複数のネットワークに足を出している状態のことです。結構な頻度でマルチホーム構成を選択し、やってはいけない構成が原因で障害に発展するケースを見ています。しっかり押さえておきましょう。

3.5.1 DNS に注意

3.5.1.1 DNS への登録に気をつける

マルチホームの場合には DNS への登録に気をつけてください。特に何も考えないと、ホストについている 2 つ以上の IP アドレスをすべて DNS に登録してしまいます。この結果、該当ホストへの名前解決がラウンドロビン[※13]になってしまい、アクセスできない IP に向けて通信しようとして失敗するようなことが発生します。Active Directory のドメインコントローラーでこれをやってしまうと重大な障害を引き起こしかねないので特に気をつけてください。

ドメインコントローラーに関しては、マルチホーム時にマスターブラウザの選択がうまくいかず、ブラウズリストが正確に保持できないという問題もあるので、そもそもマルチホームにしないほうがよいです。バックアップ用のネットワークを専用に作成する運用ルールがある場合など、どうしてもドメインコントローラーをマルチホームにしたいのであれば、A レコードの自動登録をやめさせる必要があります。なぜなら、ドメインコントローラーは Netlogon サービスにより定期的に自身がドメインコントローラーとして動作するためのレコードを DNS に登録にいくようになっているからです。ドメインコントローラーをマルチホーム構成にした場合の対処方法の詳細と手順については次の技術情報を参考にしてください。

Active Directory communication fails on multihomed domain controllers
☞ http://www.atmarkit.co.jp/fnetwork/netcom/route/route.html

マルチホーム化されたブラウザに関する問題
☞ http://support.microsoft.com/kb/191611/ja

※13 DNS でのホスト名から IP アドレスへの名前解決時に答えが 1 つの IP アドレスではなく、複数の IP アドレスになること。複数の IP を返し、順序も変更することで負荷分散や冗長化を行うことができます。

■ 3.5.1.2　問い合わせ結果の異なる DNS 参照設定を 2 つ以上設定しない

　DNS の参照設定にも注意が必要です。特にインターネット上のホストと通信するための NIC（以下「外側の NIC」）、組織の内部のホストと通信するための NIC（以下「内側の NIC」）というように NIC が分かれていた場合、外側の NIC にはインターネットの名前解決ができる DNS を、内側の NIC には組織内部の DNS を設定したくなる人も多いかと思います。

　しかし、このとき両方に問い合わせるわけにはいきません。もしも両方の DNS に同じドメインが存在している上に異なるレコードが登録されているような場合[※14]には、通信のたびに名前解決の結果が異なるようなことにもなってしまいます。そうではなくても、どちらかの DNS からドメインがないという問い合わせ結果が帰ってくれば、そこで名前解決の処理はおしまいです。片方に聞いて答えが得られなければもう片方にも聞く、とはなりません。

　DNS に関してはどれが正解ということはありません。そのホストの必要に応じて、正しい DNS を参照させる必要があります。「両方の DNS を参照したい」と思ってしまうのなら、それは DNS の設計、構成が間違っている可能性もあります。場合によっては hosts ファイルを併用してもよいでしょう。ソフトウェアによっては、「このソフトウェアだけで使用する DNS」を設定できるものもあります。

3.5.2　ルーティングに注意

■ 3.5.2.1　同じネットワークに 2 つ以上の NIC を所属させない

　同じネットワークセグメントに 2 つ以上の NIC を所属させた場合、どの NIC から通信を開始するのか（送信元 IP アドレスがどれになるのか）がわからなくなってしまいます。この構成にすると、通信ができたりできなかったり不安定な状況になります。

　メトリックを適切に設定することでコントロールすることも可能ですが、理解が難しいネットワーク構成になってしまうためできればやめておいたほうがよいでしょう。

　帯域を広くするために NIC の本数を増やしたい場合には次のように対応すべきです。

- チーミング[※15]を行う。
- 役割ごとに NIC を分け、同時にセグメントも分ける。

[※14] スプリットブレイン DNS と呼びます。意図的にこの手法を使うことを要求するソフトウェアもあります。二重管理になってしまいますし、構成が複雑になるので私は好きではありません。

[※15] 複数の NIC をまとめて仮想的に 1 つの NIC として扱うことで冗長化や負荷分散などを実現する仕組み。Windows Server 2012 からは Windows OS が標準でチーミングをサポートするようになりました。それ以前はメーカー製のソフトウェアでチーミングを行っていました。

■3.5.2.2　デフォルトゲートウェイは 1 つだけ

　ルーティングにも注意が必要です。デフォルトゲートウェイに関しては、複数設定してはいけないということを覚えておいてください。よく理解していない人は多くのケースで 2 つ NIC があったら 2 つゲートウェイを設定してしまうようですが、デフォルトゲートウェイというのは自分が所属していないネットワークに向かって通信するときにパケットを投げる相手なのに、それが複数設定されていたらどちらに投げたらよいか困ってしまいます。

　どちらに投げても正しく相手まで届く構成であれば問題が起きないこともあるでしょうが、やはりこれはよくない構成です。場合によっては通信ができなくなったり不安定な状態になってしまいます[16]。

- デフォルトゲートウェイは 1 つだけ設定する（1 つの NIC だけで入力し、他の NIC では空白にしておく）。
- 必要な経路に関してはスタティックルートを記述する。

このようにしておかなくてはいけません。

■3.5.2.3　スタティックルートを記述

　スタティックルートの記述といっても、単純なネットワーク構成の場合には必要ない設定なのでピンとこない方も多いかもしれません。しかし、NIC が 2 つ以上になったら、「このネットワークアドレスに向けての通信は、こちらの足からあのルーターに投げる」ということをしっかりと記述する必要がかなりのケースで出てきます。

　Windows では、この設定は「route」コマンドで実施できます。経路の追加は route add コマンドです。「route /?」コマンドでオプションを確認しましょう。

　例として、図 3.29 のようなネットワークを考えてみましょう。

---

[16] メトリックを適切に設定するなどわかった上であえて構成しているケースもあるでしょう。しかし、個人的にはあまり複雑な構成にすべきではないと考えます。

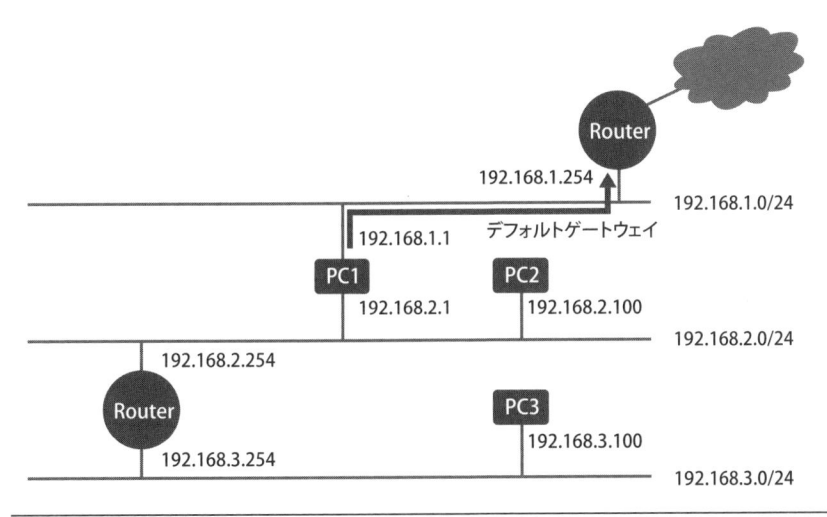

図3.29●繋がっていないネットワーク

　PC1の通信を考えます。インターネットとの通信の他にPC2とPC3に通信する必要があるとします。デフォルトゲートウェイは192.168.1.254に設定されています。192.168.1.254の先にインターネットがあるイメージです。このとき、PC2への通信は問題ありません。192.168.2.0/24のネットワークは自分のNICが所属しているので、直接通信が行えます。

　では、PC3に対する通信はどうでしょうか。宛先は192.168.3.0/24のネットワークです。何も追加設定を行っていない場合、自分のNICが所属しているネットワークではないのでデフォルトゲートウェイにパケットを投げます。本来投げるべき192.168.2.254には投げないので、これでは通信が行えません。PC1に、「192.168.3.0/24のネットワークは192.168.2.254の先にある」ということを伝える必要があります。

　ここでroute addコマンドの出番です。以下のコマンドを実行することでこれが実現できます。

```
route -p ADD 192.168.3.0 MASK 255.255.255.0 192.168.2.254
```

　この場合には192.168.2.0/24のネットワークにNICを持っているため、メトリックとインターフェースは省略可能です。

　注意点としては、再起動しても消えないように設定するには-pオプションを指定する必要があることです。route printコマンドで経路情報を表示した際に、追加した経路が「Persistent Routes」として表示されることを確認しておきましょう。さもないと、うまくいったと思っていたのにしばらくたって再起動したらまた繋がらなくなったということになってしまいます。

■ 3.5.2.4　行きと帰りの経路に気をつける

複数のNICが存在する場合には、行きと帰りの経路にも気をつける必要があります。

例を考えてみます。PC1がマルチホームであり、デフォルトゲートウェイは192.168.1.254に設定されています。PC2とPC3から「ping **192.168.1.1**」を実行するときの動作を考えてみます。PC2からもPC3からも192.168.1.1は別ネットワークなので、ルーターを経由してパケットが送信されることになります。

では、PC1からの応答パケットはどの経路で送られてくるでしょうか。

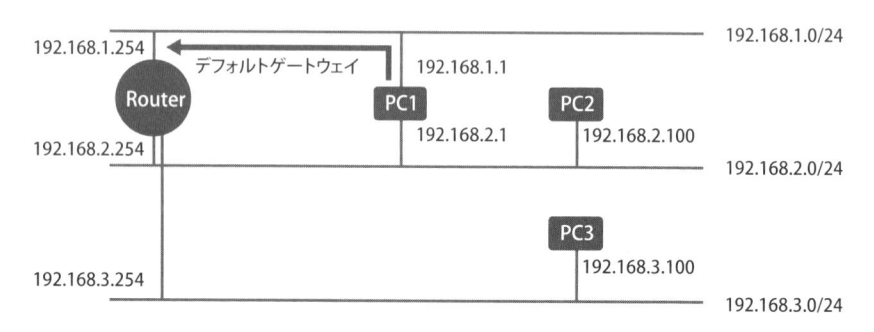

図3.30●マルチホームのホストへのPING送信

答えは次のとおりです。

- PC2への応答はOSのバージョンによって異なり、2パターンある。
  - XP、2003では192.168.2.1のIPアドレスが付与されているNICから直接応答がある。
  - Vista、2008以降では192.168.1.1のIPアドレスが付与されているNICからルーター経由。
- PC3への応答は常に192.168.1.1のIPアドレスが付与されているNICからルーター経由。

XPや2003では、返信の宛先は192.168.2.100なので、自分が直接所属しているネットワークと判断して192.168.2.1のインターフェースから応答を返してしまいます。このとき、NICに付けられているIPアドレスと応答パケットに入れられる送信元IPアドレスが矛盾する状態になります。この動きが原因でアプリケーションが意図をしない動きになることや、障害対応のときに混乱を招くことがあるので注意が必要です。

アプリケーションレベルで問題となるケースはさほど多くはありませんが、動きの違いについては知っておくとよいでしょう。詳細は以下のブログエントリが詳しいので参考にしてください。

> Source IP address selection on a Multi-Homed Windows Computer - Microsoft Enterprise Networking Team - Site Home - TechNet Blogs

☞ http://blogs.technet.com/b/networking/archive/2009/04/25/source-ip-address-selection-on-a-multi-homed-windows-computer.aspx

■ 3.5.2.5　ルーティングの問題に関しての参考 URL

ルーティングの問題に関しては次の技術情報も参考になります。余裕があれば目を通しておいてください。

マルチホームコンピュータのデフォルトゲートウェイ設定
☞ http://support.microsoft.com/kb/157025/ja

How multiple adapters on the same network are expected to behave
☞ http://support.microsoft.com/kb/175767/en-us

3.6　TCP コネクションが増えすぎる問題への対処方法

実際に現場でよく発生する障害として、各種の上限に達してしまうという問題があります。Windows XP や Windows Server 2003 で構成していた頃には、単純に使用できる TCP のポート数の上限に達してしまい通信ができなくなってしまう事象が多く発生しました。Windows Vista や Windows Server 2008 以降では、使用できる TCP ポート数が既定で増加したので単純に TCP のポート数が足りなくなって問題が発生することはほとんどなくなりました。しかし、今度は TCP コネクション数が増えすぎてソフトウェア上の各種の上限に達してしまい障害が発生するようになりました。

この問題はシステムが複数のサーバーで構成されている場合によく起きます。いわゆる「フロントエンド」と「バックエンド」の間の通信が増えすぎてしまうのです。

■ 3.6.1　フロントエンドバックエンド

「フロントエンド」や「バックエンド」という言葉が耳慣れない方もいると思うので簡単に説明しておきます。

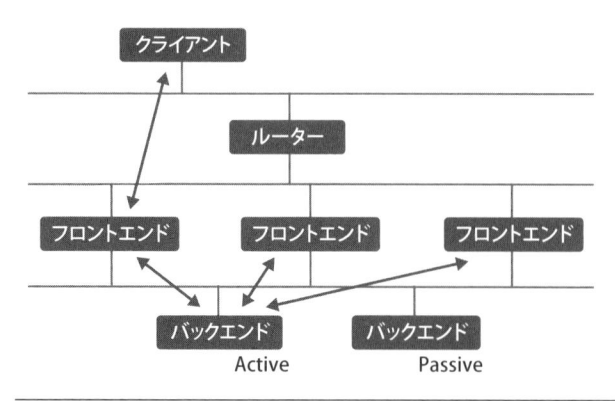

図3.31●フロントエンドとバックエンド

　「フロントエンド」というのは、実際にクライアントからの接続を受け、結果を返す役割のサーバーを指します。図3.31ではフロントエンドは3台で構成されています。
　基本的にクライアントから見えるのはこのサーバーだけです。1台だけでは性能的にさばききれない、1台だけでは単一障害点になってしまう、というような理由から複数台配置されることが多いです。性能が足りなくなってきたらフロントエンドのサーバーの台数を単純に足してスケールアウトさせることができるというのもメリットです。
　図3.31には明確に書いていませんが、クライアントを複数存在するフロントエンドのうちのどれか1台に接続させるために、負荷を分散させつつ冗長化するための仕組みが必要です。Windows Serverは標準でNLB[17]という仕組みを備えているので、これを利用することもできます。他には、DNSのラウンドロビンを使用する、ハードウェアのロードバランサーを使用するなどいくつかの方法があります。
　「バックエンド」というのは、フロントエンドサーバーからデータの要求を受けつけ、それを処理してから返すサーバーです。フロントエンドは複数台で構成されることが多いですが、その一台一台に実際にクライアントに応答を返すためのデータをすべて保持していてはそれらをどのように更新、同期させるのかなど、さまざまな難題が出てきてしまいます。そこで、データ自体は「バックエンド」のサーバーに持たせておき、必要なものをそのつど「バックエンド」から取得してクライアントに応答する、という構成にします。
　「バックエンド」にはデータベースサーバーが配置されることがほとんどです。また、「バックエンド」のサーバー自体も冗長化されることが多いですが、データベースサーバーを複数同時に稼動させるとデータの同期が難しいため、実際に稼動しているのは1台だけのActive-Passive構成を取ることが多いです。これを実現するには、Microsoftフェールオーバークラスタ（MSFC）の共

※17　Network Load Balancingの略。ソフトウェアで負荷分散を実現する仕組みです。かなりトリッキーなことをして負荷分散を行う仕組みなので、うまく使うにはさまざまなノウハウが必要ですが、Windows Server標準なので、コスト優先の場合によく選択されます。

有ディスク型の構成が取られることが多いです。最近ではデータベースミラーリングやAlwaysOn可用性グループなど非共有ディスク型の仕組みが用いられることが増えてきましたが、ここで問題にしていることはどの構成でも共通です。

Windowsでウェブシステムを構築する場合には、次のような処理が行われているのが一般的です。

- フロントエンドサーバーではIISが稼動
- クライアントからのHTTPの要求を受け付ける
- バックエンドで稼動しているSQL Serverから必要なデータを取得
- 結果のHTMLページを生成
- クライアントに返す

3.6.2 どのような問題が発生するのか

よくある障害は、フロントエンドサーバーにアクセスすると特定のページでエラーが表示されるというものです。一度問題が出始めるとあちこちの画面でエラーが出てしまうのですが、しばらく時間をおいてからアクセスすると問題なくアクセスできるようになります。このような場合には、フロントエンドサーバーとバックエンドサーバー間の通信に問題が発生していることが多いです。フロントエンドからバックエンドに向けてデータを取得するために多数のコネクションが発生してしまい、そこで上限に達してしまうようなケースです。

この状態であることは、フロントエンド側に大量にTIME_WAITのセッションが残ってしまっている状態を確認することで確認できます。それが原因でTCPのポートが涸渇する、あるいはソフトウェア的に設けられている上限値に達してしまい、正常にバックエンドからデータを取得できない状態になってしまうのです。

TIME_WAITというのはTCPの状態を表すものです。「netstat -an」を実行すると現在のTCP/IPの接続状態を表示することができます。通常は待ち受けているものや接続しているものなど合わせても数十から多くても数百程度の接続数ですが、TCP接続を大量に行ってしまうようなシステムでは「netstat -an」の結果が数千から多い場合には万単位になることがあります。インターネット上に公開されているウェブサーバーで不特定多数のクライアントから多数のアクセスを受け付けるようなシステムではこの程度の数でも異常ではない場合もありますが、フロントエンドとバックエンド間の接続で特定のホストの同じポート番号への接続あるいはクローズ待ちのエントリだけで数千から万の単位になるようであれば明らかに異常な状態であるといえます。

3.6.3　TCP のコネクションはいくつまで使えるのか

　TCP のポートが涸渇してしまい、正常に接続できない状態になり障害が頻発してしまうシステムがあります。特に Windows Server 2003 など古い OS を使っている場合に注意が必要です。アプリケーションによっては最初から TCP ポート数の上限を引き上げるように構成することを推奨しているものもあります。

　規定の状態では、Windows XP と Windows 2003 では一時的なポートの範囲は 1024 ～ 5000 です。つまり 3976 ポートを同時に使ってしまうとそれ以上接続を作成できなくなってしまいます。Windows Vista と Windows2008 では 49152 ～ 65535 と大幅に数が増えました。このことは次の技術情報で説明されています。

> The default dynamic port range for TCP/IP has changed in Windows Vista and in Windows Server 2008
> ☞　http://support.microsoft.com/?scid=kb%3Ben-us%3B929851&x=10&y=14

3.6.4　TCP ポート枯渇への対処方法

　TCP のポート番号が枯渇してしまうようなケースへの対処方法には大きく 3 つの方法があります。

3.6.4.1　アプリケーションでネットワークの扱いを変更する

　これが本来は最もよい対応方法です。TCP のコネクションを張るだけでもパケットが 3 回も飛び交って時間がかかる（3 ウェイハンドシェイク）ので、頻繁にデータを要求するなら、大量にコネクションを張るのではなく少数の TCP コネクションを張ったままそれを再利用すればよいのです。そうすれば、ポート涸渇の問題も発生せずパフォーマンスも向上するでしょう。このように TCP コネクションを再利用するような接続方法を、「コネクションプーリング」と呼びます。

　ただし、これはアプリケーションを自分で作成する場合には有効な方法ですが、市販のパッケージ製品であっては動作を変更するのは事実上不可能です。一応メーカーに文句はいいつつも、別の方法で問題を回避する必要があります。

3.6.4.2　一時的なポートの数を増やす

　一時的なポートの数を増やすことでも対応できます。以下のレジストリの値を変更し、5000 ～ 65534 までのポート番号を使用可能に設定できます。この設定を TCP ポートを大量に消費してい

るホストに設定することで問題を回避できる可能性があります。

表3.2●TCPの一時的なポート数を変更するレジストリ設定

キー	HKEY_LOCAL_MACHINE¥SYSTEM¥CurrentControlSet¥Services¥TCP/IP¥Parameters
名前	MaxUserPort
種類	DWORD
データ	5000 〜 65534

■ 3.6.4.3　タイムアウトの時間を短くする

規定の TIME_WAIT の状態で待つ時間は OS のバージョンや導入するアプリケーションによって異なり、4、2、1 分などがあります。さすがに 4 分、2 分というのは長いかもしれません。場合によってはこれを短くすることで対応することもできます。netstat で状態を見たときに TIME_WAIT が大量に存在しているホストに対して設定することで問題を回避できる可能性があります。

表3.3●TCPのタイムアウトの時間を変更するレジストリ設定

キー	HKEY_LOCAL_MACHINE¥SYSTEM¥CurrentControlSet¥Services¥TCP/IP¥Parameters
名前	TcpTimedWaitDelay
種類	DWORD
データ	30 〜 240

次の技術情報も参考にしてください。

TcpTimedWaitDelay キーがないか、既定値ではない
☞　http://technet.microsoft.com/ja-jp/library/bb397379(v=exchg.80).aspx

TcpTimedWaitDelay: Core Services
☞　http://technet.microsoft.com/en-us/library/cc757512(v=ws.10).aspx

Windows XP および Windows Server 2003 における TCP 通信でのパケット再転送について
☞　http://support.microsoft.com/kb/933805/ja

3.6.5　TCP ポートではなくアプリケーションの設定している上限に達するケース

TCP ポートの枯渇を設定によって回避しても、次はアプリケーション側の上限に達して正常に動作しないケースがあります。昨今では OS の規定の TCP ポート数も増え、OS も 64bit 化された上に、

強力な CPU と大量のメモリを搭載しているので 1 台でさばけるクライアントの数はうなぎのぼりです。クライアントが常時接続するようなシステムでも、1 台のサーバーで万単位のクライアントを処理することが可能になってきています。

しかし、これだけ多くのクライアントを処理するようになると、特定のクライアントの特定の処理がサーバーリソースを使いすぎてしまうようでは他のユーザーに与える影響が大きくなりすぎます。そこで、1 ユーザーあたりの接続数や同時処理数などをシステム的に制限するケースが増えてきました。この制限はソフトウェアごとに異なるので一概にはいえませんが、かなり細かい項目で制限できるものが多いです。ものによっては同時実行可能数の制限値、1 時間ごとの実行可能数の制限値、24 時間ごとの実行可能数の制限値などが設定できます。

このような考え方のシステムに対して、例えばシステム間の接続のために 1 ユーザーに特殊な権限を持たせて全ユーザー分の情報を収集させるような場合にはまず間違いなく制限に抵触します。例えば Exchange Server であればクライアント調整ポリシーの設定がそれにあたります。

> クライアント調整ポリシーについて : Exchange 2010 のヘルプ
> ☞ http://technet.microsoft.com/ja-jp/library/dd297964(v=exchg.141).aspx

ソフトウェア側で制限する値を引き上げたり無制限にすることが可能な場合には、サーバーのリソースの消費状況を見ながら上限を引きあげることで対処できる可能性があります。もちろん、意図的に設定されている上限値を引き上げるには相応のリスクが伴うので、状況を確認しながら設定を変更する必要があります。

このようなソフトウェア側での設定変更が行えない場合には、サーバーの数を増やして負荷を分散させるようにサーバー構成自体を変更する必要があります。

3.6.6　問題を特定するのは難しい

この手の問題は、しばらくほおっておくと勝手に問題が解決してしまい、「たまにおかしくなる」「とりあえず再起動しておけば直る」という状態になってしまうことがよくあります。時間はかかりますが、想像力を働かせて、一つ一つ可能性を消していけば原因に到達できるはずです。

3.7 第3章のまとめ

この章ではWindowsネットワーク特有の事柄について説明しました。重要な事柄についてまとめておきましょう。

- 2台のWindows PCを接続し、相互に通信できるようにしました。何もしなくてもIPアドレスが設定されること（APIPA）、Windowsファイアウォールによって通信がブロックされること、ネットワークの設定を自分で行うことなどを体験しました。
- NetBIOS名がWindows特有のものであること、ホスト名が広く一般のものであること、コンピューター名が両方に関連するものであることを説明しました。
- IEには「ゾーン」という概念があり、規定では「イントラネット」だけでシングルサインオンを行います。
- NICが複数ある構成の場合にはDNSやルーティング周りに注意点が複数あります。DNSは1つだけ参照し、アドレスの登録にも気をつける必要があります。NICは複数のセグメントに分け、必要があればスタティックルートを記述して意図した経路で通信が行われるようにします。
- アプリケーションの作りや構成によっては、TCPコネクションが増えすぎてポート数が枯渇したり、各種アプリケーションの制限値に達してしまうことがあるので注意します。

この章の内容は他の章に比べて少々難解なため理解が難しい点があったかもしれません。必要になったときに読み返してください。

次の章では現場でよくある「インターネットに繋がらない」という障害について説明します。

第4章
インターネット接続の障害対応

「インターネットに繋がらない！」という発言をよく聞きます。このような大雑把な表現ではなく、どこまではうまく処理できているのか、問題の箇所はどこにあるのかを把握して対応する必要があります。この章では、「インターネットに繋がらない」のは具体的にどのようなことが原因として考えられるのか考えてみます。

ネットワークの構成方法はさまざまで、それぞれ接続の流れや確認方法も異なります。ここでは典型的な構成パターンとその確認方法を説明します。

この章ではインターネットへの接続障害という1つの問題を例に挙げていますが、「処理の流れやロジックを把握して問題を切り分ける」という点がポイントであり、他の問題への対処についても応用できるはずです。

4.1 「インターネットに繋がらない」─基本編

まず、最も基本的な構成から見ていきましょう。この項目は以下の場合に該当します。

- ブラウザの接続設定でプロキシを利用するように設定されていない。
- 直接インターネット上のウェブサーバーに接続できる。

4.1.1　インターネットへの接続の大まかな流れとその確認ポイント

通常エンドユーザーが「インターネットに繋がらない」といったときには、ブラウザでウェブ上のコンテンツを表示できなくなったときが多いでしょう。そのときの大まかな流れを見てみます。

1. PCが起動する。
2. 有線または無線にてネットワークに接続する。
3. 固定またはDHCPにてTCP/IPの設定がなされる。
4. ブラウザが起動される。
5. ブラウザにてURLが指定される。
6. DNSにホスト名に対応するIPアドレスを問い合わせ、回答を得る。
7. 該当のウェブサーバーに接続する。
8. ウェブサーバーからコンテンツを得る。
9. ブラウザにコンテンツを表示する。

実際にはまだいくらでも細かく処理を記述できますが[※1]、最低このレベルの粒度で事象を押さえる必要があります。

このレベルでの確認ポイントを次に示します。

- ケーブルが接続されているか。
- IPアドレス、サブネットマスク、デフォルトゲートウェイ、DNSの設定が正しくなされているか。
- DNSでの名前解決（ホスト名からIPアドレスへの変換）が正しくなされているか。
- 目的のウェブサーバーに接続できているか。
- コンテンツを得られるか。

それぞれ確認方法を紹介しましょう。

4.1.2　ケーブルが接続されているか

まずは目で見て確認してください。Ethernetであれば「LINK」というランプが光ることで接続されていることが確認できるものも多くあります。

コマンドで確認する方法も紹介しましょう。

※1　少なくともレイヤー1、レイヤー2、レイヤー3、レイヤー4、HTTPプロトコルというレベルでは処理を意識できるはずです。イメージがわからなければ「第2章 TCP/IPとプロトコル」の再読をお勧めします。

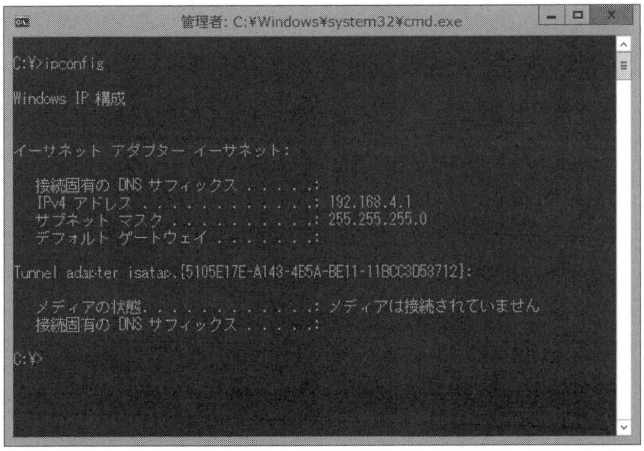

図4.1●ipconfigで接続状態を確認

このように「ipconfig」コマンドでネットワークの状態を見ることができます。図4.1の状態では、IPアドレスなどが表示されているので「ケーブルが確実に接続されている」ということがわかります。

無線LANの場合にはアクセスポイントに接続できているかどうかを確認することになります。この場合にもipconfigでの確認が有効です。確認時には無線LAN用のNICを正しく識別することが必要になります。

有線、無線を問わず「メディアは接続されていません」あるいは「media disconnected」と表示された場合には、ケーブルが接続されていないかアクセスポイントに接続できていない状態なので、接続確認をしてください。

4.1.3　IPアドレス、サブネットマスク、デフォルトゲートウェイ、DNSの設定が正しくなされているか

ケーブルの接続、または無線LANのアクセスポイントへの接続が正しく行われていることを確認したら、次はIPアドレス、サブネットマスク、デフォルトゲートウェイ、DNSなどのTCP/IPの設定を確認します。これも先ほどと同じく「ipconfig」コマンドで確認できますが、「ipconfig」だけではDNSの設定が確認できないので「ipconfig /all」と、「/all」オプションを指定してコマンドを実行します。

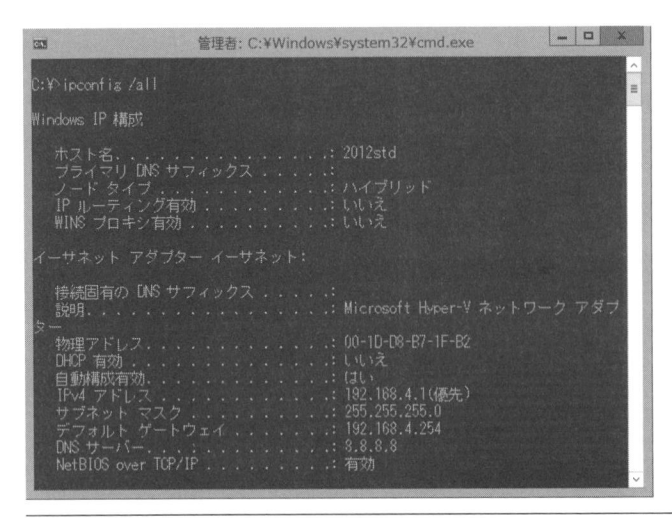

4 インターネット接続の障害対応

図4.2●ipconfig /allでネットワーク設定を確認する

　これらのパラメーターを自分で設定している場合（固定的に設定している場合）と自動的に設定している場合（DHCPサーバーから設定を受け取っている場合）とで若干確認、修正方法が異なります。

　固定か自動かの判別は、実行結果の「DHCP 有効」の部分が「はい」になっているか「いいえ」になっているかでわかります。上記のサンプルではDHCPが無効になっていることがわかります。

　一方、図4.3 の例では、DHCPサーバー（192.168.1.1）からTCP/IPの設定を自動取得していることがわかります。

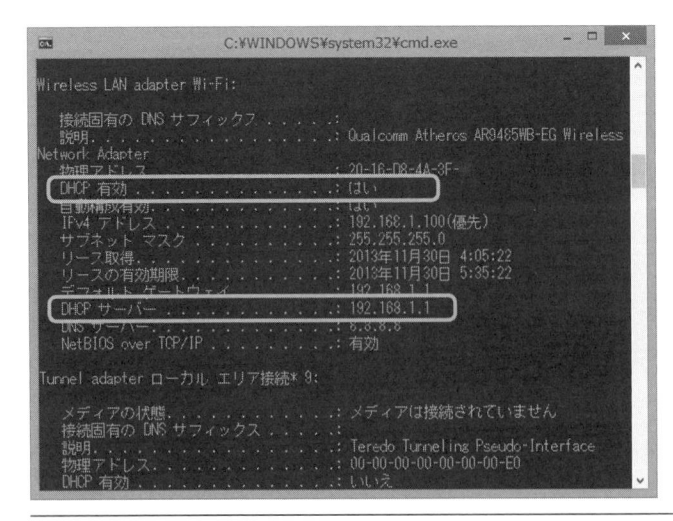

図4.3●ipconfig /allでDHCPサーバーを確認

固定でネットワーク設定しており、それが間違っている場合には「インターネットプロトコル（TCP/IP）」のプロパティから手動で値を設定、修正します。ここでは正しい値をわかっていることが必要になります。自分が管理しているネットワークであっても、多数のネットワークに多数のホストがある場合には設定を勘違いすることもあります。適切に管理する必要があります。

自動になっている場合には、DHCP サーバーが正常に稼動して正しい設定を配布してくれている必要があります。DHCP サーバーの設定が間違っている場合には同一ネットワーク上のすべての DHCP から構成を取得するホストが同時にネットワークに正常にアクセスできなくなるはずです。

ネットワーク設定を DHCP を使って自動的に取得する設定になっているにもかかわらず「169.254.x.x」、あるいは「0.0.0.0」というアドレスになっていれば、正常に DHCP サーバーから設定を取得できていない状態です。「ipconfig /release」コマンドで IP を開放し、「ipconfig /renew」コマンドで DHCP サーバーから構成を再取得することができます。これがうまくいかないようであれば DHCP サーバーの動作を確認する必要があります。場合によっては一時的に固定的にネットワーク設定をしてしまった上で細かい調査を行うなどの対応が必要になることもあるでしょう。

そもそもどのような値を設定すればよいのかわからなければ、もう一度「2.5 レイヤー 3：ネットワーク層」を参照してください。基本的には、正常に通信できているクライアントの TCP/IP の設定を参照し、ネットワーク、サブネットマスク、デフォルトゲートウェイは同じものを使い、同一ネットワークの IP アドレスを「重複」せずに設定すれば正常に通信できます。DHCP でネットワーク設定を把握している場合でも、固定的に正しい設定を設定すれば問題なく通信できます。

ここまでの設定の確認としては、「デフォルトゲートウェイまでの ping が通ることを確認する」という方法が効果的です。

「ping デフォルトゲートウェイの IP アドレス」を実行して Reply があることを確認しましょう。応答があればここまでの接続および設定は問題ありません。

まれに、デフォルトゲートウェイが ping への応答を返さないように意図的に設定されていることがあります。この場合には、ネットワーク上に存在する ping に応答を返すサーバーなどの IP アドレスでテストすることが効果的です。

4.1.4 DNS での名前解決（ホスト名から IP アドレスへの変換）が正しくなされているか

次に DNS での名前解決が正しくなされているかの確認方法です。「nslookup」というコマンドを使って「nslookup ホスト名」と実行することで調べられます。「ホスト名」というのは URL のうち下の例でいうと xxxx.xxx.xx の部分です。

```
http://xxxx.xxx.xx/yyy/zzz/
```

4 インターネット接続の障害対応

「http://」あるいは「https://」の直後から次の「/」の前までの部分です。

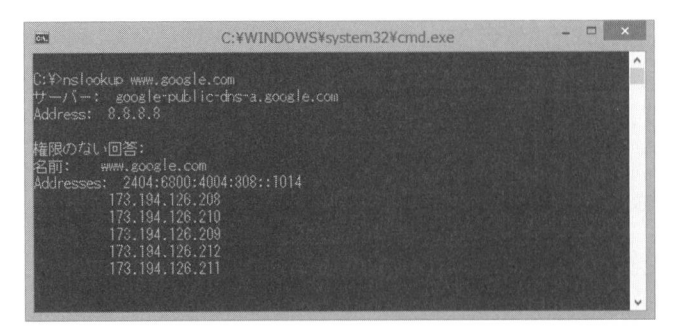

図4.4●nslookupで名前解決

このように、ホスト名からIPアドレスへの変換がうまくいっている必要があります。ここがうまくいかない場合には主に次の3つの可能性があります。

- TCP/IPの設定でDNSの設定を間違えている（正しいDNSサーバーを利用していない）。
- TCP/IPの設定で指定しているDNSサーバーに障害が起きている。
- 接続しようとしている先のサイトの情報を保持しているDNSサーバーに障害が起きている。

どれなのかを判断するためには、その他のホスト名の名前解決ができるかどうかを調べましょう。私はいつも「www.google.com」が解決できるかどうか試しています。

ここまでのこと（ケーブル、TCP/IP設定、DNS）を一度に試す方法があります。それは「ping www.google.com」を実行することです。

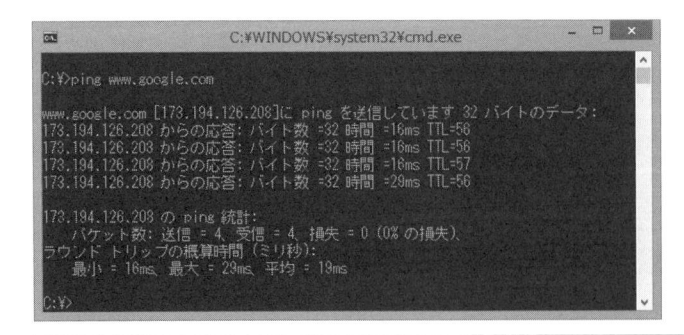

図4.5●ping www.google.comを実行

ケーブルが繋がっていなければPingに応答があるわけはありませんし、TCP/IPの設定が正しいからgoogleのサーバーまで通信できています。また、www.google.comというホスト名に対してDNSを使ってIPアドレスに変換できているからPingが打てているのです。www.google.comの

ホストは ping の Reply を返してくれるので確認が取れるのです。

ここまで大丈夫であればインターネットへの接続には問題がありません。実際にインターネット上のホストと通信ができているからです。

4.1.5 目的のウェブサーバーに接続できているか

ここまでの確認でインターネットへの接続に問題ないことがわかりました。そこで、さらに上の層に視点を切り替えていきます。ここで、「2.8.1.2 ウェブページを取得してみる」の手法が効果的に使えます。

まずは、該当のウェブサーバーに接続できているかどうかです。これを試すには telnet で接続します。

```
telnet ホスト名 80[※2]
```

コマンド実行後、コマンドプロンプトが真っ黒になれば接続は成功です。うまくいかない場合には「接続中: ホスト名 ...」としばらく表示された後で「ホストへ接続できませんでした。ポート番号 http: 接続に失敗しました」と表示されるはずです。

これは何をしているのかというと、まさに該当のホスト（ウェブサーバー）に TCP の 80 番（HTTP）で接続をしているのです。サイトが見えるためにはこの接続が成功しなければなりません。

DNS の確認まで成功していて、ここで失敗する場合には以下の 3 つの可能性があります。

1. ホスト名を間違えている。
2. 該当のウェブサーバーがダウン中。
3. HTTP で接続できないようにネットワーク上のどこかでブロックされている。

1. に関しては正しいものを確認すればよいですし、2. に関してはしばらく時間をおけばよいです。1.、2. に関してはいくつかのサイトに対して接続を試し、成功するものがあるかどうかで判別できます。

問題は 3. の場合です。どこにも接続できないという場合にはかなりの確率で自分の存在しているネットワークからインターネットに出る途中の段階でブロックされている、あるいはネットワーク管理者が構成を間違えているなど、ネットワーク管理者にしか対処できない問題である可能性が高いです。こうなってくると一筋縄ではいかないので、それ相応の対応を取らなければいけないでしょう。素直にネットワーク管理者に状況を伝えるべきです。自分がネットワーク管理者であれ

※2　https 接続の場合には最後は 443 あるいは https と入力します。

ば、クライアントからインターネットへのHTTP通信をファイアウォールで拒否していないか確認する必要があります。

4.1.6 コンテンツを得られるか

ここまでの段階で接続が成功したのであれば、後はもうブラウザでの確認ができるはずなのでブラウザを単純に使います。それでも正常に表示されないのであれば、ブラウザにエラーが表示されるはずです。代表的なエラーメッセージを表4.1に挙げておきます。

表4.1●代表的なエラーのHTTPステータスコード

エラー	意味
401 - Unauthorized	認証が必要なページで認証に失敗した。ID、パスワードが間違っているのでしょう。
403 - Forbidden	閲覧禁止。URLは存在していますが、閲覧する権限がありません。URLに間違いがないか確認する必要があります。管理者が構成を誤っている可能性もあります。
404 - Not Found	指定されたURLが存在しない。URLを間違えたか、そのページが本当にないのかのどちらかでしょう。
500 - Internal Server Error	サーバー内部のエラー。おそらく何かのプログラムがサーバー側で動作して、それがエラーになっています。サーバー側の不具合なので、直るまで待ちましょう。しばらくたってからまたアクセスしましょう。 まれに、ブラウザから渡される特定の情報が原因でInternal Server Errorになることがあります。サーバー側の不具合であることには違いがないのですが、渡す情報を変化させることで状況が改善することがあります。

ここまでの確認がすべてうまくいっているにもかかわらずブラウザに表示も何もされないという場合には、ウェブサーバーが何らかの障害で正しく応答できていない可能性が非常に高いです。この場合ブラウザ側で「応答がない」などのエラーメッセージが出されるでしょう。

他のURLを表示して、特定のウェブサイトだけの問題であることを確認しましょう。

4.2 「インターネットに繋がらない」―プロキシ編

基本編では、直接インターネットに接続されている環境での処理の流れについて説明しました。今度は直接インターネットに接続されておらず、プロキシを経由してインターネット上のウェブサイトを閲覧するケースを考えてみます。

一般家庭でプロキシを利用しているようなケースはごくまれでしょうけれども、企業ではさまざまな理由からプロキシを利用しないとウェブサイトの閲覧ができないように構成していることが多いです。特にセキュリティに気を使っている企業ではプロキシの利用は当たり前です。プロキシ上で悪意あるサイトへの接続をブロックする、利用状況のログを取得するなどの処理を行います。

プロキシを経由して接続する場合には、直接接続する場合よりも注意すべき箇所が増えてきます。

4.2.1　接続プロセスの違い

プロキシ接続の場合には、直接インターネットへ接続（ウェブサイトの閲覧）する場合と比較して表 4.2 に示すようなプロセスの違いがあります。

表4.2●直接接続とプロキシ経由の場合のウェブサイト閲覧プロセスの違い

直接	プロキシ経由
1. PC が起動する 2. 有線または無線にてネットワークに接続する 3. 固定または DHCP にて TCP/IP の設定がなされる 4. ブラウザにて URL が指定される	1. PC が起動する 2. 有線または無線にてネットワークに接続する 3. 固定または DHCP にて TCP/IP の設定がなされる 4. ブラウザにて URL が指定される
5. DNS にホスト名に対応する IP アドレスを問い合わせ、回答を得る 6. 該当のウェブサーバーに接続する 7. ウェブサーバーからコンテンツを得る	5. プロキシサーバーに接続する 6. プロキシサーバーからコンテンツを得る
8. ブラウザにコンテンツを表示する	7. ブラウザにコンテンツを表示する

直接接続と比較して、プロキシ接続である場合の大きな違いは次の 2 点です。

- ホスト自身は DNS を使用した「名前解決」を実行しない（必要ない）。
- 接続するのは常にプロキシサーバー。

プロキシサーバーを利用する場合には、プロキシサーバーに実際のコンテンツの取得を依頼する形になります。つまり、プロキシサーバーは「直接」の場合の 5、6、7 の動作を行い、その結果を PC に渡してくれるのです。

4.2.2　障害対応の方法

プロキシサーバーを利用してウェブサイトを閲覧する際の障害対応は、次の 2 段階で行う必要があります。

- プロキシサーバー利用設定が正しく行われ、プロキシサーバーまで接続できているかどうか。
- プロキシサーバー上でインターネット上のウェブサーバーからのコンテンツ取得が行えるかどうか。

クライアントの問題なのかプロキシサーバーの問題なのかをしっかりと切り分けて対応する必要があります。

4.2.3　クライアント側の確認

Internet Explorerの場合には「ツール」→「インターネットオプション」→「接続」タブ→「LANの設定」からプロキシの設定を行います。この設定はグループポリシーによって自動的に設定される場合もあります。

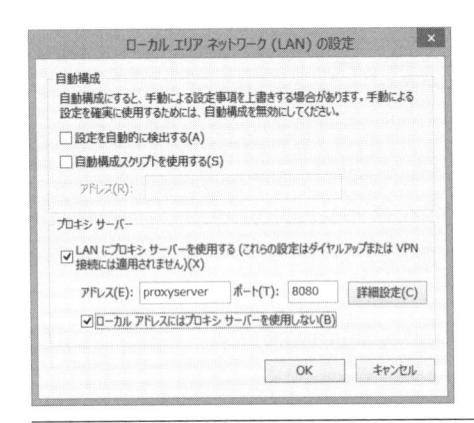

図4.6●プロキシの設定画面

プロキシへの接続ができているかを確かめるには、「telnet プロキシサーバー ポート番号」を実行するとよいでしょう。コマンドを実行して画面が真っ暗になれば接続できています。ここに問題がなければ後はプロキシサーバー側の問題といえます。

さらに、この設定画面で「ローカルアドレスにはプロキシサーバーを使用しない」というオプションがあります。この設定が曲者です。

4.2.4　「ローカルアドレスにはプロキシサーバーを使用しない」の意味

誤解しやすいのは「ローカルアドレス」という言葉の意味です。普通に「ローカルアドレス」と聞くと、同一セグメントのIPアドレスやプライベートアドレスといったものを連想することで

しょう。しかし、これはそういう意味ではなく、名前に「.」（ドット）が含まれていないものという意味になっています。

具体例を挙げましょう。プロキシサーバーを利用し、かつ「ローカルアドレスにはプロキシサーバーを使用しない」のチェックが入っているとします。

1. pcname（ホスト名）
2. pcname.test.local（FQDN）
3. 192.168.1.1

上記の3つがまったく同じホストを指している場合、1.はホストに対して（プロキシを経由せずに）直接アクセスし、2.と3.はプロキシサーバー経由でアクセスすることになります。名前解決の結果や対象のIPアドレスなどはまったく関係なく、単純に「.」（ドット）が含まれているかどうかが判断基準です。よく、2.や3.の場合に関しても接続先が同じネットワークなのだからプロキシサーバー経由ではなく直接接続してくれると勘違いしてしまうケースがあるので、気をつけてください。

2.や3.の入力方法でもプロキシを経由せずに直接接続させたい場合には、これらに対してプロキシ利用の除外設定を行えばよいです。具体的には図4.7のように「詳細設定」から例外設定が行えます。

図4.7●プロキシの例外設定

4.2.5　プロキシの設定に関する注意点

　ちなみに、Windows 上のアプリケーションの中にはインターネットアクセスの際に IE のプロキシの設定を参照するものが結構あるので注意が必要です。特に規定のブラウザを IE 以外のブラウザに変更しているときには要注意で、IE 自体は使用しなくても IE のプロキシ設定に設定を入れておく必要があります。

　また、サービスで動作しているプロセスがプロキシ設定を必要とするケースがあります。その場合、サービスを動作させているアカウントのプロファイル上で IE のプロキシ設定を個別に行う必要があるものもあるので注意が必要です。

　さらに、IE のプロキシを見ないで WinHTTP の設定を見るアプリケーションもあります。この場合 proxycfg コマンドや netsh で設定が必要です。WinHTTP に関しては特に注意が必要なので、「4.3.1 WinHTTP」で詳しく説明をします。

4.2.6　そもそもプロキシ接続をしなければいけないことをどのように知るのか

　プロキシ接続の際の注意点を見てきましたが、そもそもプロキシ接続が必要な環境であること自体を知る、あるいは直接接続はできないと判断するにはどうすればよいでしょうか。もちろん、通常は IE のプロキシの設定を見れば答えが書いてあることが多いのですが、そもそもプロキシ接続が必要にもかかわらずプロキシ設定がなされていないためにウェブの閲覧ができないような障害の場合に「この環境ではプロキシ設定が必須だ」ということをどのように判断できるか、ということです。

　これは DNS の確認と HTTP ポートでの接続の可否で判断できます。

■ 4.2.6.1　外部のホスト名の名前解決ができるか

　まず、DNS に関して確認します。最初に、DHCP なり固定 IP なりで正しい DNS を割り振られている必要があります。これは「ipconfig /all」コマンドで確認できます。DNS サーバーの設定に問題がなければ、次に nslookup にてホストの名前解決ができるかどうかを確認します。そもそもホスト名の解決が行えなければ接続が直接できるわけがないので、名前解決が行えないことにより「この環境ではプロキシ接続が必要である」、または完全にインターネット上のホストへのアクセスができないという判断ができます。

　名前解決ができるようであれば、自らウェブサイトへの接続が試行できます。プロキシが必須の環境では DNS による名前解決を許可していることは少ないので、名前解決が行える時点でプロキ

シは必要ない環境の可能性が高いです。

■ 4.2.6.2　外部のホストに接続できるか

　名前解決ができる環境であれば直接ウェブサイトへの試行を行うことができます。ウェブサーバーへの接続は telnet で HTTP ポートへ接続して試すことができます。実際にウェブページを取得してみるとはっきりしたことがいえます。

　名前解決ができても外部ホストに接続できない場合や、逆に名前解決ができなくても外部ホストに接続ができる環境も、構成によってはあり得ます。しかし、基本的には名前解決がうまくいかなければプロキシ接続が必要な環境だといえます。

4.3　「インターネットに繋がらない」—WinHTTP 編

　ここまでで、直接インターネットに接続できるケースとプロキシを経由するケースについて話をしました。基本的にはこの2パターンしかありません。後は応用です。

　まれに以下のような不思議な現象が発生します。

- インターネット接続はできる。Internet Explorer でのウェブサイト閲覧は問題ない。
- 他のアプリケーションでもインターネットに接続ができている。
- ところが、特定のアプリケーションだけでインターネット接続に失敗する。

　特にインターネット接続にプロキシが必要な環境でよく発生します。有名なところでは Windows Update や Remote PowerShell だけ接続に失敗したりします。

　これは「IE のプロキシ設定」と WinHTTP という「アプリケーションが参照する HTTP 接続設定」のためのプロキシ設定が一致しないために発生する事象です。WinHTTP のことを知っていないとなかなか気づけないのでぜひ覚えておいてください。

■ 4.3.1　WinHTTP

　WinHTTP は、Windows が内部で保持しているクライアントアプリケーション用の API です。つまり、アプリケーションで HTTP 通信を行う際に利用されるものということです。通常は IE のプロキシ設定と WinHTTP でのプロキシ設定は同期されるようですが、しばしば設定が食い違ってしまい、WinHTTP を使っているクライアントだけからウェブサイトに接続できない状況が発生し

てしまうのです。

この不具合は、WinHTTPのプロキシ設定を適切に行うことで解決できます。

■ 4.3.1.1 Windows XP および Windows Server2003 での設定方法

Windows XP、Windows Server 2003、2003 R2 では、WinHTTP の設定に proxycfg というコマンドを使用します。

基本的には IE で正しいプロキシ設定を行い、その設定を WinHTTP に反映させればよいでしょう。これは proxycfg -u コマンドで実行できます。

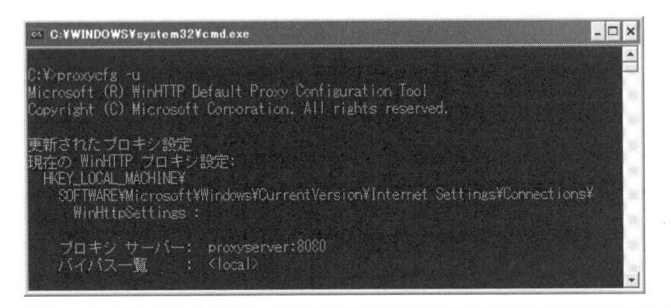

図4.8●proxycfgを使ったWinHTTPプロキシ設定のIEからのインポート

■ 4.3.1.2 Windows Vista および Windows Server 2008 以降での設定方法

Windows Vista および Windows Server 2008 以降では、WinHTTP のプロキシ設定には proxycfg ではなく netsh コマンドを使用します。

こちらも基本的には IE で正しいプロキシ設定に設定し、それから netsh winhttp import proxy source=ie を実行するとよいでしょう。

図4.9●netshを使ったWinHTTPプロキシ設定のIEからのインポート

4.4 「インターネットに繋がらない」—VPN編

次はVPN編です。VPNはVirtual Private Networkの略です。例えば自宅からVPNを使って職場にアクセスすることによって、職場のネットワークに直接接続しているのと同じようにネットワークを使用できるようになります。

VPN接続の場合は、物理的に接続されているネットワークとVPNで接続した先のネットワークの2つが登場するため、さらに話が複雑になります。

4.4.1 接続形態

VPN接続の場合には以下の4つのパターンが存在することになります。

1. VPN接続ではない直接接続しているネットワークを使って直接インターネットに接続。
2. VPN接続ではない直接接続しているネットワーク上のプロキシを使ってインターネットに接続。
3. VPN接続先のネットワークを使って直接インターネットに接続。
4. VPN接続先のネットワーク上のプロキシを使ってインターネットに接続。

どのパターンが選択されるのかは、設定や使用しているVPN接続ソフトウェアに依存します。ここではWindows標準のVPN接続機能について解説します。

4.4.2 リモートネットワークでデフォルトゲートウェイを使う

プロキシの設定をしていないときに1.の経路になるのか3.の経路になるのかは、VPNの設定上でコントロールをします。

図4.10● 「リモートネットワークでデフォルトゲートウェイを使う」の設定画面

ここの「リモートネットワークでデフォルトゲートウェイを使う」というチェックボックスがまず1つ目のポイントです。

- チェックが入っていなければ直接接続されているネットワークから別ネットワークにアクセスする（パターン1）。
- チェックが入っていればVPN接続先のネットワークから別ネットワークにアクセスする（パターン3）。

もちろんどちらの場合にも「基本編」で解説した内容が当てはまります。VPN接続時の参照DNSがどこになっているかに注意してください。

4.4.3　ダイアルアップと仮想プライベートネットワークの設定

次に、IEの中に「ダイアルアップと仮想プライベートネットワークの設定」という項目があります。

図4.11●「ダイアルアップと仮想プライベートネットワークの設定」におけるプロキシ設定

　この中に「プロキシサーバー」の設定があります。ここが2つ目のポイントです。VPN接続先のプロキシサーバーを使うには、ここの部分にプロキシの設定を入力する必要があります。ここに設定がなされていればパターン4になるのです。

　直接インターネット接続に出る経路とVPN経由の経路とであまりスピードが変わらないような場合には問題にならないかもしれませんが、モバイル環境の細い回線を使ってVPN接続をしている際などにはできるだけ帯域の太い経路からインターネットアクセスを行わせるように構成することが重要です。

4.5　第4章のまとめ

　この章ではインターネット接続の障害対応について説明しました。重要な事柄についてまとめておきましょう。

- 処理の流れを分かった上で対処することが大事です。
  - レイヤー1で正しく接続されていること。
  - ネットワークの設定が正しく行われていること。
  - DNSで名前解決が行えること。

4 インターネット接続の障害対応

- ウェブサーバーに接続できること。
- プロキシ接続の場合にはクライアントからプロキシサーバーまでの接続とプロキシサーバーからウェブサーバーへの接続を分けて考えることが大事です。
- アプリケーションによってはInternet Explorerのプロキシ設定ではなくWinHTTPのプロキシ設定を参照するものがあります。WinHTTPの設定も意識する必要があります。
- VPN接続の場合にはVPNでのネットワークの設定と、VPN接続時のプロキシ接続の設定を使い分ける必要があります。

次の章ではWindowsの管理の肝であるActive Directoryについて説明します。

第5章
Active Directory

　Windowsクライアントがある程度の数存在する環境では、Active Directoryを構築するのが半ば当たり前になっています。Active Directoryを使用してクライアントを管理するのです。また、各種アプリケーションが動作するための基盤にもなっており、Active Directoryが存在しなければ使用できないアプリケーションも多数あります。

　最初はなかなか理解できないかもしれませんが、何をするにもActive Directoryが出てくるため避けて通ることはできません。Active Directoryの理解に苦しむのはWindowsインフラ管理者が必ず通る道です。私は腑に落ちるまで2年程度かかりました。しかし、一度理解してしまえば、Active Directoryを軸としてさまざまなことを理解できるようになり、色々と楽をすることもできるようになります。楽しんで取り組みましょう。

5.1 アカウントデータベースの一元管理

　ActiveDirectoryにはさまざまな要素があり、その概念を理解することは簡単ではありません。まずはひとつの見方として、認証、アカウント管理の視点から説明します。AD DS（Active Directory Domain Services）と呼ばれる部分の機能です。

　Active Directoryのことをいきなり理解する前に、Active Directoryが存在しない状態で不便な点を理解し、それがActive Directoryでどのように改善されるのかを見ていきましょう。

5.1.1 スタンドアロン PC

スタンドアロン PC[※1] では、ローカルでユーザー管理やアクセス制御を行います。ローカルにユーザーを複数作成し、それぞれプロファイルを切り替えて使うことで 1 台のパソコンを共有することができます。その上で他の人に見られたくないファイルには、自分だけがファイルにアクセスできるようにアクセス許可を設定することができます。1 台の Windows マシン上で、マシンの共有とリソース権限の設定が実現されています。

1 台だけで利用するのであれば、Active Directory のような大掛かりな仕組みは必要ありません。

5.1.2 ワークグループでのリソース共有

「3.1 2 台の PC をネットワークで接続する」で作成した環境の 2 台の PC それぞれで「コンピューターの管理」を立ち上げ、「ローカルユーザーとグループ」を確認してみましょう。

ローカル 2 台の Windows のそれぞれに別々のアカウントが存在します。ここでは実験用に新しいユーザーを 2 台の PC それぞれで作成し、**同じ名前で違うパスワード**に設定しておいてください。作成方法は自由ですが、例えば以下のように管理者として実行したコマンドプロンプト上で net user コマンドを使って作成することができます。

図5.1 ● net user コマンドでのユーザー作成

もちろん、「ローカルユーザーとグループ」を使って GUI で作成してもかまいません。

2 台の PC でそれぞれユーザーを作成できることからもわかるように、**アカウントデータベースはそれぞれの PC で独立して存在**しています。

ユーザーの作成が終わったら、2 台の PC それぞれでサインアウトし、今作成したユーザーでサインインを行ってください。次に、どちらか 1 台で適当なフォルダーを共有してみましょう。例えば以下のように管理者として実行したコマンドプロンプトで net share コマンドを使って作成することができます[※2]。

※1 ネットワークに接続していない単一の PC のことです。

※2 後でファイルを書き込むテストを行う都合で、/GRANT オプションで Everyone にフルコントロール権限を与えています。Windows のバージョンによってはこのように明示的に権限を与えなくても共有のフルコントロール権限が与えられます。

図5.2●net shareコマンドで共有の作成

もちろん、エクスプローラーを使ってGUIで作成してもかまいません。

ファイル共有を行ったPCに対してもう1台からアクセスしてみると、次のようにユーザーIDとパスワードを求められます。図5.3では、PC2からPC1に対してアクセスをしています。

図5.3●別のコンピューターにアクセスすると認証を求められる

ここで何を入力すればよいかわかるでしょうか。ここではアクセス先のPC上のアカウントのIDとパスワードを入力する必要があるのです。

図5.4●ユーザー名とパスワードを入力する

このようにユーザー名だけを入力することもできますが、「コンピューター名￥ユーザー名」と

入力したほうが、より意味がはっきりします。

図5.5●PC1上のtestuserであることを明示的に入力する

このように、Windowsでは「場所￥ユーザー名」という表記の仕方をする箇所が多数あります。

5.1.3　ワークグループでのリソース共有で困ること

　リモートのPCで共有されているリソースにアクセスしようとすると、IDとパスワードを聞かれてしまいました。これは他のPCにアクセスするためにはそのPCで有効なIDパスワードを入力し、そのPCのユーザーとしてアクセスする必要があるからです。複数のパソコンにアカウントデータベースが存在し、連携されていないのですからこれは当たり前です。

　複数のパソコンで複数のIDが管理されている状況を想像してください。今の環境は2台しかないので特に複雑ではありませんが、これが5台、10台と増えたらどうでしょうか。名前もパスワードもすべて異なるとしたらかなり混乱しますし、覚えておくのは困難です[※3]。そもそも、いちいちどこかにアクセスするたびにIDとパスワードを入力するのも面倒です。

　実はこれを避ける方法があります。同じIDをすべてのWindowsPCに登録し、パスワードもすべて同じものを設定してしまえば、他のPCにアクセスするときにID、パスワードを入力する必要がなくなるのです。

　試してみましょう。2台のPCの両方のユーザーが同じユーザー名とパスワードを持つように設定します。例えば、図5.6のように管理者として実行したコマンドプロンプトでnet userコマンドを使ってユーザーのパスワードを設定できます。

※3　覚えられないからといって、そのへんにパスワードをメモしてしまうと最悪です。

図5.6●net userコマンドでパスワードを設定

その上でアクセスします。今度は何も聞かれずに共有フォルダーを開くことができたはずです。

このときに、自分が誰になっているのかを確認するために新しいファイルを1つ作成してみましょう。その上でプロパティから「所有者」を確認してみましょう。

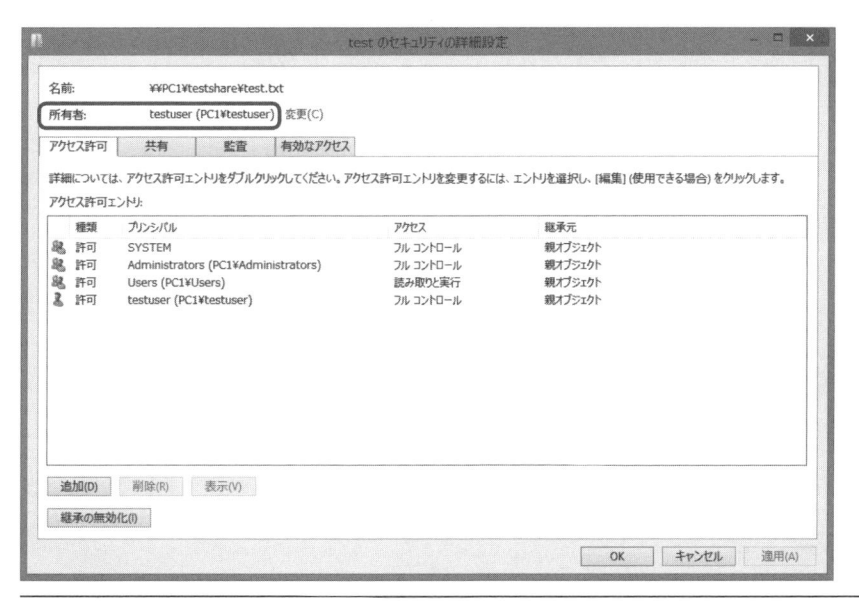

図5.7●所有者の確認

このように、所有者はそのリソースを持つPC上のユーザーが作成したことになっています。ID、パスワードは聞かれませんでしたが、あくまでもそのPC上のユーザーとしてアクセスしたのです。別のPCのアカウントデータベースを参照する方法はないのですから当然です。

これで別のコンピューター上にあるリソースをいちいちID、パスワードを再入力せずに利用する方法を知りました。しかし、この方法は、利用するIDをすべてのPC上に作成する必要があり、またパスワードも統一する必要があります。ある程度大きな規模でこれを実現しようとすると、1人新しく人が加わっただけですべてのPCにユーザーを登録して回らなくてはいけません。さらに、セキュリティ対策として定期的にパスワードの変更[4]を求められることがありますが、やはりす

※4 定期的にパスワードを変更することが本当にセキュリティ上よいことなのかという点には議論の余地がありますが、そういう運用ルールの場所は多いです。

べての PC 上でパスワードを変更して回る必要があります。これでは運用するのが大変です。

この問題はどのように改善できるでしょうか。考えてみてください。

5.1.4 アカウントデータベースの一元管理（AD DS）

この面倒なことを回避するために、アカウントのデータベースを個別の WindowsPC に持つのではなくて、一括してどこかにまとめて管理してしまおうという発想が出てきます。これが Windows のドメインです。Windows NT の時代にこの仕組みが導入されました。現在では AD DS（Active Directory Directory Service）という名前になっており、Windows のドメイン内の PC すべてで利用できるデータベースを保持しています。

ユーザーアカウントは個別の PC 上に作成するのではなくドメインに作成し、コンピューターはドメインに参加することで、ドメインに管理をゆだねます。PC にログオンするときや別の PC にあるリソースを使用する際には、アカウントデータベースとしてドメイン上のデータベースを利用するのです。

これで、ドメインに参加しているどの PC にでもドメイン上のユーザーの誰でもログオンでき、別の PC にあるリソースにアクセスする際にわざわざ ID やパスワードを入力する必要がなくなります。

5.2 ActiveDirectory のパーティションとレプリケーションスコープ

Active Directory を理解するためには、「パーティション」と「レプリケーションスコープ」の理解が重要です。

5.2.1 パーティション

ActiveDirectory のデータベースを保持しているのはドメインコントローラーです。そして、そのドメインコントローラーが持っているデータベースをより詳細に見ると、表 5.1 のように 4 つのパーティションの種類があります。

表5.1●Active Directoryパーティション一覧

パーティション名	格納されている情報	レプリケーションスコープ（複製範囲）
Configuration Partition（構成パーティション）	・フォレストの構成情報 ・Active Directory対応アプリケーションの構成情報	フォレストワイド
Schema Partition（スキーマパーティション）	・Active Directoryに存在するクラス、オブジェクトの設計情報	フォレストワイド
Domain Partition（ドメインパーティション）	・ドメインに存在するオブジェクトの情報	ドメインワイド
Application Partition（アプリケーションパーティション）[※5]	・Active Directoryに情報を格納するアプリケーションが利用する情報	色々な範囲で設定可能[※6]

　Active Directoryに対して何らかの操作を行うときに、それが「どのパーティションへの変更なのか」、「どこまで複製されるのか」を意識することで格段に理解が増し、障害対応にも強くなります。

　特にアプリケーションパーティションを除く3つのパーティションは重要なので、その用法を含めてしっかり理解する必要があります。具体的に見ていきましょう。

5.2.2　ADSIEdit

　以降では、ドメインコントローラーのデータベースの中身を具体的に覗いて理解を深めていきます。

　Active Directoryの中を覗いていくためには、それができるツールが必要です。さまざまなツールが存在し、自分でプログラムを書いてアクセスすることもできますが、最も簡単かつ便利に使えるのはADSIEditというツールです。すべての情報が見え、すべての操作が行えるというある意味危険なツールです。Acitve Directory周りで障害対応を行う場合には非常によく利用するツールでもあります。

　ADSIEditは、Windows Server 2003 Serverの場合には規定の状態ではインストールされていません。インストールメディアやサービスパックに含まれているSupport Toolsを導入することで使用可能になります。Windows Server 2008以降では規定の状態ですでに導入されています。

※5　Windows Server 2003で新規導入されました。

※6　アプリケーションパーティションにデータを格納する具体例としては、Active DirectoryのDNSゾーンがあります。逆に、これ以外で利用されているケースは私の知るかぎりありません。「Active DirectoryドメインサービスのDNSゾーンレプリケーションとは（http://technet.microsoft.com/ja-jp/library/cc772101.aspx）」

起動方法としては、MMC[※7]を起動してから ADSIEdit を組み込む方法もありますが、直接「ファイル名を指定して実行」から「adsiedit.msc」を起動してしまうのが簡単です。このように起動すると、Domain、Configuration、Schema の3つのパーティションに接続された状態で ADSIEdit が起動します。

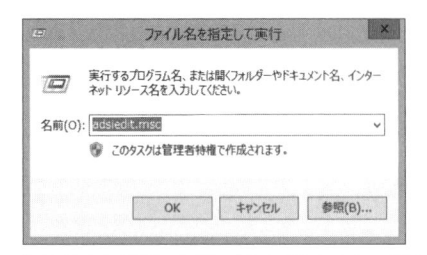

図5.8●ADSIEditを起動

OS のバージョンによっては接続設定がありません。その場合には、「ADSI エディター」を右クリックしてから「接続」をクリックするか、あるいはメニューバーの「操作」から「接続」をクリックして接続設定を行います。

図5.9●ADSIEditでの接続の設定

「既定の名前付けコンテキストを選択する」から選択できる項目を選択して「OK」をクリックすることで接続を作成し、アクセスできるようになります。

以降の説明の中で "DC=winadmin,DC=local" という記述が何度も出てきますが、これはこの画像

※7　Microsoft Management Console の略。「ファイル名を指定して実行」から「mmc」を起動し、管理に必要なスナップインを任意で追加することができます。日常必要なスナップインを組み込んだものを用意、保存しておくと便利に使えます。

5.2 ActiveDirectoryのパーティションとレプリケーションスコープ

を取得した環境のドメイン名（＝フォレスト名[8]）が winadmin.local であり、その名前が表れているものです。各自自分の環境の名前に読み替えてください。

5.2.3 Configuration Partition（構成パーティション）

Configuration Partition には、その名のとおり構成情報が格納されています。Active Directory 自身の構成情報や、Active Directory 対応のアプリケーションの情報が入っています。

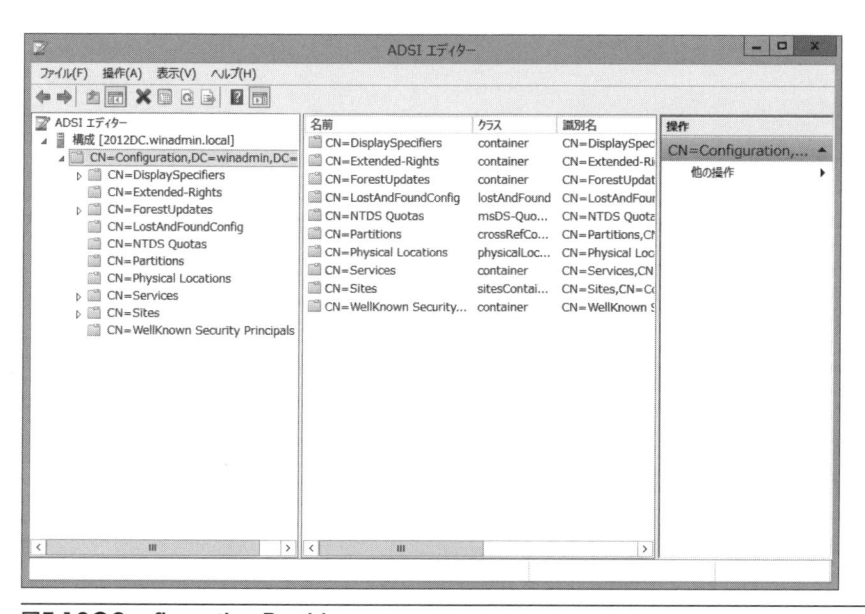

図5.10●Configuration Partition

具体的に中身を見てみましょう。例えば、"CN=Sites,CN=Configuration,DC=winadmin,DC=local" には「Active Directory サイトとサービス」で見えるものと（ほぼ）同じものがあります。

---

[8] シングルフォレストシングルドメイン（1つのフォレストの中に1つだけドメインがある状態）では、ドメイン名とフォレスト名は同一になります。シングルフォレストマルチドメイン（1つのフォレストの中に複数のドメインがある状態）では、フォレスト名は最初に作成したドメイン（＝フォレストルートドメイン）と同じ名前になります。

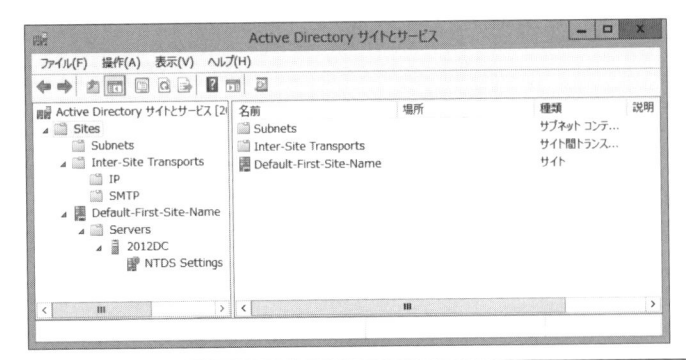

図5.11●Active Directoryサイトとサービス

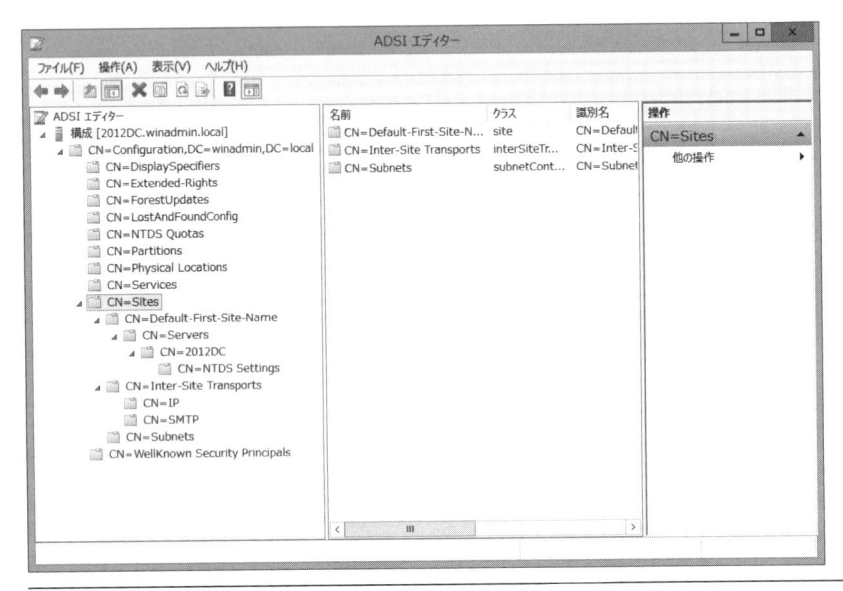

図5.12●Configuration Partition内のSites以下

　もし、Exchange Server[9]などのActive Directoryのフォレストに対応したソフトウェアを導入した場合には、このConfiguration Partition内に設定情報が保管されることになります。
　Configuration Partitionのポイントは、「レプリケーションスコープがフォレストワイド」であることです。つまり、ドメイン単位の設定ではなくActive Directory全体にかかわる設定事項がここに入ってくるのです。
　上記の例でいえば、

- サイトとサービス（つまりドメインコントローラー間の複製の設定）は、ドメイン単位ではなくてフォレスト単位で管理されている。

※9　Microsoftが提供するメールサーバー製品。利用するにはActive Directoryが必要です。

- Exchange Serverがドメインごとではなく、フォレストごと（Active Directory単位）で動作するアプリケーションである。

ということになります。

5.2.4 DomainPartition（ドメインパーティション）

次に、Domain Partitionを見てみましょう。「既定の名前付けコンテキスト」がドメインパーティションです。"DC=winadmin,DC=local" 以下には、「Active Directoryユーザーとコンピューター」で見えるものと（ほぼ）同じものがあります。

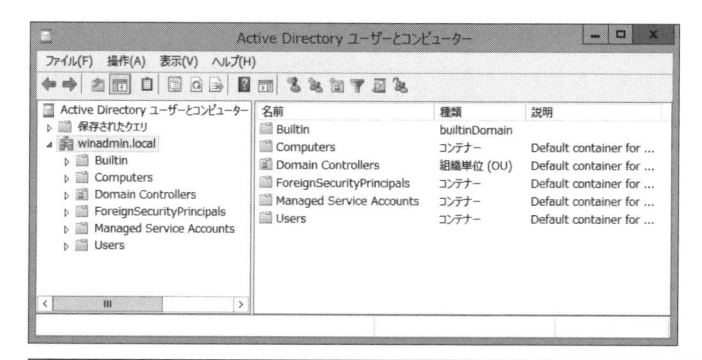

図5.13●Active Directoryユーザーとコンピューター

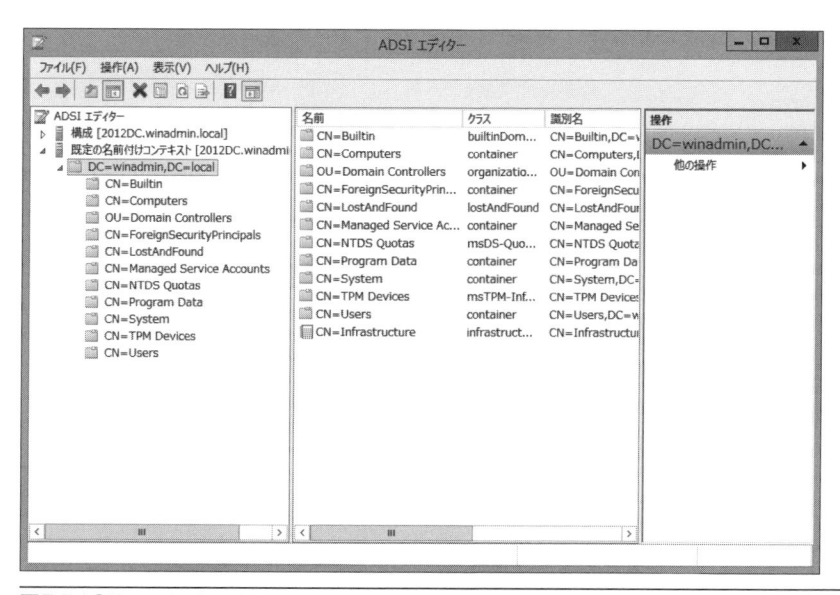

図5.14●Domain Partition

具体的に中を見ていくと、ドメインパーティションに関してはほぼ1対1で対応していることがわかります。ドメインパーティションの中には、「Active Directory ユーザーとコンピューター」で管理されているもの、つまり、ドメイン内のユーザー、グループ、コンピューターなどが格納されています。

これらの情報はドメインごとの情報です。したがって、Domain Partition のレプリケーションスコープはドメインワイドです。つまり、この情報は同じドメインのドメインコントローラーとだけ複製し合えばよいのであって、別ドメインのドメインコントローラーとやり取りをする必要はありません。

ActiveDirectory はオブジェクト指向
ユーザーやグループの属性を実際に覗いてみるとわかりますが、それぞれクラスタイプがあり、共通属性も多数あります。これはオブジェクト指向プログラミングの「クラス」「インスタンス」と同じです。つまり Active Directory はオブジェクト指向で作られています。
いきなり「オブジェクト指向」といわれても、プログラミング経験のない人にはピンとこないかもしれません。本書の本題から離れるので詳しく説明しませんが、オブジェクト指向プログラミングがわかると Active Directory が深く理解できるということは知っておいてください。PowerShell もオブジェクト指向なので「11.3 PowerShell はオブジェクト指向」で再度この話題に触れましょう。

5.2.5 Schema Partition（スキーマパーティション）

Active Directory がオブジェクト指向で作られているからには、設計（＝クラス定義）がどこかにあるはずです。そしてそれがまさに Schema Partition に当たります。

スナップインとしては「Active Directory スキーマ」というものがあり、それが Schema Partition に対応しています。設計情報に手を入れるのは非常に危険なことなので、このスナップインは規定の状態では使えません。使うためには「regsvr32 schmmgmt.dll」と実行し、DLL を登録した上で、MMC に組み込んで使う必要があります。

［Active Directory スキーマ］スナップインをインストールする
☞ http://technet.microsoft.com/ja-jp/library/cc755885(WS.10).aspx

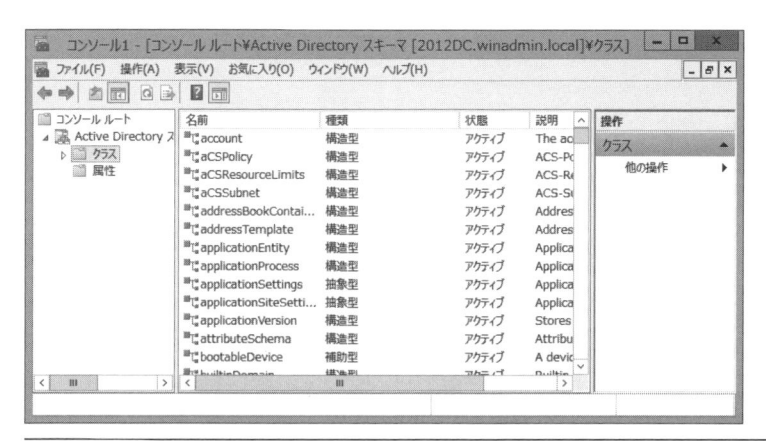

図5.15● 「Active Directoryスキーマ」でクラスを表示

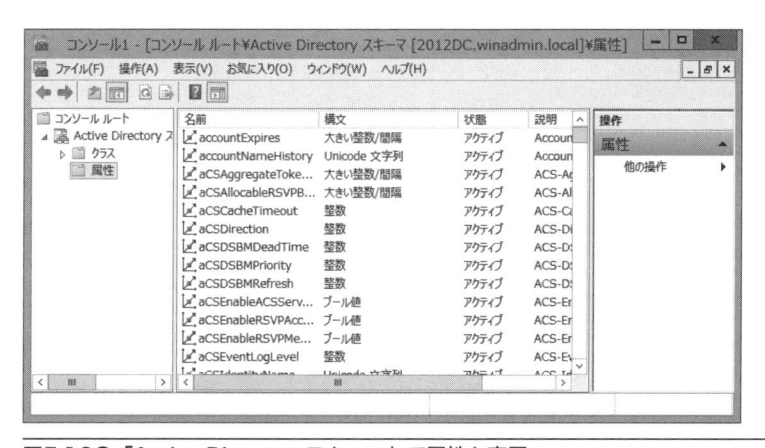

図5.16● 「Active Directoryスキーマ」で属性を表示

ADSI Edit では、"CN=Schema,CN=Configuration,DC=test,DC=local" 以下に「Active Directory スキーマ」で見えるものと同じものがあります。

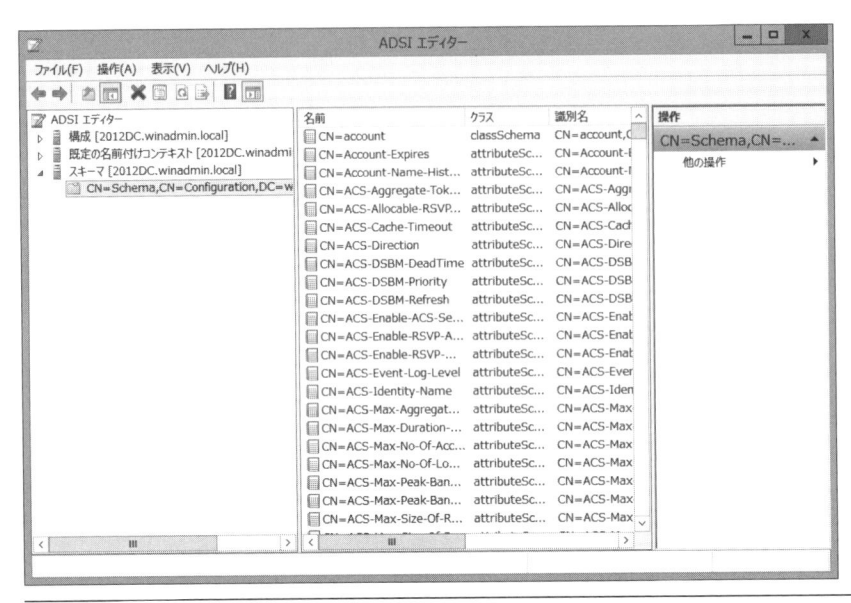

図5.17●Schema Partition

　Schema Partitionのレプリケーションスコープはフォレストワイドです。つまり、設計情報はActive Directory全体で単一のものを使います。

　例えば、Active DirectoryにExchange Serverを導入するときにはメール関連のクラスや属性が追加されます。それはSchema Partitionへの変更（スキーマ拡張）であるため、Active Directory全体に影響が及びます。

　よく、スキーマ拡張をすると何が起きるのかという質問をすると、「管理ツールでタブが増える」という答えが返ってくることがあります。しかし、それは本質ではありません。「Active Directoryにクラスが追加され、同時に既存クラスの属性が追加される」のです。そしてそれは、Schema Partitionへの変更なのです。すると、増えた属性を管理するために管理コンソールからもそこにアクセスする必要が出てきます。その結果、GUIツールもバージョンアップをします。増えた属性を表示、編集するためにGUIツールがバージョンアップして見た目が変わるのは枝葉であって、本質ではありません。

5.2.6　マルチドメインでの複製

　ここまで見てきた3つのパーティションがドメインコントローラーに保持され、複製されている様子をマルチドメインで表現してみました。1つのフォレストの中に3つのドメインがあり、それぞれのドメインに2台のドメインコントローラー（DC1、DC2）が配置されています。双方向の矢

印は双方向複製を、片方向の矢印は一方向の複製を表現しています。

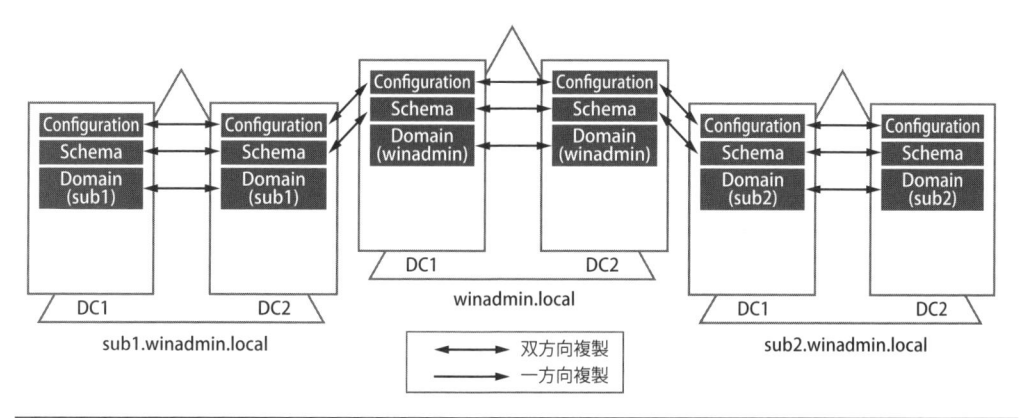

図5.18●マルチドメイン環境でのドメインコントローラーの複製

Configuration、Schemaの2つのパーティションはフォレストワイドに複製されるので、すべてのドメインコントローラーで同期されます。一方、Domain Partitionはドメイン固有の情報なので、ドメイン内のドメインコントローラーだけで同期されます。

5.2.7　グローバルカタログ

ここまで説明した機構だけですべての情報を扱えるのですが、少々不便なことがあります。それは「フォレスト全体を対象にDomain Partitionの中身について検索したい」場合です。

Configuration PartitionやSchema Partitionが検索対象であれば、どのドメインコントローラーにも情報があるので1台のドメインコントローラーとだけ通信をすれば事足ります。しかし、例えば「フォレスト全体のユーザーでXXXという属性にYYYという値が入っているユーザーを検索したい」といったような場合、ユーザーはDomain Partitionに格納され、Domain Partitionはそれぞれのドメインにしか存在しないので、フォレスト内のドメインごとにドメインコントローラーと通信を行って結果をまとめなくてはいけません。これではドメイン数が多い場合にパフォーマンス的に問題が出てきますし、動作も複雑になってしまいます。

この問題を解決するために、「グローバルカタログ[10]」という役割が存在しています。グローバルカタログの役割を持つドメインコントローラーは、フォレスト内に存在する他のドメインのDomain Partitionの情報から頻繁に使用される属性だけを抜き出した抜粋情報を受け取り、保持することができます。

※10　グローバルカタログサーバーは略して「GC」といわれることが多くあります。

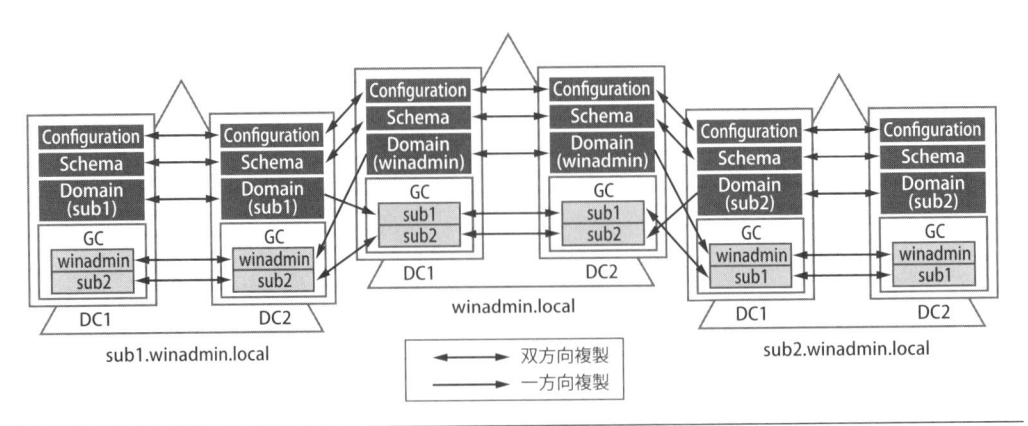

図5.19●マルチドメイン環境でのグローバルカタログサーバーの役割が有効なドメインコントローラーの複製

　自分のドメインの情報はすでに Domain Partition の中に入っているため重複して保持することはせず、フォレスト内の別のドメインの情報だけを読み取り専用の状態で保持します。シングルフォレストシングルドメインの環境であれば、特に追加のディスク容量を必要とせず機能的に向上するため、すべてのドメインコントローラーをグローバルカタログサーバーにするのがセオリーです。マルチドメイン環境でも、すべてのドメインコントローラーをグローバルカタログサーバーにしてしまえば問題はありません。以前は複製トラフィックを考慮してグローバルカタログサーバーにするサーバーを厳選することもありましたが、現在ではネットワーク帯域も広くなりサーバーのスペックも上がったことから、すべてをグローバルカタログサーバーにすることで問題が発生するケースは少ないでしょう。

　すべてのドメインコントローラーをグローバルカタログサーバーにしない場合には配置にいくつかの制限事項があるため、注意が必要です。この部分の詳細は次の技術情報を参照してください。

Phantoms, tombstones and the infrastructure master
☞　http://support.microsoft.com/kb/248047/en

FSMO placement and optimization on Active Directory domain controllers
☞　http://support.microsoft.com/kb/223346/en

　グローバルカタログサーバーに関しては次の技術情報が非常によくまとまっています。興味がある方は参照してください。

How the Global Catalog Works: Active Directory
☞　http://technet.microsoft.com/en-us/library/how-global-catalog-servers-work(v=ws.10).aspx

5.3 グループポリシー

グループポリシーは、Active Directory 上でユーザーおよびコンピューターに対して一括で設定を行うことができる仕組みです。

設定可能項目はバージョンが上がるに連れて増え、3000 項目を超えています。設定適用単位は、ドメイン、サイト、OU（Organization Unit）、ローカル[11] です。さらに細かい単位で設定したい場合にはアクセス許可を使用することで、グループ、ユーザー、コンピューター単位での制御が可能です。さらに WMI フィルターを書くことで、よりきめ細かく CPU の種類やディスクの空き容量などに応じた動的な対象に対して適用させることもできますが、やり過ぎると管理しきれなくなるのであまり使用例は見たことがありません。

グループポリシーで設定した結果、最終的にはレジストリへ値が設定されるものが大半です。そのため、グループポリシーを使用しなくてもログオンスクリプトの中でコマンドを実行させ、レジストリの値を変更するなどの方法で同じ結果を得ることができるものも多数あります。しかし、どのレジストリエントリにどのような意味があるのかを調査したり、設定を後から無効化した場合に元の値に戻るようにしたり、OU を移動した場合にそれを検知して設定を変更するなどの処理を実装するのは大変ですから、グループポリシーをうまく使って管理を省力化するのが得策です。

5.3.1　ポリシーの種類と適用対象に注意

グループポリシーの種類には大きく「コンピューターの構成」と「ユーザーの構成」の２つがあります。それぞれ設定を行ってリンク先を設定しますが、この際の注意点として以下のものがあります。

- 「コンピューターの構成」は「コンピューターオブジェクト」に対して設定されなければいけない。
- 「ユーザーの構成」は「ユーザーオブジェクト」に対して設定されなくてはいけない。

例えば、ドメインに対してグループポリシーを適用するのであれば、コンピューターの構成とユーザーの構成の両方が間違いなく適用されます。ドメインの中にコンピューターオブジェクトとユーザーオブジェクトが含まれているからです。

一方、コンピューターを単一の OU に配置している構成があったとします。その OU に対して「ユーザーの構成」だけを設定したグループポリシーを設定した場合、結果としては何も起きませ

---

[11] Windows 自身に対して単体でポリシーを設定できます。これはローカルグループポリシーと呼ばれます。ローカルで適用するものなので Active Directory からのコントロールはできませんが、設定可能項目としてはサブセットになっており、グループポリシーの適用結果に影響します。

ん。そのOUの中にはユーザーオブジェクトがないからです。「OUの中に含まれているコンピューターを使ってログオンしたユーザーに対してユーザーの構成が適用される」という挙動にはなりません。

これが規定の動作なのですが、コンピューターオブジェクトに対してユーザーの構成を行えるようにしてしまう（ログオンするコンピューターによって異なるユーザー構成が行われる）「ユーザーグループポリシーループバックの処理モード」という設定が存在します。

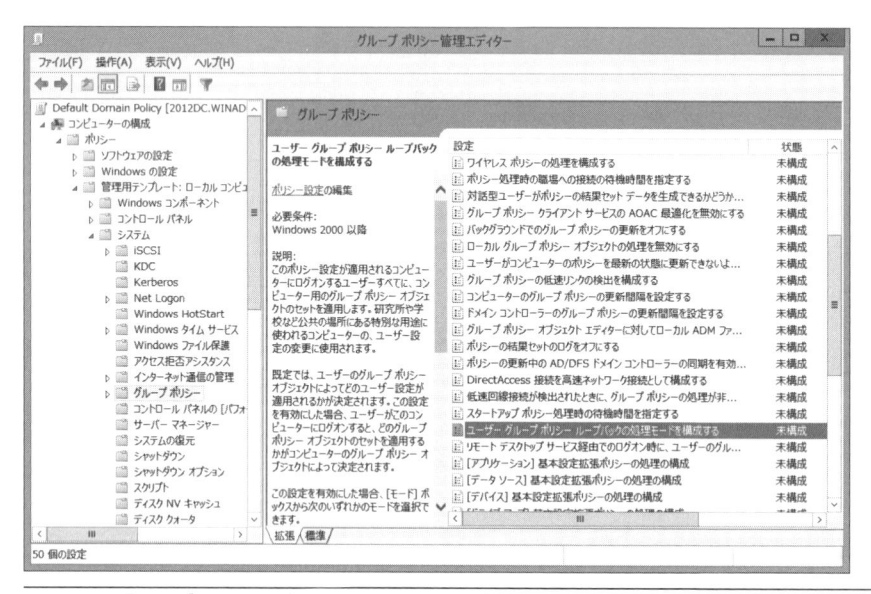

図5.20● 「ユーザーグループポリシーループバックの処理モードを構成する」ポリシー

グループポリシーのループバック処理
☞ http://support.microsoft.com/kb/231287/ja

この設定を行うと、「コンピューターオブジェクトに適用されているGPO[※12]のユーザーの構成がユーザーに適用される」という挙動になります。積極的に使用すべき設定ではないので採用している組織は多くありません。そのため、このように動作している、もしくは動作させられることを関係者が知らず、結果として意図しない障害を発生させるケースがあるので注意が必要です。

5.3.2　ポリシー適用結果の確認方法

グループポリシーはその設定方法によっては非常に複雑になりえます。設定は「継承」され、同

※12 「グループポリシーオブジェクト」の略。グループポリシーの設定はグループポリシーオブジェクトを作成し、それを適用対象にリンクさせることで行います。

じ設定に対して異なる設定を行った場合には適用順序に従って上書きされます。さらに「継承のブロック[※13]」や「強制[※14]」という構成も行えてしまうからです。

本来はシンプルにグループポリシーを設計、適用することが望ましいのですが、さまざまな事情で複雑に構成されてしまっているケースが散見されます。このような環境では、「今、どの設定がどのように有効になっているのか」を正しく確認することが重要です。

これは「グループポリシーの結果」および「gpresult」コマンドを使って行えます。

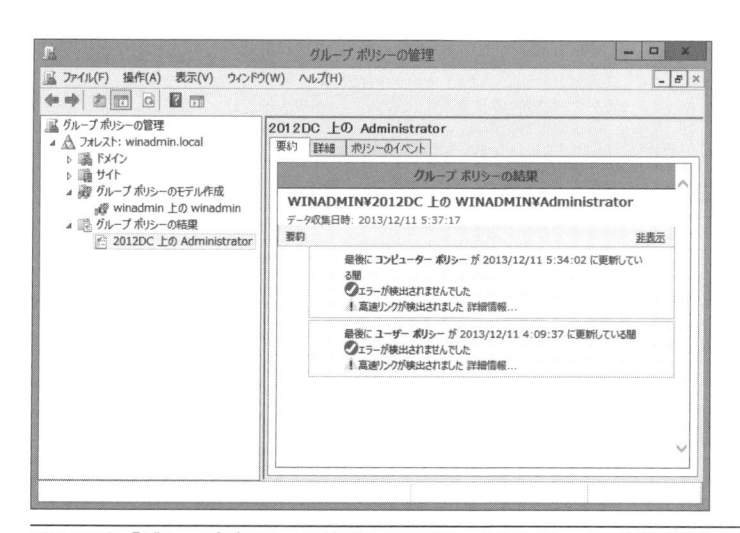

図5.21●「グループポリシーの管理」にてグループポリシーの結果を確認

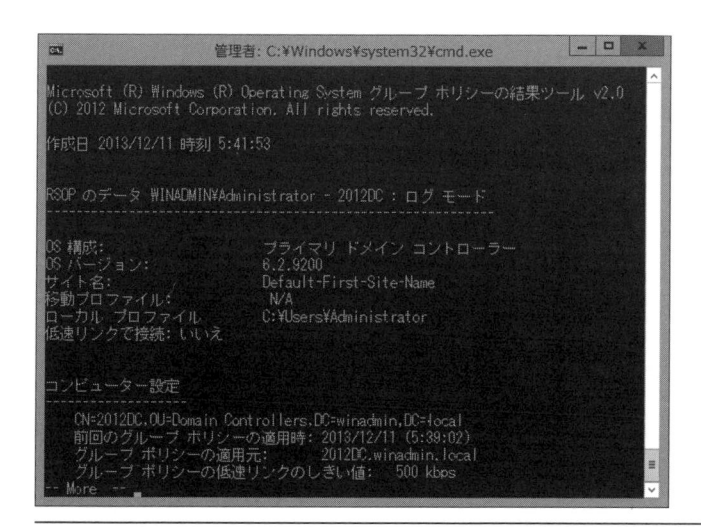

図5.22●「gpresult」にてグループポリシーの結果を確認

※13 上位で設定されているポリシーが継承されなくなる設定です。

※14 必ず適用されるように上書きを禁止する設定です。

以前はグループポリシーの結果確認ができるツールとして「ポリシーの結果セット」というツールもありましたが、Windows Vista SP1 以降ではすべての結果が表示されなくなっているので使わないようにしましょう。

5.3.3　グループポリシーの強制適用方法

グループポリシーは、コンピューターの起動時にコンピューターの構成が、ユーザーのログオン時にユーザーの構成が適用され、その後の更新は 90 分から 120 分に一度適用されるようになっています。サーバー側で設定を変更してから適用されるまで時間がかかるうえに、ドメインコントローラー間での複製による遅延も発生するので、せっかちな人は「設定したはずなのに適用されない」と考えてしまいがちです。

グループポリシーを素早く強制的に適用させ結果を確認するには以下の手順が有効です。

- ドメインコントローラー間の複製処理を強制的に行う[15]。
- クライアントで「gpupdate」コマンドを実行する。
- クライアントで「gpresult /v」コマンドを実行し、結果を確認する。

5.4　LDAP フィルター

Active Directory は LDAP のインターフェースを持っているので、LDAP クエリを書けば簡単にオブジェクトの検索をすることができます。Active Directory ユーザーとコンピューターなどでもフィルターなどできますが、LDAP クエリを書いたほうが楽に自由度の高いことができます。

LDAP クエリを書くとなると、vbscript で ADSI を叩いて云々となってしまいがちですが、実はより簡単に「Active Directory ユーザーとコンピューター」を使って実施できます。

5.4.1　Active Directory ユーザーとコンピューターで LDAP フィルターを使う方法

下記のように検索画面で「カスタムの検索条件」「詳細設定」を選択することで、LDAP フィルターを記述することができます。

※ 15　「Active Directory サイトとサービス」から手動で複製を行うことも、repadmin コマンドを使用して複製を行うこともできます。

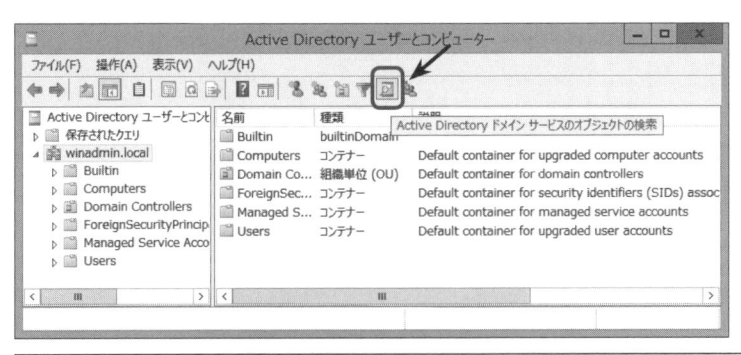

図5.23●「Active Directoryユーザーとコンピューター」で検索画面を起動

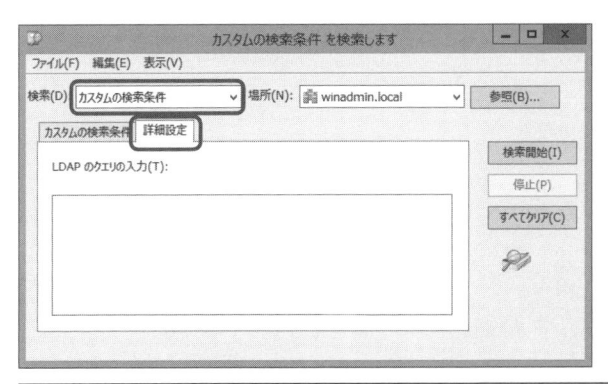

図5.24●「Active Directoryユーザーとコンピューター」の検索画面でLDAPクエリを入力

　自由に LDAP クエリを書けるのですが、難しいことを書かなくても例えば「serviceprincipalname=*」と書けば、ServicePrincipalName に何らかの値が入っているオブジェクトがすべて出てきます。このように、

```
属性名=検索する値
```

という程度のことを書くだけでもかなり便利に利用することができます。

5.4.2　LDAP フィルター「AND」

　AND は2つの条件を両方満たしているものを抽出したい場合に利用します。例えば、ユーザーアカウントだけを抽出したい場合には以下のようになります。

```
(&(objectCategory=person)(objectClass=user))
```

いきなり見ると括弧だらけでよくわからないかもしれません。次のように分解し、インデントをつけると読みやすくなります。

```
(&
    (objectCategory=person)
    (objectClass=user)
)
```

これは「(&(条件1)(条件2))」という形になっています。つまり、ユーザーオブジェクトというのは「objectCategory=person」でありかつ「objectClass=user」であるものだ、と書いてあるのです。

今は2つの条件がありますが、この条件はもっと多数あってもかまいません。例えば、Exchange Server のメールボックスを持つオブジェクトは「mailnickname に値が入っている」「homeMDB に値が入っている」「msExchHomeServerName に値が入っている」という3つの条件を満たすものなので以下のようになります。

```
(&
    (mailnickname=*)
    (homeMDB=*)
    (msExchHomeServerName=*)
)
```

実際のフィルター条件には空白や改行を入れずに書きます。

```
(&(mailnickname=*)(homeMDB=*)(msExchHomeServerName=*))
```

5.4.3　LDAPフィルター「OR」

OR は「|」です。「(|(条件1)(条件2))」という形で条件はいくつでも書けます。例として、「ユーザーあるいはグループ」というフィルターを書いてみます。いきなり書くのではなく、まずはユーザーとグループの条件をそれぞれ書き、それを OR で接続する形にすると分かりやすいです。

まず、ユーザーを抽出する LDAP フィルターを示します。

```
(&
    (objectCategory=person)
    (objectClass=user)
)
```

次に、グループを抽出する LDAP フィルターを示します。

```
(objectCategory=group)
```

これらを OR でつなげます。

```
(|
    (&
        (objectCategory=person)
        (objectClass=user)
    )
    (objectCategory=group)
)
```

結果として、空白や改行を入れずに書けば次のようになります。

```
(|(&(objectCategory=person)(objectClass=user))(objectCategory=group))
```

分解して読めばそれほど難しくはありません。

「OR」はたいていの GUI では設定できないので重宝します。ぜひ実際に手を動かして試してください。世界が広がり、色々と応用が効くようになるはずです。

5.5 Active Directory ユーザーとコンピューターのフィルターに注意

「Active Directory ユーザーとコンピューター」では、規定の設定で 2000 オブジェクトしか表示しないという制限があります。一応メッセージは表示されますが、ダイアログに「OK」ボタンしかないため内容を確認せずに閉じてしまいがちで、あるはずのオブジェクトが見つからずに困惑することがあります。フィルターオプションで上限値を上げてから作業を行いましょう。

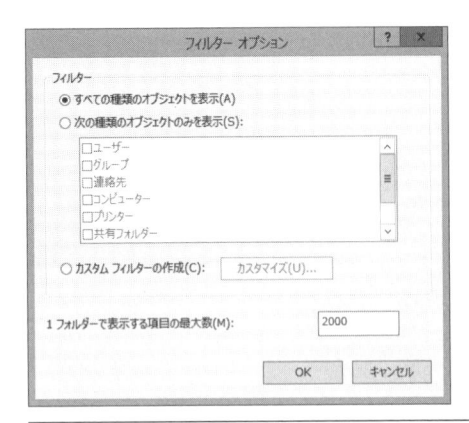

図5.25● 「Active Directoryユーザーとコンピューター」のフィルターオプション

逆に、カスタムフィルターの中で LDAP フィルターを記述することもできます。うまく使えば目的のオブジェクトだけを抜き出し、さらに列を追加して目的の情報を素早く取得できます。

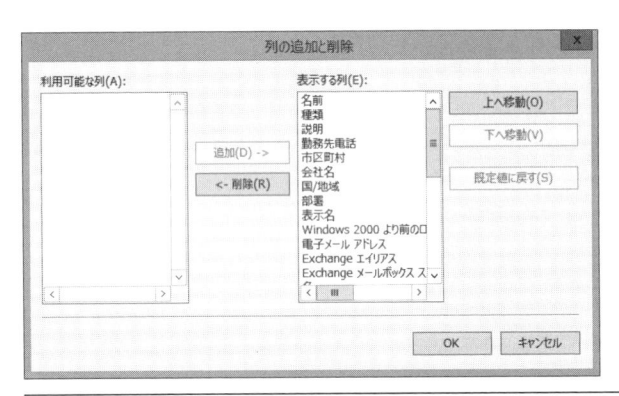

図5.26● 「Active Directoryユーザーとコンピューター」の列の追加と削除

一覧は CSV[16] あるいは TSV[17] としてエクスポートすることもできるので、CSVDE[18] などを使わなくても簡単に一覧表を作成できます。簡単なリストを素早く作成するときに意外と便利なので覚えておいて損はありません。

さらに LDAP フィルターを使って目的のオブジェクトを抜き出すこともできるので、「特定の属性が XXX になってしまっている問題のオブジェクトを素早く確認する」といったような障害対応

※16 Comma-Separated Values の略。列がカンマで区切られたテキストファイルのことです。
※17 Tab-Separated Values の略。列がタブで区切られたテキストファイルのことです。CSV の方がよく使われますが、データの値にカンマが使われたり、引用符で囲まれている場合などを考慮して処理する必要のある CSV よりも、TSV の方が扱いやすいケースが多くあります。
※18 Active Directory の情報を CSV 形式でエクスポートするためのコマンドラインツールです。

5.6 第5章のまとめ

の際にも活躍してくれることがあります。

この章では Active Directory の中でも特に知っておくべき点について説明しました。重要な事柄についてまとめておきましょう。

- スタンドアロン PC ではローカルにアカウントデータベースを持ちます。
- Active Directory ではドメインコントローラーがアカウントデータベースを持ち、ドメインに参加したコンピューター全体で共有します。
- ドメインコントローラーが持つデータベースは複数のパーティションに分かれています。
  - Configuration Partition には Active Directory フォレスト全体の構成が格納され、フォレスト全体で共有されます。
  - Schema Partition には Active Directory フォレストに存在するオブジェクトの設計情報が入っており、フォレスト全体で共有されます。
  - Domain Partition にはドメインに存在するオブジェクトが格納されており、ドメイン内で共有されます。
- Domain Partition の中から頻繁に参照される項目だけ抜粋され、グローバルカタログの役割を持つドメインコントローラーが保持、共有します。
- ドメイン上のコンピューターやユーザーに対してグループポリシーで設定を行い、さまざまな管理を行うことができます。ポリシーは継承され複雑に絡み合うので、適用結果を計画、確認することが大事です。
- LDAP フィルターを用いて特定のオブジェクトだけを抜き出したりすることが簡単に行えます。さまざまなツールで使用可能なので覚えておくと便利です。
- 「Active Directory ユーザーとコンピューター」にて管理をするときには、適切なフィルター設定を行って目的のオブジェクトがすべて表示される状態にする必要があります。

Active Directory は多くの組織で利用されており、さまざまなアプリケーションが利用する非常に重要なものです。ここで紹介したものは Active Directory の持つ数多くの機能の一部に過ぎませんが、概念を掴んでおくことが非常に重要です。試しに実際に構築してみると理解が深まるでしょう。

Active Directory を構築しても、そこに対してコンピューターをドメイン参加させなくてはいけ

ません。その際には内部IDを一意なものにしておく必要もあります。次の章ではこの辺りのクライアント管理の説明をします。

第6章 クライアント管理

　この章ではクライアント管理に関する事項を取りあげますが、「1.2 カーネルの違い」でも説明したようにサーバー OS とクライアント OS の間に大きな違いはないので、必ずしもクライアント OS だけにしか当てはまらないというものではありません。しかし、一般的にはクライアントのほうがサーバーよりもはるかに多数存在し、まさにその点について考慮すべき事項もあります。この章は、多数の Windows OS を管理する上で知っておくべきことを解説する章でもあります。

　Windows コンピューターは、sysprep を実行した上でドメインに参加し、ユーザーごとにユーザープロファイルを管理される必要があります。管理する台数が多くなるほど、1 つの失敗が非常に大きな影響を持つようになってしまいます。仕組みを正しく理解しておくことが重要です。

6.1 ドメイン参加

　Windows を管理する際にほぼ必須といえる作業として、「ドメイン参加」があります。この節では、ドメイン参加時の設定の意味やよくある障害などに関して説明します。

6.1.1 ドメイン名には 2 種類ある

　最初に、混同しやすい 2 種類の「ドメイン」について説明します。

test.local という Active Directory のドメインがあったとします。このとき、ドメイン参加する際にドメイン名として入力すべきなのは「test」でしょうか、それとも「test.local」でしょうか。この問いに答えるためには、2つの違いをしっかりと認識しておく必要があります。

まず「test」ですが、これは NetBIOS ドメイン名と呼ばれます。より正確には大文字で「TEST」です。これは NT ドメインの時代から使われてきたドメイン名です。NetBIOS の名前ですから NetBIOS の名前解決が必要になります。つまり、ブロードキャスト、lmhosts、WINS を使ってドメインを探すのです。

もう一方の「test.local」は、DNS ドメイン名と呼ばれます。こちらは DNS あるいは hosts を使ってドメインを探します。繰り返しになりますが DNS のドメインの話ではありません。ここは混同しやすい点ですが、あくまでも探す目的は Windows のドメインであり、探す手段として DNS が利用されているだけです。

「Active Directory のドメインに参加する際にどちらを入力すべきか」という問いに関しては、「test.local の方がよい」というのが答えになります。なぜなら、Active Directory ではすべてのコンピューターが適切に DNS を利用して名前解決ができ、ドメインを探すことができることが前提になっているからです。「test.local」と入力することで、DNS を使って名前解決ができ、ドメインを探すことができるということのテストを兼ねることができるわけです。

ここでやってはいけないのは、「test.local」と入力してドメインが見つからずエラーになり、「test」と入力したらドメインが見つかったのでそれに参加させた、というものです。一見正常に動作しているように見えますが、さまざまな問題を引き起す原因となりうるので絶対にやってはいけません。具体的には Kerberos 認証ができなくなるのですが、その影響は特定のウェブアプリケーションのさらに一部の機能が使えなかったり、特定のアプリケーションの動きが他の端末に比べて明らかに遅かったりなど、認証方式が原因であるということが非常にわかりずらい形で出てきてしまいます。

逆に、「test」ではドメイン参加できないが「test.local」ではドメイン参加できるという状況は、WINS を使っていない環境では普通に起こりうるので問題ありません。ただし、ドメインコントローラーと同じセグメントにいるコンピューターでは「test」で正常にドメイン参加できます。なぜなら、同一セグメントであればブロードキャストでの名前解決が成功するからです。この点を理解していないと、場所によって挙動が異なることで混乱してしまいます。さらに、同一セグメントであっても条件によってはドメインを見つけられないこともあります。例えば、NetBIOS over TCP/IP が無効になっている場合やノードタイプの違いにより名前解決の方法が異なる場合などです。このあたりの挙動がわかりづらく混乱しやすい部分です。

名前解決およびノードタイプに関する詳細については、次の技術情報を参照してください。

Windows 名前解決の順序 - Ask the Network & AD Support Team - Site Home - TechNet Blogs
☞ http://blogs.technet.com/b/jpntsblog/archive/2009/07/13/windows.aspx

「ドメイン参加は DNS ドメイン名で行う」「ドメイン参加が行えない場合には DNS の参照設定が正しいことを確認する」ということを徹底すれば問題ありません。

6.1.2　ドメイン参加時のアカウント

　ドメイン参加をする際にはアカウントとパスワードの入力を求められます。これはなぜかというと、ドメイン参加時には Active Directory 上にコンピューターアカウントが作成されるためです。コンピューターアカウントを作成できる Active Directory 上のアカウントを指定し、その権限で操作を行うのです。具体的には、コンピューターのローカルの SID が含まれる文字列を設定し、Active Directory 上のオブジェクトと紐付けます。これによって、コンピューターがドメイン上のリソースにアクセスできるようになります。

　このときには具体的にどのアカウントを指定すればよいのでしょうか。よく誤解されているのですが、ドメインの管理者（Domain Admins に所属しているユーザー）である必要はなく、ドメインのユーザー（Domain Users に所属しているユーザー）であれば権限は十分です。正確には Authenticated Users に対してコンピューターオブジェクトの作成が許可されています。つまり、「ユーザーが勝手に自宅のパソコンを会社に持ってきて、ネットワークに接続し、ドメイン参加させてしまう」ということが、既定の状態ではできてしまうのです。

　別の見方をすると、ドメイン参加作業をわざわざ管理者が行う必要がないわけです。また、ドメイン参加のためだけにドメインの管理者を用意し、その ID とパスワードを伝えたりするケースがありますが、そのような必要はありません。特に、クライアントを大量導入する際、ドメイン参加させるためだけにドメイン管理者の ID とパスワードを一時的とはいえ作業を行う人に伝えているケースが散見されますが、セキュリティの面から考えると大変に危険です。

　企業によっては、ドメイン参加作業はユーザーが自分で行うのが当たり前という運用方針のところもあります。ドメインのユーザーであるということは、ドメインにコンピューターを参加させる権限があるということなのです。Active Directory はそのような思想で構築されています。もちろん、この設定を変更することもできます。

　しかし、ドメインユーザーを使えば他に何も問題がないというわけではありません。既定の状態では、1 人のドメインユーザーによってドメイン参加可能なコンピュータの台数は 10 台までに制限されています。これではクライアント大量導入時の作業を効率よく行うことができません。

　この点については次の 3 つの解決策があります。

1. ドメイン参加を許可する台数の上限を十分に大きな数に設定しておく。
2. あらかじめコンピューターアカウントを作成しておき、ドメイン参加させることができるアカウントとしてドメイン参加に使用するユーザーを指定しておく。

3. コンピューターアカウントの生成を許可するようにセキュリティ設定を変更する。

具体的な設定方法に関しては以下の技術情報を参照してください。

> ドメインユーザーがワークステーションまたはサーバーをドメインに参加させられない
> ☞ http://support.microsoft.com/kb/251335/ja

特に 2 番目の方法には、以下のような点で別のメリットもあります。

- あらかじめコンピューターアカウントを特定の OU に作成しておくことができ、GPO の適用もれがなくなる。
- (ドメインユーザーでのドメイン参加を許可させないように設定変更しておくことで) すでに存在しているコンピューター名でしかドメイン参加できないため、コンピューター名の設定ミスを発見しやすくなる。
- (ドメインユーザーでのドメイン参加を許可させないように設定変更しておくことで) 一般ユーザーが私物の PC をドメインに参加させることを防ぐことができる。

この方法のデメリットはやはりコンピューターアカウントをあらかじめ作成し、ドメイン参加に使用するユーザーを指定しておく手間がかかることです。この部分がうまくルール化できるようであれば、スクリプトなどで一括作成しておくなどの方法も考えられます。

6.1.3　ドメイン参加とドメイン上のグループの関係

ドメイン参加を行うと、クライアントのローカルグループにドメインのグループが自動的に追加されます。

- Administrators グループにドメインの Domain Admins グループが追加される。
- Users グループにドメインの Domain Users グループが追加される。

これによって、ドメイン上の管理者やユーザーがドメインに参加したクライアント上でも適切な権限を持つことになります。

6.2 コンピューターアカウントの生成される場所

何も特別な設定を行わずにコンピューターをドメインに参加させると、コンピューターオブジェクトが「Computers コンテナ」に作成されます。Active Directory 上にクライアントコンピューターに紐づいたオブジェクトが作成されることで、ドメインリソースが使用できる環境になります。

コンピューターに対して何も特別なポリシーを適用していないという環境であれば「Computers コンテナ」にコンピューターオブジェクトが作成されても問題ないのですが、コンピューターオブジェクトが格納される OU に対して GPO を適用している環境では、一度「Computers コンテナ」に作成されたコンピューターオブジェクトを手動で任意の OU にそのつど移動させる必要があります。GPO は OU に対しては適用できるものの、コンテナに対しては適用できないからです。これは非常に面倒です。

すべてのコンピューターを一律特定の OU に格納するという運用方針であれば、よい方法があります。次のコマンドで、ドメイン参加時にコンピューターオブジェクトが作成される場所を変更させることができます。

```
c:\windows\system32\redircmp container-dn
```

redircmp コマンドの詳細に関しては次の技術情報を参照してください。

> Windows Server 2003 ドメインの Users および Computers コンテナのリダイレクト
> ☞ http://support.microsoft.com/kb/324949/ja

ただし、この方法は Active Directory が Windows Server 2003 以上のドメイン、フォレスト機能レベルで実行される必要があるので気をつけてください。

すべてのコンピューターが同じ OU に配置されるとは限らない場合には、すでに紹介したようにコンピューターオブジェクトをあらかじめしかるべき OU に作成しておく方法がよいでしょう。特にこの方法は、グローバルな企業で、特定の国の管理者には特定の OU だけに権限が委任されているという場合によく採用されているようです。

6.2.1 認証モード

ドメイン参加後は、Windows 2000 以上の OS であればクライアントの認証モードが Kerberos 認証に変更されます。運用中に切り分けの難しい問題で悩まないためにも確認しておくとよいで

しょう。確認は以下の場所から行えます。

「マイコンピュータ」→右クリック→プロパティ→「変更」→「詳細」

「ドメインのメンバーシップが変更されるときにプライマリDNSサフィックスを変更する」にチェックが入っている状態でドメイン参加し、Active Directoryであることを認識できると、この部分にドメインサフィックスが追加され、フルコンピューター名がFQDNになります。こうなっていればKerberos認証になっている（=Active Directoryであることを認識できている）ということになります。

WINSが存在する、あるいはドメインコントローラーが同一セグメントに存在する状態で、DNSの設定を誤ったままNetBIOSのドメイン名を指定してドメイン参加を完了すると、この部分が適切に更新されません。この状態ではKerberos認証が行えないため、Kerberos認証が必須のアプリケーションの利用が行えないという障害が発生してしまいます。気をつけましょう。

6.3 ユーザープロファイル

ユーザープロファイルは個々人の情報、データがすべて詰まっているものなので、Windowsを使っていく上で非常に重要なものです。直感的にわかりにくい部分があるので注意が必要です。

6.3.1 ユーザープロファイルとは何か

クライアント管理をする上で、ユーザープロファイルの理解は避けて通れません。私は「複数のユーザーが同じWindowsを使用しても問題ないようにするためのもの」として理解しています。

AさんとBさんが1台のPCを共用していたとして、以下のようなニーズは当然考えられます。

- デスクトップの壁紙やスクリーンセーバーなどは自分が設定したものを使いたい。
- マイドキュメントやデスクトップなどに自分のファイルを置きたい。他人のファイルと混在させたくない。
- IEのお気に入りは自分で管理したい。
- 自分の設定は変更されたくない、自分のファイルは他人に見られたくない。
- アプリケーションの設定は自分の好みにカスタマイズしたい。

これらは「ユーザーごとに個別のプロファイルを持つ」ことで実現されています。

Windows 自体が動くためのファイルや全員が使えるアプリケーションなどは全ユーザーに対して平等に存在していますが、ユーザー個別の情報や設定などはユーザープロファイル内に存在しているのです。

6.3.2　ユーザープロファイルの場所

ユーザープロファイルの場所は Windows のバージョンによって異なり、表6.1 のようになっています。

表6.1●OSごとのユーザープロファイルの場所

OS	ユーザープロファイルの場所
Windows 95、98、ME	C:¥windows¥Profiles¥<アカウント名>
Windows NT	C:¥Winnt¥Profiles¥<アカウント名>
Windows 2000、XP、2003、2003 R2	C:¥Documents and Settings¥<アカウント名>
Windows Vista、7、8、8.1、2008、2008 R2、2012、2012 R2	C:¥User¥<アカウント名>

ユーザープロファイルの場所の違いは Windows のカーネルのバージョンの違いとも対応していることがわかります。

プロファイルの場所は %userprofile% という環境変数に格納されています。以下のようにコマンドプロンプトで環境変数の値を表示すれば自分のプロファイルの場所を確認できます。

```
echo %userprofile%
```

Windows Vista 以降のバージョンでは、下位互換性を保つために「C:¥Documents and Settings」が「C:¥Users」に対応するようにジャンクション[1] として設定されています。これによって Windows XP にしか明示的に対応しておらず「C:¥Documents and Settings」以下に必ずアクセスしてしまうようなプログラムでもたいていの物は動作するようになっています。

Windows Vista 以降ではプロファイルに関する場所が大きく変更されているので、プロファイル周りの作業を行う場合には、Windows Vista より前とはまったく異なる結果になる可能性があることを念頭に置いておきましょう。

基本的にプログラムやスクリプトの作成では、システムフォルダーなどの名前を固定的に記述するのではなく、環境変数や API を通じてその位置を取得するようにすべきです。

※1　別のフォルダーに対するリンクのようなものです。

6.3.3 ユーザープロファイルには何が入っているのか

ユーザープロファイルにはユーザーごとに管理されるあらゆるものが格納されているので、「これが入っている」と一口ではいえません。まずは、対象 OS が Windows Server 2003 と少々古いですが、Microsoft が例として出しているものを見てみましょう。

> ユーザープロファイルに保存される設定
> ☞ http://technet.microsoft.com/ja-jp/library/cc781142(WS.10).aspx

表6.2●ユーザープロファイルに保存される設定（http://technet.microsoft.com/ja-jp/library/cc781142(WS.10).aspxから引用）

設定元	保存される設定
エクスプローラー	エクスプローラーでユーザーが定義できるすべての設定。
マイ ドキュメント	ユーザーが保存したドキュメント。
マイ ピクチャ	ユーザーが保存したピクチャアイテム。
お気に入り	インターネットのお気に入りの場所へのショートカット。
割り当てられたネットワーク ドライブ	ユーザーが割り当てたすべてのネットワークドライブ。
マイ ネットワーク	ネットワーク上の他のコンピューターへのリンク。
デスクトップの内容	デスクトップに保存されている項目およびショートカット。
画面の色およびフォント	ユーザーが定義できるすべての画面の色および文字表示の設定。
アプリケーション データおよびレジストリ ハイブ	アプリケーションデータおよびユーザーが定義した構成の設定。
プリンタの設定	ネットワークプリンタ接続。
コントロール パネル	コントロールパネルでユーザーが定義したすべての設定。
アクセサリ	ユーザーの Windows 環境に影響を与えるすべてのアプリケーションのユーザー独自の設定。電卓、時計、メモ帳、ペイントなどの設定が含まれます。
Windows Server 2003 ファミリ ベースのプログラム	Windows Server 2003 ファミリ対応のプログラムは、プログラムの設定をユーザーごとに管理するように設計できます。そのような情報がある場合は、ユーザー プロファイルに保存されます。
オンライン ユーザー教育用のしおり	Windows Server 2003 ファミリヘルプシステムのしおり。

「アプリケーションデータ」という部分には、Microsoft 製品以外も含めてほぼすべてのアプリケーションが該当します。たいていのアプリケーションはユーザー個別設定の保存を必要とし、その設定を保存すべき場所はユーザープロファイル以下のアプリケーションデータ（ApplicationData）フォルダーなのです。

表 6.2 に示したもの以外で有名なものとしては、「送る（SendTo）」や「スタートメニュー」な

どもあります。デスクトップやマイドキュメントなどもそうですが、このように単にフォルダーとして存在しているものに関してはそこにファイル、フォルダーを放り込めば普通に動作します。

このあたりを正しく理解すれば、権限さえあればネットワーク越しに、特定の端末の特定のユーザーのデスクトップ上にファイルをいきなり出現させてしまうようなこともできるのです[※2]。

6.3.4 HKEY_CURRENT_USER

ユーザープロファイルの中には、My Documentsのように場所さえ押さえておけば問題なく、単純にコピーしてしまえばよいだけの項目もかなりありますが、そう簡単にいかないものもあります。特に注意が必要なのはユーザーに紐づく「レジストリハイブ」です。

簡単にいうと、プロファイルフォルダーの中には「NTUSER.DAT」という名前のユーザー個別の設定を格納したレジストリファイルが存在していて、ログオン時にユーザープロファイル内のNTUSER.DATが読み込まれ、「HKEY_CURRENT_USER」として展開されるようになっています。

つまり「単純にプロファイルフォルダーの中身を丸ごとコピーしても、すべての設定が別のユーザーに引き継がれるわけではない」ということです。このことから、ユーザーのプロファイルデータの移行時にはさまざまな工夫が必要になってくることがわかります。

6.3.5 Public, All Users

ユーザープロファイルに関する説明でPublic（Windows XP以前はAll Users）のことを抜きにすることはできません。場所は環境変数から確認できます。

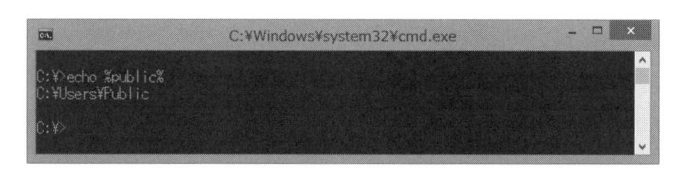

図6.1●Windows 8での環境変数%Public%の値確認

図6.2●Windows XPでの環境変数%allusersprofile%の値確認

※2　いたずらはやめましょう。

PublicやAll Usersは「すべてのユーザーが共通で使う」場所になっています。例えばPublicのDesktopにファイルをおけば、それはすべてのユーザーのデスクトップ上で見えることになります。また、よく使うプログラムを起動するアイコンを全員のデスクトップに配置したい場合、すべてのユーザーのプロファイル内に個別に配置するのは面倒ですが、PublicのDesktopに1つだけアイコンを配置しておけばよいのです。これはMy Documentsなど他のフォルダーに関しても同様です。

　アプリケーションのインストールウィザードで、デスクトップへのショートカットを登録するときに「自分だけ／全員」というような選択肢がよく現れますが、あれは結局以下のどちらにするかを選んでいるわけです。

- 自分だけ－自身のユーザープロファイル内のデスクトップにショートカットを作成する。
- 全員－ Public内のデスクトップにショートカットを作成する。

　そのコンピューターを使う全員に見せたいのか、個別のユーザーに見せたいのかによって、フォルダー／ファイルの配置場所を選択する必要があるのです。実際にファイルやフォルダーを作成し、動きを確認してください。

6.3.6　DefaultUser

　ここまでユーザープロファイルのことを見てきましたが、素朴な疑問として、ユーザーの初回ログオン時にはどうするのでしょうか。

　これは「初回ログオン時にDefault[※3]のものをコピーする」という動きになっています。このような仕組みになっているので「それなら、Defaultの中をいろいろいじっておけば、初回ログオン時の状態をカスタマイズできるのでは」という発想が生まれます。そしてこれはおおむね期待したとおりに動作します。

　これを発展させた次のようなテクニックがあります。

- まず、カスタマイズ用のテンポラリユーザーを作成、ログオンする。
- そのユーザーでさまざまな設定変更を行う。
- 最後にカスタマイズ用のテンポラリユーザーのプロファイルをDefault Userにコピーする。

　実際この方法はそれなりにうまく動くのですが、残念ながらサポートされない方法です。サポートされるのはsysprepツールを使用する方法だけになっています。詳細は以下の技術情報を参照してください。

※3　Windows XP以前はDefault User。

カスタマイズしたデフォルトのプロファイルを作成すると Desktop.ini ファイルが正常に機能しない
☞ http://www.atmarkit.co.jp/fwin2k/win2ktips/272disaws/disaws.html

Windows 7 でネットワークの既定のユーザープロファイルまたは必須のユーザープロファイルをカスタマイズする方法
☞ http://support.microsoft.com/kb/973289/ja

このようなサポートポリシーになっているので sysprep を使えばよいのですが、sysprep を使うと一部設定が変更されてしまうなど、「そのまま」というわけにもいかないのが実際のところです。
　例えば KB973289 ですが、この技術情報の対象 OS をよく見てみると Windows 8 が含まれていません。Windows 8 のスタート画面のカスタマイズ方法は、sysprep 実行後のイメージの Default に対してファイルをコピーする手順になっています。

スタート画面をカスタマイズする
☞ http://technet.microsoft.com/ja-jp/library/jj134269.aspx

　Windows 8 のスタート画面の仕組みと sysprep とでまだ整合性がとれていません。このようなイレギュラーケースは多数あるものと考えておいてください。
　どこまでなら安全なのかを見極めながら独自のカスタマイズ手法を編み出し、それを使って展開していくのが管理者の腕の見せどころになります。

6.4 sysprep の意味

　ディスクイメージを作成し、それをクローニングする作業の中ではよく sysprep が実行されます。ここでは「なんのために sysprep を実行するのか」「実際には裏で何が行われているのか」といったことを整理してみます。

6.4.1 sysprep はどこで手に入るのか

　Microsoft Windows 2000、Windows XP、および Windows Server 2003 では、Sysprep は Service Pack の Deploy.cab に含まれています。また、ウェブからダウンロードすることもできます。

それ以降のバージョンの Windows では、Sysprep は次のフォルダーに入っています。

```
%windir%¥system32¥sysprep
```

6.4.2　sysprep は何をしてくれるのか

sysprep は Windows を複製する際によく使用されるツールです。sysprep にはさまざまな役割がありますが、まず以下の 2 つのことを把握する必要があります。

- 簡易的なセットアップをやりなおし、ハードウェアの検出をやりなおす。
- Windows の内部の ID を書き換え「別の Windows」にする。

たくさんのサーバー、クライアントを管理する必要がある管理者にとって sysprep は必須ツールなのです。

6.4.3　ハードウェアの検出をやりなおす

まず、ハードウェアの再検出についてです。sysprep 実行時にはハードウェアの検出が再度実行されます。これによってハードウェア構成がかなり異なる環境間でイメージを展開することが可能になります。sysprep を実行しないと Windows が起動すらできないケースもあるので、このことはよく覚えておきましょう。

逆に、まったく同じハードウェア環境であれば、この処理をすることで処理が遅くなるのは望ましくありません。ハードウェアの再検出を行わせないために応答ファイル内で PersistAllDeviceInstalls の設定を使用することにより、デバイスドライバの適用状態を Windows イメージ内に保持できます。また、仮想環境上でサーバーを複製するような場合にはまったく同じ仮想ハードウェアへの展開になるので、処理をスキップできると効率が上がります。この目的のために、/mode:vm オプションが Windows Server 2012、Windows 8 から新たに用意されるようになりました。

6.4.4　sysprep が書き換えるもの―SID

sysprep が行うもう 1 つの、そして最も重要な役割は、Windows 内部 ID の書き換えです。Windows の内部の ID の 1 つである SID は Security Identifier の略で、日本語にすると「セキュリティ識別子」です。sysprep ではこれを変更することができます。Windows の世界ではさまざまなものが SID を持ちます。コンピューターもユーザーもグループもすべて SID を持っています。ア

クセス許可が行えるものはすべてSIDを持っていると考えてよいでしょう。

■ 6.4.4.1　SIDを確認してみる

イメージを把握するために実際に確認してみましょう。

コマンドプロンプトにてPsGetsid.exe[4]を実行すると、図6.3のようにコンピューターのSIDが表示されます。

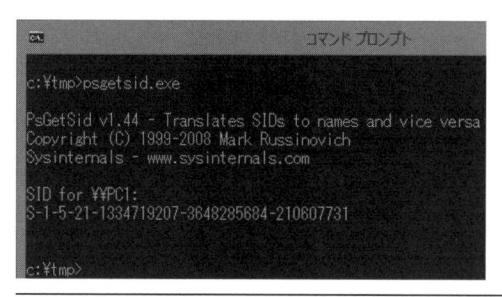

図6.3●PsGetsid.exeにてコンピューターのSIDを確認

ユーザーのSIDも確認してみましょう。コマンドプロンプトにて「whoami /user」を実行すると、図6.4のように現在ログオンしているユーザーのSIDが表示されます。

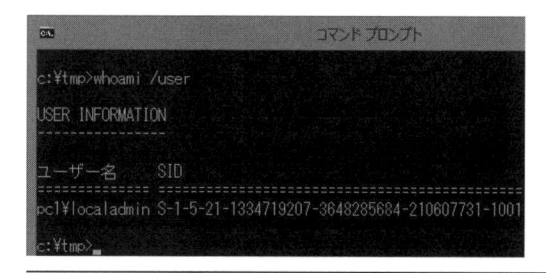

図6.4●whoami /userにてユーザーのSIDを確認

見比べると、コンピューターのSIDとユーザーのSIDの大部分が同じであることがわかります。「自分の環境では違う」という方がいたら、それはローカルのユーザーではなくドメインのユーザーでログインしているはずです。

さらに、ハイフン（-）で区切られている最後の部分の数字はおそらく1000あるいはそれに近い数になっているはずです。これはコンピューターがSIDを持ち、そのコンピューター上のユーザーのSIDは「コンピューターのSID + アカウントの相対ID」となるというWindowsの仕様があ

※4　PsGetSid http://technet.microsoft.com/ja-jp/sysinternals/bb897417.aspx

るからです。

■ 6.4.4.2　アクセス許可も SID で指定されている

フォルダーやファイルなどに設定したアクセス許可も、裏側では SID で指定されています。それがわかる実験をしてみましょう。実験用のアカウントを作成し、そのアカウントに対してファイルに明示的にアクセス許可を設定します。

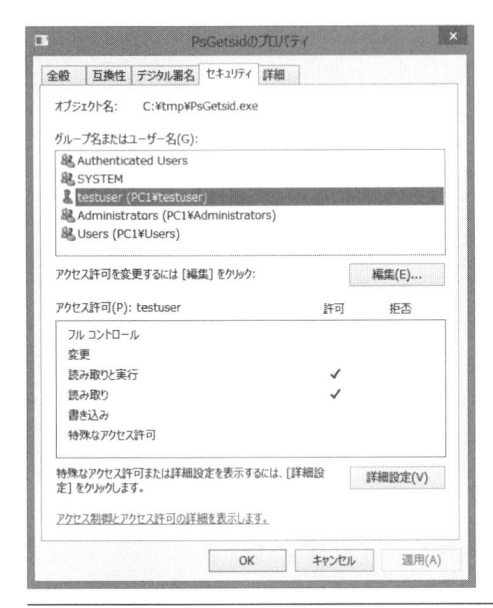

図6.5●testuserにアクセス許可が設定されている

その上で、実験アカウントを削除します。その上で再度アクセス許可を確認してみると、図6.6のようにアクセス許可エントリに SID が表示されます。

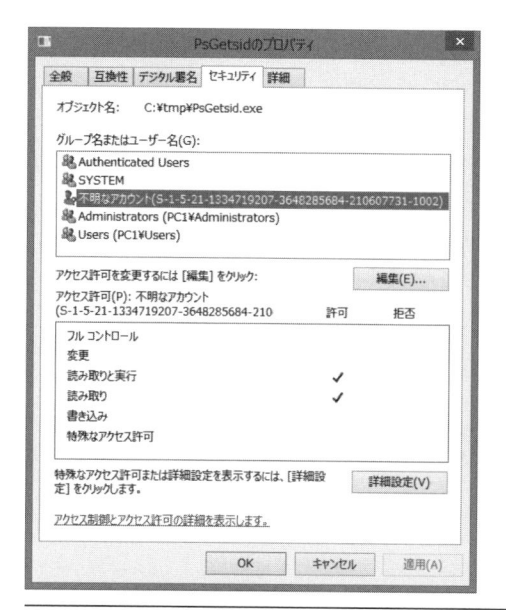

図6.6●testuserを削除してアクセス許可を確認

つまり、「ユーザーにアクセス許可を設定する」というのは「ユーザーが持つSIDに対してアクセス許可を設定する」ということに他なりません。

■ 6.4.4.3　SIDが重複していると意図しないアクセス許可設定となってしまう

ここまでで以下のことがわかりました。

- アカウントはSIDを持つ。
- アクセス許可はSIDに対して設定されている。

このことから「本来アクセス許可設定されていないユーザーにアクセス許可が与えられてしまう」状況が発生しうるのがわかるでしょうか。

以下の状況を考えてみてください。

- PC1で外付けUSB HDDをNTFSでフォーマットする。
- 外付けHDD内にデータを格納する。
- データにはPC1のローカルユーザーAだけがアクセスできるようにアクセス許可を設定する。
- PC2にこの外付けUSB HDDを接続する。
- PC2のユーザーBで外付けUSB HDDにアクセスする。

PC1 のユーザー A と PC2 のユーザー B は別のユーザーなので、外付け USB HDD 内のデータにはアクセスできないはずです。しかし、もしも PC1 と PC2 の Windows が同じイメージを複製されたもので、たまたまユーザー A とユーザー B の SID が重複していたらどうでしょうか。USB HDD 内のフォルダーには単に SID に対してアクセス許可が記録されているだけなので、何もしなくてもそのままデータにアクセスできてしまうのです。

　もしも PC1 上のユーザー A と PC2 上のユーザー B の SID の末尾の相対 ID の部分が異なっていたとしても、PC2 上でユーザーを大量に作成すればどれかは同じ相対 ID を持つユーザーになるはずです。コンピューターの ID が同じなのでやはり SID は重複しデータにアクセス可能となってしまいます。

> **SID が重複していても問題ない？**
> ここでは SID の重複を問題にしていますが、「データへのアクセス」という点にだけ注目すれば、SID を重複させるまでもなく PC2 の管理者アカウントで所有権を取得してしまえばすべてのデータにアクセスできます。このことを考えれば、USB HDD に物理的にアクセスできる時点でアクセス許可はあってないようなものといえます。
> さらにいってしまえば、アクセス許可エントリを見てアクセスコントロールをしているのは Windows の機能です。NTFS を読めて、アクセス許可エントリを無視するようなソフトウェアからデータを参照してしまえばそもそもアクセス許可の意味がありません。このような場合でもデータを守りたければ、データ自体を暗号化しておく必要があります。データを暗号化しておけば SID が重複してしまってもデータへのアクセスはできません。
> 以上の理由から、SID が重複していようが関係ない、sysprep もこの観点から必要ない、という考え方もあります。Windows Server 2003 と Windows XP が主流であった頃の話ですが、実際に sysprep を実行せずに万単位の数の Windows クライアントを運用していた環境を私は知っています。特に問題は発生していませんでした。
> しかし、現在では別の理由から sysprep が事実上必須となっています。その理由は本文でこれから説明します。

■6.4.4.4　SID は適切に変更しなければいけない

　このような SID の重複を防ぐために、Windows の複製時には SID を変更する必要があります。コンピューターの SID を変更する必要がありますし、それにともなってユーザーの SID も変化します。すでに存在しているアクセス許可エントリの SID も合わせて変更する必要があります。

　この処理を sysprep で行ってくれるというわけです。

6.4 sysprepの意味

SIDの重複に関して嘘を教えられてきた？

SIDの重複が問題を起こすので変更するというのが過去の常識でしたが、その理由に関しては間違ったことが伝えられて来たという過去があります。

私が新人の頃に受けた研修などでは、SIDを変更すべき理由は、Active Directoryに参加するときにSIDが重複していると競合してしまうからであると説明していましたが、これは間違いでした。実際にSIDが重複したまま問題なく運用できている環境を見ました。

そして、重複していても事実上問題ないというMicrosoftの記事もあります。

Windows：マシンSIDの重複神話
☞ http://technet.microsoft.com/ja-jp/windows/mark_12.aspx

以前のこの記事を根拠としてsysprepを実行しないことを選択するケースがありました。それでうまくいっているケースもありました。しかし、時代がかわり新しいOSが出て、新しいOSの新しい部分で問題が発生するような状況もまた発生してきました。「SIDの重複神話という記事にだまされた」という悲鳴も何度か聞きました。

上記の記事自体も、本書を執筆している段階で最終更新日が2011年1月18日となっており、何度か更新されているようです。今ではsysprepを実行するようにとの記述になっています。Microsoftの内部ですら混乱があるように見受けられます。

新人管理者のあなたはこの件について先輩に話を聞いてみると面白い話が聞けるかもしれませんよ。

6.4.5 sysprepを使用したときに困ること

ここまでの記述に納得できれば、「Windowsを複製するときにはsysprepを使う」という選択しか残っていません。

では、必ずsysprepを使っておけば問題ないのかというと、そうでもないのが困ったところです。sysprepを使う場合には以下のような問題があります。

1. sysprepを実行するとミニセットアップが走ってしまうので、ディスクイメージ複製後の初回起動に長い時間がかかり、トータルの作業時間への影響が大きい。
2. sysprepをそのまま実行するとミニセットアップの項目にすべて手動で答えなくてはいけないため、時間と手間がかかりすぎる。そのため、自動応答ファイルを用意、配置しておくなどの準備作業が事実上必須となり、手間がかかる。
3. sysprep実行後のミニセットアップで「何か」が変わってしまい、完全なディスクイメージ複製ではなくなってしまう。

1.と2.については時間がかかるだけで、仕組みを作ってしまえば自動化も可能なのでよいとし

ても、3. が致命的です。細部まで仕様を詰めて設定したマスター機のイメージを取得しているのに、変更前の状態に戻っている設定項目があるということが発生してしまうのです。そうなると、結局またすべての変更箇所をチェックして、さらにそれをクライアント展開時の作業に盛り込む、ということをする必要が出てきてしまいます。これが非常につらいのです。

そこで、sysprep 以外の SID のみを変更できるツールがあればよいのではという発想が出てきます。

6.4.6 sysprep 以外のツールとサポートの問題

SID を変更することが目的であれば、そのためのツールは sysprep 以外にも存在します。有名なものを以下に挙げます。

- NewSID [5]
- GhostWalker [6]

これらはどちらも「SID 変更ツール」です。NewSID は Windows を稼働したまま実行することができる非常に手軽なツールであり、GhostWalker は Ghost [7] と組み合わせて実行することが多いツールです。

sysprep、NewSID、GhostWalker のどれでも SID を変更してくれるわけですからどれを使っても技術的にはよいはずですが、そう一筋縄ではいかないのがこの業界で、Microsoft は sysprep を実行した状態でディスクイメージを取得したもの以外はサポートしていないのです。これに関しては次の技術情報で明確に言及されています。

> Windows インストールのディスク複製に関する Microsoft の方針
> ☞ http://support.microsoft.com/kb/314828/ja

私の経験としても、Windows XP までの時代には実際に NewSID や GhostWalker を使って SID の書き換えだけを行ってイメージを展開する事例が非常に多くありましたが、Windows Vista 以降ではこれらのツールを使わずに sysprep を使うようになりました。

結局 Windows を作っているのは Microsoft であり、Windows を複製する際の問題ない方法を提供できるのは Microsoft だけということになります。Microsoft がサポートする方法を採用する、つまり sysprep を採用することが結果的に最もよい結果になるでしょう。SID だけの話ではなく、

---

[5] NewSID v4.10 http://technet.microsoft.com/en-us/sysinternals/bb897418.aspx
[6] Symantec 製の SID 変更ユーティリティ
[7] Symactec 製のディスクイメージ操作ソフトウェア

「Microsoft にしかわからない内部のこと」を含めての話です。

具体的に sysprep を使わずに障害が発生した事例を次の項目で紹介します。

6.4.7　sysprep が書き換えるもの—CMID

sysprep が書き換える内部 ID には、SID の他に CMID というものもあります。

Windows Vista 以降では VA 2.0 が採用されましたが、その中でクライアントをライセンス管理上一意に認識する ID が CMID です。Windows を複製する場合には、適切に CMID を変更しなければ VA 2.0 の仕組みが動作しなくなってしまうのです。

> Windows Vista または Windows 7 ベースの新しいクライアントコンピューターをネットワークに追加しても、KMS の現在の数が増加しない
> ☞ http://support.microsoft.com/kb/929829/ja

上記の技術情報に書かれていることは結局、Vista の場合には sysprep 中で CMID を変更しているということです。そして CMID は重複させてはいけない値なのです。

イメージを使って Windows を複製し、適切に sysprep を実行していない場合には CMID が重複し、KMS サーバーから別クライアントとして認識されません。その結果、正常に認識されず問題が発生してしまいます。

```
slmgr.vbs -dli
```

を実行すれば CMID の値を確認することができるので、KMS サーバー上で認識しているクライアントの数が増えず、最低台数に達しないことで正しく認証できない場合には、CMID が一意な値になっているかどうかを確認する必要があります。

6.4.8　sysprep によって変わってしまう「何か」への対処

ここまで見てきたとおり、結局は sysprep を使わなくてはいけません。そして sysprep を実行したときに最後まで問題として残るのは、sysprep の実行によって「何か」が変わってしまうことです。この問題を避けるには、複製前のイメージ取得用 PC で細かい設定を極力行わないことが有効です。次のような対応が考えられます。

- sysprep 実行後に設定を個別に手動でやり直す。
- 極力 sysprep の自動応答ファイルで設定を行う。

- グループポリシーによって設定を行う。
- System Center Configuration Manager などのクライアント管理製品を使ってイメージ展開後に構成をマシン単位で行う。

もちろん、イメージ取得前に細かい設定を行っても、それが sysprep 実行後も保持されるのであれば問題ありません。設定変更箇所をリストアップしておき、展開後にも確認するということを確実に行えばよいことになります。手間がかかりますが、この手間を惜しんで後から細かい修正作業をして回ることにならないようにすべきです。

本来はあまり細かく設定せずありのままを使えばよいのですが、ユーザーの細かい要望はどこまでも出てきます。どこで線引きをするかは管理者であるあなたの判断です。

6.5 第6章のまとめ

この章ではクライアント管理について、ドメイン参加、ユーザープロファイル、sysprep のトピックを取り上げて説明しました。重要な事柄についてまとめておきましょう。

- ドメイン参加時に DNS ドメイン名を指定することで、DNS での名前解決のチェックも行え、その後の障害発生を防ぐことができます。
- ドメイン管理者のアカウントを使わずに、ドメインユーザーでもドメイン参加を実行することができます。
- ドメインに参加すると、ドメイン上の Domain Admins、Domain Users グループがコンピューターのローカルの Administrators グループと Users グループのメンバーとして追加されます。
- 規定では、ドメイン参加を行うと Computers コンテナにコンピューターアカウントが作成されます。あらかじめ別の場所に個別にコンピューターアカウントを作成しておくこともできますし、ドメイン参加時に作成されるオブジェクトの場所を別の場所に変更しておくこともできます。
- ユーザープロファイルにはユーザー個別の情報が格納されます。また、HKEY_CURRENT_USER レジストリの内容もユーザープロファイル内に格納されています。
- 全ユーザーに共通する場所（Public、All Users）や新規のユーザープロファイルを作成する際のテンプレート（DefaultUser）もあります。これらをうまく使うことでさまざまな作業を省力化できます。
- アクセス許可は SID によって実現されています。イメージを複製したままでは SID が完全に同じものになってしまうので注意が必要です。sysprep によって SID の変更が可能です。

- Windowsでは、イメージを複製した場合にはsysprepを実行することが必要です。特にVA 2.0の観点でCMIDを変更するために重要です。ただし、「何か」が変わってしまう場合があることを考慮して、確認、対処してください。

次の章ではコンピューターシステムの屋台骨を支えるストレージに関しての説明をします。

第 7 章
ストレージ

　ストレージは Windows に限らずコンピューターに必要不可欠なものであり、管理者として必ず把握しておかなくてはいけないものの1つです。この領域も非常に奥深く、組織によっては Windows インフラ管理者とは別にストレージ専門の管理者を配置している場合もあります。

　どのような技術があり、どのようなことが行えるのかを知っておかないと、システム全体の設計を適切に行うことができません。また、コンピューターシステムの中で最も故障しやすい部分でもあるため、故障時の影響範囲や復旧方法などを把握しておき、適切に対処しなくてはいけません。

　この章では、ストレージについて Windows インフラ管理者が最低限知っておいたほうがよい事項について解説します。

7.1 ディスクの種類

　まず始めに、ディスクの種類について押さえておきましょう。

　現在主に使われているのは、サーバー用としては SAS の HDD、クライアント用としては SATA の HDD です。一部高いパフォーマンスを求める場合に SSD が使用されています。その他にも歴史的経緯もあってさまざまな単語が登場します。この程度は知っておかないと話もできないというレベルのものを厳選しましたので理解しておきましょう。

7.1.1 IDEとATAとSATA

IDE（Integrated Drive Electronics）は昔からあるHDDとのインターフェースで、それをもとに標準化されたものがATA（AT Attachment interface）です。ATAにはいくつも規格があり、そのなかでATAPI（AT Attachment Packet Interface）が統合され、それによってCDドライブ、DVDドライブやテープドライブなども扱えるようになりました。

現在の主流はSATAで、IDEやATAのハードウェアを見かけることはあまりありませんが、仮想環境のハードウェアとしてエミュレートされているものに触れる機会はあります。

例えば図7.1はHyper-Vの設定画面ですが、「IDEコントローラー」にHDDとDVDドライブが接続されています。

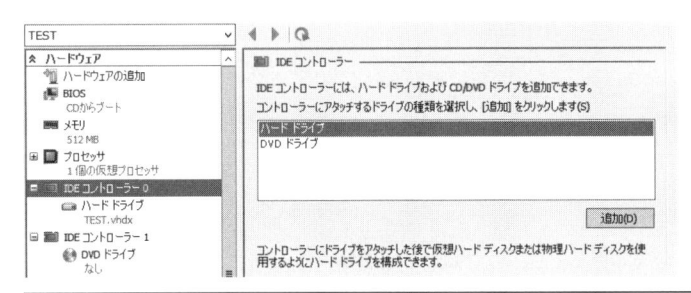

図7.1●Hyper-Vのハードウェア設定画面

SATA（Serial ATA）は、ATAの性能向上が頭打ちになったために出てきた後継の規格です。パラレルインターフェースだったATAに対してシリアルインターフェースを採用したため、シリアルATAという規格名になっています。HDD、SSD、光学ドライブとの接続をするための規格です。

パラレルとシリアル

デジタルの世界の信号の送り方にはパラレルとシリアルがあります。パラレルは複数のビットを同時に送る方法、シリアルは1ビットずつ送る方法です。ATAはパラレル接続、SATAはその名のとおりシリアル接続です。このことからATAのことをパラレルATAと呼ぶこともあります。

10年以上昔の話ですが、1ビットずつ送るよりも複数同時に送ったほうが（シリアルよりもパラレルのほうが）速いと教わりました。実際、その当時はパラレル接続規格の方が高速で、さまざまな規格が8bitより16bit、16bitより32bitというようにビット幅を多くすることで高速化をしていました。

しかし現在は、パラレルに送った上で複数のビットの同期を待つよりも、シリアルに情報を送るほうがインターフェースをシンプルにして高クロック化（サイクルを早くすること）ができるため高速になっています。さらに接続ケーブルも細くて取扱いが楽です。

時代とともに常識も変わるという良い例です。
ちなみに HDD に限らず、USB やイーサネットなどもシリアルインターフェースです。

7.1.2　SCSI と SAS

SCSI（Small Computer System Interface）は、ATA、SATA と同様にコンピューターと HDD などのハードウェアを接続するための規格です。

昔は SCSI 接続の機器も多数あり、一般向けにも普及していましたが、現在は一般向けには SATA や USB が主流のためあまり見かけることはなくなりました。

一方、サーバー用途としては、SCSI の方が CPU 負荷を抑えられるためほとんどの機種で昔も今も SCSI 接続のハードディスクが使われています。また、SCSI は規格上複数のコンピューターで 1 つの機器を共有することも可能なため、複数サーバーとストレージ装置を SCSI で接続し、共有ディスク型のクラスタを構成することも行われます。

SCSI も、SATA と同じように高速化していく中でパラレルインターフェースでの速度向上の限界が出てきました。そして同じように後継の規格でシリアルインターフェースを採用しました。それが SAS（Serial Attached SCSI）です。

7.1.3　SSD

SSD（Flash Solid State Drive）は比較的最近使用されるようになってきたストレージデバイスです。まだ価格や容量面で HDD におよばない状況ですが、パフォーマンスに優れ、構成にもよりますが一桁違う性能を発揮します。ノート PC での採用から増え始め、サーバーやストレージ機器を含めた企業向けとしても利用され始めています。

データの書き換え回数に上限があるなど一部使いにくい面がありますが、技術的に改良が繰り返されており、近い将来に HDD を駆逐するかもしれません。

7.2　RAID

RAID（Redundant Arrays of Inexpensive Disks、または、Redundant Arrays of Independent Disks）は、複数のディスクを組み合わせて耐障害性を向上させたり、書き込みや読み込みの性能を向上させたりする仕組みです。目的に合わせて複数の種類があります。

そもそもディスク装置は、コンピューターの部品の中で非常に遅い部品でありしかもよく壊れます。それにもかかわらず、さまざまな情報を記録するための非常に重要なものです。

HDD1台で稼働させた場合、HDDが壊れてOSやデータを含めてすべての情報が失われるのは時間の問題です。失われてもかまわないのであればともかく、そうではない場合も多いでしょう。

また、役割にもよりますが、HDD1台では性能的に足りないというケースも多く、ストレージの性能を高めるためにRAID構成が必要なケースも多いです。

サーバーは重要な役割を担っているので、信頼性の高いSCSIディスクを用いた上でRAIDで冗長化するのが一般的です。用途によってはさらにRAIDで高速化を実現することもよく行われます。一方、クライアントではRAIDは構成せず、重要なデータはクライアント上には置かないように運用することが多いです。クライアントPCではRAIDを構成しようとしてもそもそもできない機種も多いです。

7.2.1　RAID0—ストライピング

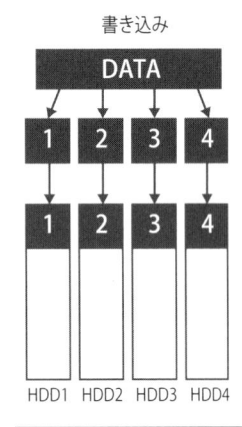

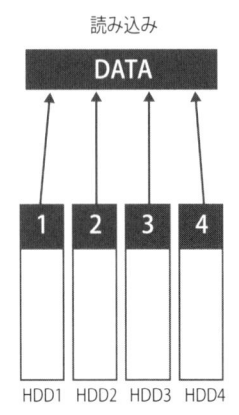

図7.2●RAID0

RAID0は、複数のディスクを1つにまとめることで書き込みや読み込みの速度を向上させる技術です。書き込むときにはデータを分割して複数のディスクに同時に書き込みます。読み込むときには複数のディスクにまたがっているデータを同時に読み込み、データを結合します。

ディスクは、コンピューターシステム全体で考えたときには相対的に非常に遅い機器なので、データを書き込むために分割したり、読み込むときに結合するなどの手間暇をかけても割に合うのです。ディスクは基本的に並べれば並べるほど早くなると考えてかまいません。

このRAID0は、単純に分散してスピードを上げる技術です。1つのファイルが複数ディスクに

分散されて配置されます。このうち1つのディスクでも壊れてしまうとデータは完全に失われてしまいます。ディスクが増えるほどパフォーマンスと引き換えに故障率は上がってしまうため、パフォーマンスを重視するクライアントPCで用いられることはありますが、サーバー用途でRAID0が単体で使用されることはほとんどありません。

7.2.2 RAID1 — ミラー

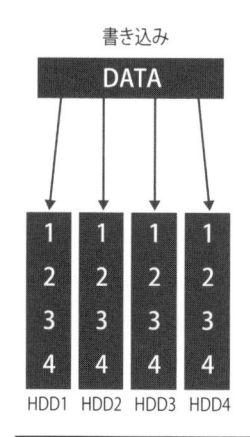

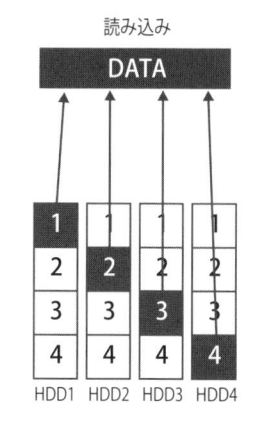

図7.3●RAID1

RAID1は、複数のディスクにまったく同じデータを書き込むことでデータを多重化する仕組みです。通常は2台で構成することが多いです。同じデータをすべてのディスクに書き込むことになるので、書き込み時のパフォーマンスが向上することはありません。読み込み時にはすべてのディスクを利用できるためパフォーマンスは向上します[1]。

まったく同じデータが複数のディスクに保存されているため、単一のディスクが故障してもデータを完全に保護することができます。運悪くすべてのディスクが壊れることがなければデータを保持できる、信頼性の高い構成です。逆に、使える領域はHDDの容量合計に対して2台なら半分、3台なら3分の1、4台なら4分の1になってしまうのでコストパフォーマンスはよくありません。

少ないディスク本数で高い保護性能を持つため、物理サーバーのシステム領域などに頻繁に使われます。私の経験の範囲では2台でミラー構成を組むことが非常に多いです。

---

[1] 1台のHDDからだけデータを読み取る実装もあります。この場合には読み取りスピードはRAIDを構成しない場合と比べて向上しません。

■ 7.2.2.1　RAID1 の別の使い方

　サポートされる方法ではありませんが、サーバーに搭載されている RAID カードの RAID1 機能をデータのバックアップ的に使用することができます。例えば、物理サーバーに何か大きな変更を加える場合に 1 本抜いておき、万が一問題が起きた際の切り戻し手段として使用するということです。

　さらに、同じ構成のサーバーを複数台作成するときにこの機能を使うという技があります。RAID1 でディスクをミラーしておき、構成が終わった段階でシャットダウンした上で、ディスクを 1 本抜いて、それを別のサーバーに刺します。こうしてしまえばまったく同じ内容のサーバーが 2 台でき上がります。ドライバなどの問題があるので、まったく同じ機器構成のサーバーを多数構築する場合にだけ使える方法です。後は、sysprep を実行してしまえば同一のイメージを展開した状態と同じ状態になります[2]。

　ディスク装置でのミラーを使ったバックアップ～リストアと同じ原理ですし、実際にうまく動きますが、想定されている使用方法ではない（と思われる）ため何か後ろめたいものを感じます。この手法を使用する場合は自己責任でお願いします。

7.2.3　RAID5―パリティ

　RAID5 は、3 本以上のディスクで構成し、記録するデータに対して「パリティ」を計算し書き込んでおく仕組みです。これによって 1 本のディスクが壊れてもデータが完全に保持されている状態にすることができます。パリティを計算し、本来のデータ量よりも多いデータを書き込むという手間はありますが、書き込み、読み込みのパフォーマンスは最低 3 本のディスクを使うため高速です。ディスク本数を増やすほど性能は上がります。

　何本のディスクで構成しても必要なパリティ用の領域は 1 本分です。したがって、使用可能な容量は 3 本構成なら合計容量の 2/3。4 本構成なら合計容量の 3/4 となります。パリティはどこか特定の 1 本のディスクが担当するのではなく、すべてのディスクに分散して配置されます。これは書き込み、読み込みの際に特定のディスクに負荷が集中してしまうことを避け、パフォーマンスと耐久性を上げるためです。

※ 2　sysprep を実行することの意味については「6.4 sysprep の意味」を参照してください。

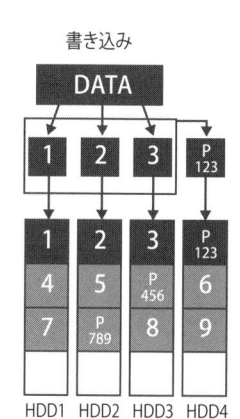

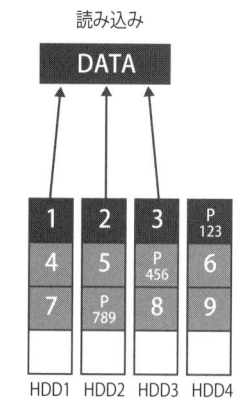

図7.4●RAID5

パリティの計算方法イメージ

何本のディスクで構成されていても必ず1本分の容量だけでパリティが構成できるということが腑に落ちないかもしれません。そこで、計算方法のイメージを掴むための「イメージ」を説明します。

パリティには偶数パリティと奇数パリティというものがあります。実際のデータはコンピューターの世界なのですべて0と1だけで表現されています。このときデータに対してどれだけの数の1があるかを数え、その結果が偶数であるか奇数であるかを判断します。そしてパリティ用の領域に0あるいは1を書くことで必ず「偶数」にしたり「奇数」にしたりすることをコントロール可能です。1を加えるだけで偶数と奇数は反転するので、どれだけのデータがあっても必ず1つのビットで調整が可能です。

このとき、必ず1の数を偶数にするようにパリティのビットを決めることを「偶数パリティ」、必ず奇数にするようにパリティのビットを決めることを「奇数パリティ」といいます。

表7.1●2ビットに対する偶数パリティ

		偶数パリティ
0	0	0
0	1	1
1	0	1
1	1	0

表7.2 ● 3ビットに対する偶数パリティ

			偶数パリティ
0	0	0	0
0	0	1	1
0	1	0	1
0	1	1	0
1	0	0	1
1	0	1	0
1	1	0	0
1	1	1	1

こうしてみると、どれだけの数のディスクがあっても、パリティ用の領域はディスク1本分あれば足りることがわかります。そして、どのディスクが壊れたとしても、残りのディスクの内容から壊れたディスクの内容を復元できることがわかります。すべて「偶数」あるいは「奇数」になるようにすればよいのですから[※3]。

RAID5はそれなりの性能が出る上に、使えない容量もディスク1本分に収まります。そのため、性能と容量の両方が必要なケースで使われます。注意が必要なのは、どれだけ本数が増えても1本壊れることまでしか対処できないことです。例えば、3本のディスクで構成したRAID5も、100本のディスクで構成したRAID5をも、どちらも1本壊れたら2本目が壊れる前にパリティを計算しなおして正しくRAID5が構成されている状態に戻す必要があります。3本構成でそのうちの1本に障害が発生した場合、残りの2本に障害が発生する前に処理が終われば問題ありません。しかし、100本構成でそのうちの1本に障害が発生した場合、残りの99本のディスクが1本も壊れないうちに処理を完了する必要があります。本数が多くなればそれだけ故障する確率も上がるため、再構成の完了前に2本目のディスクが壊れることによるデータ喪失のリスクがそれだけ高まることになります。

この問題に対処するために、2本まで壊れても大丈夫なようにパリティを構成するRAID6という技術もあります。これは、ディスク本数が多い場合に採用されるケースが多いです。

※3 偶数パリティを作り出す計算とディスク障害時に実データとパリティから元データを作り出す計算は、排他的論理和（XOR）です。

7.2.4 RAID10—ミラーとストライピング

RAID10[※4]は、RAID0とRAID1を組み合わせることで障害に強く、性能も高い仕組みです。内部的にまずストライピングをしてからミラーを行うのか、ミラーをしてからストライピングを行うのかで2パターンが存在し、それぞれRAID10、RAID01と呼ばれます。内部的な動作順序と名前の数字の並びが逆なので注意してください。

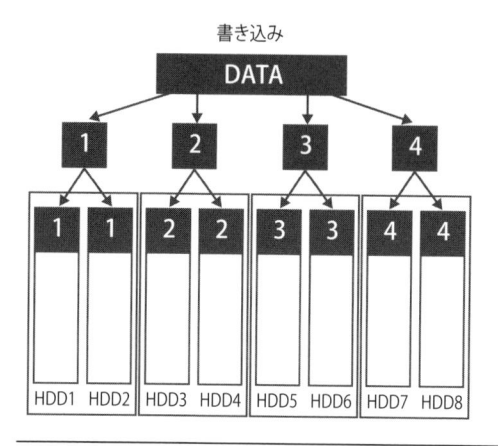

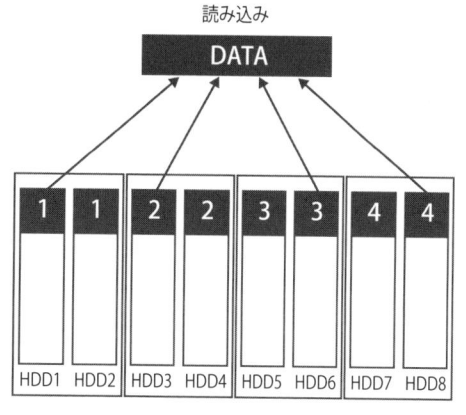

図7.5●RAID10

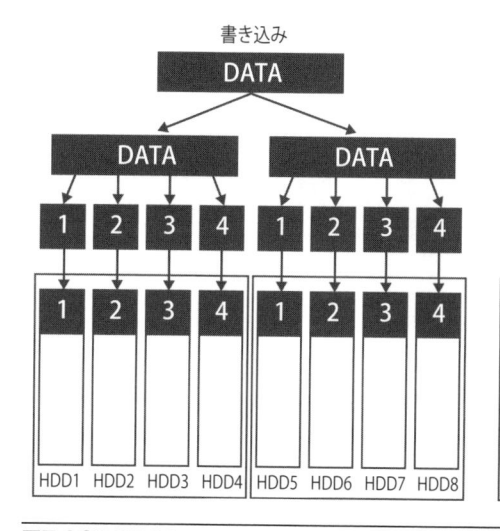

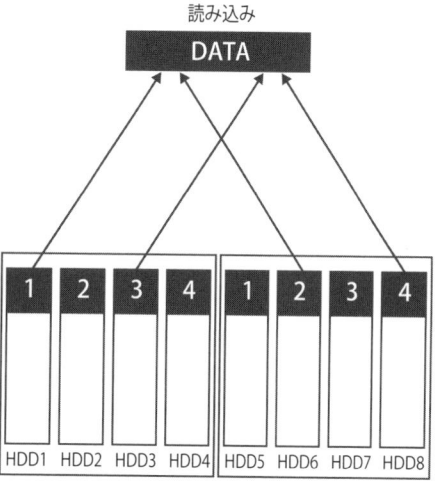

図7.6●RAID01

※4 「レイドワンゼロ」と発音されることが多いようですが、「レイドイチゼロ」と読む人もいます。「レイドジュウ」も聞きます。結局伝わればよいのですが、読み方は難しいですね。

どちらも同じように見えるかもしれませんが、耐障害性の観点からは明確な違いがあります。HDD1 が故障した状態を考えてみましょう。

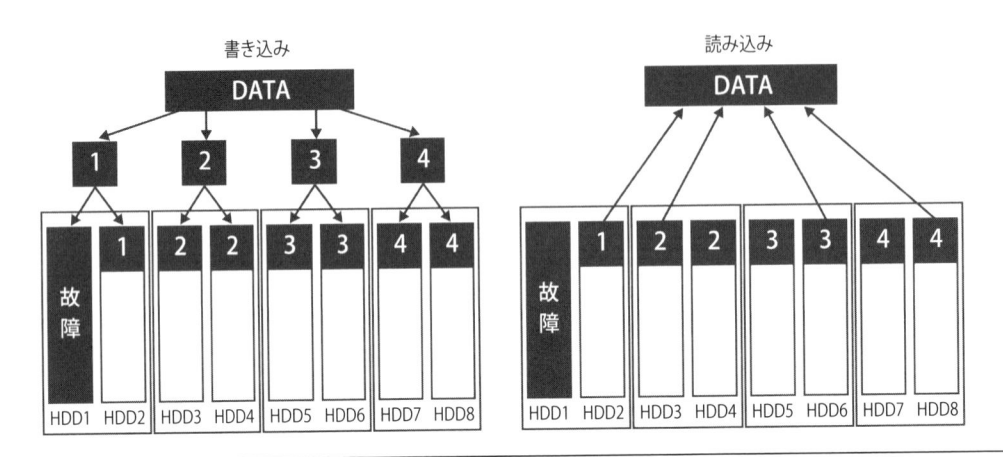

図7.7●HDD1が故障した状態のRAID10

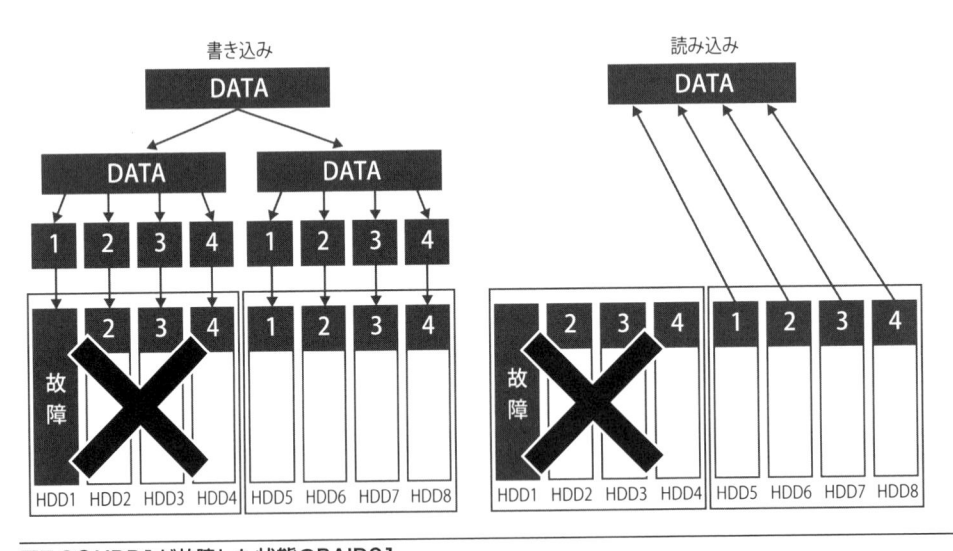

図7.8●HDD1が故障した状態のRAID01

　RAID10 では、HDD1 が故障した状態でさらに運悪く HDD2 が故障してしまうと、ストライプしたデータが揃わなくなってすべてのデータを喪失します。しかし、HDD3 〜 HDD8 の 6 本のディスクはどの HDD が故障してもまだデータを保持できます。

　RAID01 では、HDD1 が故障した段階で HDD1 〜 4 のストライプグループで保持していたデー

タは失われてしまっています。この状態でさらにもう 1 本壊れた場合、それが HDD2 〜 4 の 3 本のディスクの故障であればデータを保持できますが、HDD5 〜 8 のいずれかが故障するとすべてのデータを失ってしまいます。

　比較すると、RAID01 よりも RAID10 の方が耐障害性に優れていることがわかります。パフォーマンスは同等なので、両方が選択可能な場合は RAID10 を選択すれば間違いありません。

　RAID10 は耐障害性能とパフォーマンスの両方に優れるため、さまざまな場面で利用されます。欠点はコストパフォーマンスの悪さで、使用可能なデータ容量は半分あるいはそれ以下になってしまいます。

7.2.5　スペアディスク

　RAID システムでは、RAID0 を除くすべてで少なくとも 1 本のディスクが壊れてもデータを保持できます。壊れたディスクは速やかに交換し、再度データを構築することで障害発生前の状態に戻すことができます。人間が障害を検知し、ディスクを手動で入れ替えるよりも早くこの作業を行うために、特定のディスクを「スペアディスク」として構成することができます。

　この場合、障害が発生したディスクは自動的に切り離され、スペアディスクを使って自動的にデータが再構築されます。RAID1、RAID10 ならデータのコピーが、RAID5 ならパリティの再計算が行われます。管理者は壊れたディスクを交換しますが、今度はその新しいディスクがスペアディスクとなります。

　スペアディスクは複数本用意しておくことができる機器がほとんどです。

　RAID での耐障害性があり、さらにスペアディスクまで用意されているので、基本的にディスク故障対策は大丈夫…と思ってしまいがちですが実際に以下のような状況がまれにあります。

- スペアディスクを使ってデータを再構築している間にディスクがもう 1 本壊れてしまい、データが失われた。
- スペアディスク自体が最初から故障していた。

　RAID とスペアディスクだけで大丈夫と過信するのではなく、バックアップを確実に取得し、重要度によってはストレージシステム自体を多重化するなどの対策が必要です。やればやるほどコストがかかる部分なので難しいところではありますが、非常に重要な箇所です。

7.2.6　ダイナミックボリューム

　RAID の機能は、RAID のコントローラーを搭載したハードウェアで実現することが一般的ですが、Windows 自体がソフトウェア的に実現することも可能です。Windows Server 2012 や Windows

8以降であれば「記憶域スペース」によって実現可能ですが、比較的新しい技術のためまだ使用可能でない環境も多くあります。このあたりは他の機能と合わせて「7.6 Windows Server 自体の機能」で紹介します。

先に、Windows 2000 以降に搭載された機能である「ダイナミックボリューム」の話をしましょう。これはまずディスクを「ダイナミックディスク」に変換し、その上でパーティションを「ダイナミックボリューム」として構成することで利用可能です。

ダイナミックボリュームを使用してソフトウェア的に RAID0、RAID1、RAID5 を行うことが可能です。それぞれ以下の名称になっています。

表7.3●ダイナミックボリュームの種類と対応するRAID

ダイナミックボリューム	対応する RAID
スパンボリューム[※5]	なし
ストライプボリューム	RAID0
ミラーボリューム	RAID1
RAID-5 ボリューム	RAID5

私の経験では、過去、ファイルサーバーにあらかじめ割り当てた容量が足りなくなってしまい、ダウンタイムを発生させずに容量を追加したかったためスパンボリュームを構成したことがあります。そのときはストレージ装置がボリュームの拡張に対応しておらず、ダウンタイムなしで作業をしたいという要望があったためこの手法を採用しました。

なお、この機能は実際のところあまり使用されていません。やはりハードウェアで制御したほうが高い性能が得られる上、ダイナミックボリュームはクラスタ上では利用できないなどの制限があったからです。制限の例に関しては以下の技術情報を参照してください。

> Windows Server 2003 ベースのコンピューターでのダイナミックディスクの使用に関する推奨事項
> ☞ http://support.microsoft.com/kb/816307/ja
>
> サーバークラスタディスクリソースにダイナミックディスク構成を使用できない
> ☞ http://support.microsoft.com/kb/237853

※5 複数のボリュームおよびパーティションを1つのボリュームとして利用する機能。

7.3 SAN

　SAN（Storage Area Network）は、直接サーバーやクライアントにストレージが接続されているのではなく、別のストレージ管理専用のハードウェアが存在し、そこで管理されているストレージに対してネットワーク経由で接続するシステム、またはそのネットワークのことです。物理的に直接接続されている形態を DAS（Direct Attached Storage）と呼ぶのに対して、ネットワークを介して接続されることから SAN と呼ばれます。

　昨今では、ある程度大きなシステムであれば専用のストレージ装置を用いて SAN を構築することが当たり前になっています。さらに、Windows Server 自身がストレージ管理機能を強化させてきており、専用のストレージ装置を使用する代わりに Windows サーバーによって SAN を構築することもできるようになってきています。

　さまざまな種類があるので概要は押さえておく必要があります。

7.3.1　FC-SAN

■ 7.3.1.1　FibreChannel

　ファイバーチャネルは、主にストレージネットワーク用に使用されるネットワーク技術です。プロトコルとしてはファイバーチャネルプロトコル（FCP）が使われ、その上位には SCSI があります。

　サーバーにホストバスアダプターを搭載し、ホストバスアダプターと SAN スイッチをファイバーケーブルで接続します。さらに、ストレージ装置とファイバーチャネルスイッチも同様に接続し、ストレージ専用のネットワークを構築します。これによってストレージ装置を複数のサーバーで柔軟に共有できるようになります。パフォーマンスは高いですが価格も高いため、ある程度大規模で重要なシステムで採用されることが多いようです。

　IP を用いて SAN を実現する仕組みと対比して、この形態を FC-SAN と呼ぶことがあります。

7.3.2　IP-SAN

■ 7.3.2.1　iSCSI

　iSCSI（Internet-SCSI）は、TCP/IP を用いて通常の Ethernet ネットワーク上で SCSI を転送します。FCP は用いておらず、iSCSI に対応したノード同士を接続します。TCP/IP を用いていることから既存のネットワークを使用することもでき、SAN の構築に TCP/IP の知識や技術が使用できる

ところもメリットになります。
　Windows Serverは標準でiSCSIに対応しています。ストレージを利用する側の「イニシエーター」機能はWindows Vista、Windows Server 2008以降に標準搭載されています。また、ストレージを公開する側の「ターゲット」機能はWindows Server 2012以降に標準搭載されています。Windows Server 2008 R2用のものはウェブから無償でダウンロード可能です。

■ 7.3.2.2　FCIP

　FCIP（Fibre Channel over IP）は、既存のファイバーチャネルのネットワークをIPを使って単純に延長する仕組みです。ファイバーチャネルは距離の制限があってそのまま拠点間を結ぶことは不可能なので、IPとTCPを使ってFCPを遠隔地に飛ばすのです。2拠点のSANスイッチとSANスイッチの間を結びます。
　拠点間だけファイバーチャネルをIPでカプセル化する仕組みです。

■ 7.3.2.3　iFCP

　iFCP（Internet Fibre Channel protocol）は、ファイバーチャネルのSAN同士をIPを使って接続する仕組みです。FCIPに似ていますが、こちらは複数拠点同士を結ぶことができます。また、FC-SANからIP-SANへの移行が考慮されており、FCIPとiSCSIプロトコルが組み合わされています。

■ 7.3.2.4　FCoE

　FCoE（Fibre Channel over Ethernet）は、ファイバーチャネルのフレームをEthernet上に流す技術です。FCIPとは異なりTCP/IPを使用しないためファイバーチャネルと同様の利点があります。
　FCoEはフレームサイズや構造などが従来のEthernetと異なるため、従来のEthernet機器は使用できません。FCoEに対応した新しい規格のEthernetを使用する必要があります。新しい規格のEthernetで機器を揃えれば、IP通信もストレージ用の通信も統合することができます。

7.3.3　InfiniBand

　InfiniBandは、主にHPC（High Performance Computing）などの非常に高い性能が求められる分野で使われている技術です。高速化が進んでいることから価格性能比が高く、最近はエンタープライズでも注目を集めています。位置づけとしてはEthernetを置き換えるものです。
　SRP（SCSI RDMA Protocol）を備えており、ここで紹介している各種プロトコルと同様のことを行えます。

7.3.4　どのストレージ技術がよく使われているのか

ここまでのことを図7.9に示します。

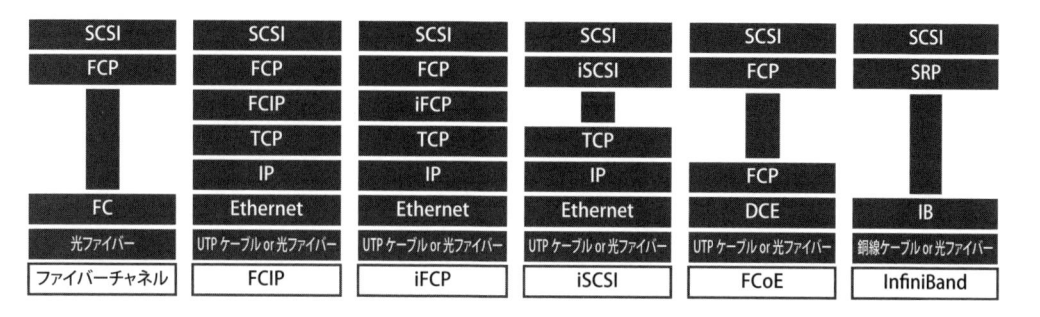

SCSI	SCSI	SCSI	SCSI	SCSI	SCSI
FCP	FCP	FCP	iSCSI	FCP	SRP
	FCIP	iFCP			
	TCP	TCP	TCP		
	IP	IP	IP	FCP	
FC	Ethernet	Ethernet	Ethernet	DCE	IB
光ファイバー	UTPケーブルor光ファイバー	UTPケーブルor光ファイバー	UTPケーブルor光ファイバー	UTPケーブルor光ファイバー	銅線ケーブルor光ファイバー
ファイバーチャネル	FCIP	iFCP	iSCSI	FCoE	InfiniBand

図7.9●ストレージ技術と対応するレイヤー

　正直なところ、私の10年強の経験の中ではFCIPやiFCPを使用しているシステムには出会ったことがなく、今後も出会う可能性は低そうです。FCIPやiFCPは事実上絵に描いた餅となっているそうです。また、FCoEやInfiniBandを採用したシステムは一部出てきているようで、これから広く普及しそうな気配があるそうですが、まだ出会っていません。

　性能を求めるシステムでファイバーチャネルが使われることは昔も今もよくあります。また、SANを構築したいがコストを抑えたいという要望がある際に、iSCSIが採用されるケースも多数知っています。Ethernetの速度はサーバーには1GbpsのNICが多数搭載されているのは当たり前ですが、10Gbpsは一部で利用されているものの、まだそこまで広く普及はしていません。iSCSIにはTCP/IPのオーバーヘッドがあることもあり、高いパフォーマンスが要求されるシステムではiSCSIよりもファイバーチャネルが採用されることが多いようです。

　現時点では、ファイバーチャネルとiSCSIの2つを押さえておけば事実上事足りるといってよいでしょう。FCoEやInfiniBandは、将来的に採用されたシステムが多くなるかどうかというところです。

　FCIPやiFCPに期待されていた遠隔地を結ぶ用途は、結局のところ、ストレージ側だけ対応してもアプリケーション側が対応していなければどのように構成すべきか明確でなかった点があまり普及しなかった原因ではないかと個人的に思います。

　特にMicrosoft製品の実装としては、そもそもSANを必要としない形に進化してきています。Exchange SeverにしてもSQL Serverにしても、以前は共有ディスクが必要でしたが、現在では共有ディスクを使わずにソフトウェアの仕組みでデータを遠隔地含めて複製し、自動的に切り替える仕組みを備えています。

　もっとも、これは私がかなりWindows Serverに偏った知識と経験を持っているエンジニアだか

ら思うことであり、ストレージ専門のエンジニアであればまったく違う見解を持っていると思われます。

7.4 NAS

NASはNetwork Attached Storageの略で、ネットワークに直接接続し、ストレージを提供するものです。Windows Serverでファイル共有を行っていればそれをNASと呼んでしまうこともできますが、Windows Serverには他にもさまざまな機能があり、またそのために管理も複雑でメンテナンスも必要になります。そのような複雑な部分を排除して、純粋にネットワーク経由でストレージを利用可能にする機能に特化した機器をNASと呼びます。NASも結局コンピューターなのでOSが必要ですが、ファイルサービス用にチューニングされていたり独自に開発されたりしています。

NASもまた、すでに紹介したSATA、SAS、SSDなどのディスクを用いてRAID構成を行い、TCP/IPを使ってネットワークに接続します。

最終的にはSMB[6]やCIFS[7]などのプロトコルを使ってWindowsに対してファイル共有サービスを提供したり、NFS（Network File System）という主にUNIX向けのファイルサービスを提供したりします[8]。

7.4.1 SMBのバージョンに注意

NAS用のOSとしてLinuxを採用しているケースがあり、その上でsambaを利用してWindowsに対してファイル共有サービスを提供しているケースが比較的よくあります。しかし、最近のWindowsはファイル共有用プロトコルのSMBのバージョンが頻繁に上がっているので、NASが対応しているSMBのバージョンとの兼ね合いで障害になる例が散見されます。

7.4.1.1 SMBのバージョン

過去、Windows 9xの時代からWindows XP、Windows Server 2003までは、SMBのバージョ

※6 Server Message Blockの略。Windowsがファイル共有やプリンタ共有などを行う場合に利用するプロトコルの総称。

※7 Common Internet File Systemの略。SMBを拡張し、Windows以外のOSやアプリケーションでも利用できるように仕様が公開されたもの。

※8 NFSはUNIXでの利用が主ですが、Windowsもそのサーバーやクライアントになることができます。

ンは 1.0 のまま変化がありませんでした。ところが、Windows Vista、2008 以降、新しい OS が出るたびに（新しいカーネルが出るたびに）バージョンが上がり、機能が追加され続けています。

表7.4●SMBのバージョンと対応OS

SMB バージョン	OS
SMB 1.0	Windows XP Windows Server 2003 ※これ以前も同様
SMB 2.0	Windows Vista Windows Server 2008
SMB 2.1	Windows 7 Windows Server 2008 R2
SMB 3.0	Windows 8 Windows Server 2012
SMB 3.02	Windows 8.1 Windows Server 2012 R2

2台の Windows がネットワーク経由で接続する際にどの SMB バージョンを利用できるかを確認し、極力高いバージョンで動作するようになっています。表 7.5 にその組み合わせを示します。

表7.5●OSの組み合わせと採用されるSMBバージョン

	8.1 2012 R2	8 2012	7 2008 R2	Vista 2008	XP 2003 ※これ以前も同様
8.1 2012 R2	SMB 3.02	SMB 3.0	SMB 2.1	SMB 2.0	SMB 1.0
8 2012	SMB 3.0	SMB 3.0	SMB 2.1	SMB 2.0	SMB 1.0
7 2008 R2	SMB 2.1	SMB 2.1	SMB 2.1	SMB 2.0	SMB 1.0
Vista 2008	SMB 2.0	SMB 2.0	SMB 2.0	SMB 2.0	SMB 1.0
XP 2003 ※これ以前も同様	SMB 1.0	SMB 1.0	SMB 1.0	SMB 1.0	SMB 1.0

SMB のバージョンによる機能の違いは多数あります。興味のある方は次の技術情報を参照してください。

SMBの新機能
☞ http://technet.microsoft.com/ja-jp/library/ff625695(v=ws.10).aspx

サーバーメッセージブロック（SMB）
☞ http://technet.microsoft.com/ja-jp/library/hh831795.aspx

New SMB 3.0 features in the Windows Server 2012 file server
☞ http://support.microsoft.com/kb/2709568/en

7.4.2　NASが対応するSMBバージョンとWindowsクライアントのバージョンを合わせる

　クライアントの対応しているSMBのバージョンが高く、NASの対応しているSMBのバージョンが古い場合に、アクセスできなかったり通信速度が非常に遅くなるといった障害が発生するケースが度々ありました。本来であれば適切にネゴシエーションを行い、双方が対応している最も高いバージョンで正常に通信が行えるはずなのですが、そうもいかないようです。
　ワークアラウンドとして、SMBのバージョンを有効化、無効化する方法は押さえておきましょう。その設定はPowerShell、sc.exe、レジストリにて行えます。詳細は次の技術情報を参照してください。

How to enable and disable SMBv1, SMBv2, and SMBv3 in Windows Vista, Windows Server 2008, Windows 7, Windows Server 2008 R2, Windows 8, and Windows Server 2012
☞ http://support.microsoft.com/kb/2696547/en

7.5　ストレージ側で行えること

　「7.2 RAID」で見たように、ストレージ装置ではかなり複雑なことをインテリジェントに行えます。この技術を使ってストレージ装置側でさまざまなディスク操作を行えます。もちろんこのようなことはOSが認識した上でソフトウェアによって実現することも可能ですが、ストレージ側で独立して行うことでOSに負荷をかけずに、アプリケーションに依存せずに行える利点があります。ストレージ装置で行えば、ハードウェアを利用して安定的なパフォーマンスが出せる点も利点です。

7.5.1 スナップショット

ストレージ装置でスナップショットを作成することができます。「スナップショット」自体の説明はバックアップの文脈で説明する方が理解しやすいので、「8.2 整合性」で説明をします。ここでは簡単に、その瞬間のストレージの状態を保存しておける機能と考えてください。

このことを、バックアップのときにOSと協調して行うこともできますし、ストレージ装置側で独立して行うこともできます。バックアップ用途にも使えますし、アプリケーションで利便性を高めるために使うこともできます。

7.5.2 ミラーを利用したバックアップ

RAID1の技術を使ってボリュームのミラーを作成したり、それを切り離したりすることができます。これによって運用中のデータをストレージ装置を使って同期(複製)しておき、整合性を取った状態で切り離し、さらにそれをバックアップ用のホストに接続し、稼働中のサーバーには少しの負担もかけない状態でバックアップを行うようなことが可能です。

これを使ってDisk to Disk to Disk……というようなバックアップ構成も可能です。

7.5.3 筐体をまたいだレプリケーション

データの同期は単一の装置でしか行えないというものではなく、筐体をまたいだ形でも行うことが可能です。さらに遠隔地で筐体をまたいでのレプリケーションを行うことで大規模災害が発生してもデータを保護するようなことも可能です。

7.5.4 整合性に注意

ストレージ装置で色々なことが行えるのは非常に強力でメリットも多いのですが、最終的にはアプリケーションがそのデータを使用するのですから、アプリケーションが利用可能な状態を保たなくてはいけません。要は「整合性」に気を配らなければいけないのです。

- アプリケーションによっては、複数のファイルの間で整合性が取れない状態が発生している可能性があります。
- アプリケーションが「書いた」と思っていても、実はOSやストレージの機構でキャッシュされておりまだディスクに書かれていないかもしれません。
- 複数のサーバー間で情報をやり取りしている場合、1台のサーバーレベルで整合性がとれてい

ても、複数サーバーが連携したシステム全体として見た場合に整合性がとれていない可能性があります。

このような整合性がとれていない状態でストレージ側でだけデータを確保しても、その状態からはアプリケーションが正常に再開できない恐れがあります。また、再開できても一部のデータが失われたりしているかもしれません。ストレージ側だけでデータをこねくり回す際にそれがアプリケーション的に見てどういう状態であるのかは常に気をつける必要があります。

最悪の場合でも、関連しているシステム全体を停止し、その状態ですべてのデータを確保すればそれは整合性がとれているはずです。そこまでいかなくても、サービスを停止してしまえば問題ないケースも多いでしょう。しかし、やはりサーバー用途であればサービスを停止させずに稼働し続けることが求められる場合もあります。このような場合に稼働し続けたまま整合性を取る手段が必要です。この場合にはOSとアプリケーションとストレージ装置とですべて連携をとる必要があります。この話はバックアップの文脈の中で「8.2 整合性」にて再び触れることにします。

7.6 Windows Server 自体の機能

ストレージシステムは専用のハードウェアを用いて管理し、SANを構築してサーバーと接続することが中規模以上のシステムでは当たり前でしたが、この流れはWindows Server 2012の登場以降、Windows Server自身が持つストレージ関連の機能がかなり強化されてきたことから変化しつつあります。

- Windows ServerとただのHDDを使って「記憶域プール」を構成する。
- 記憶域プールの機能でRAIDを構成する。
- iSCSIのターゲットとしてボリュームを他のサーバーに見せる。
- シンプロビジョニング[9]を使って運用開始時に必要な実容量を削減し、後から容量追加を行う。
- データ重複除去[10]を使用して容量を削減する。

以上のような、これまでは専用のストレージ装置を用いなければ実現できなかったようなことが

---

[9] システム構築当初から本当に必要になるかどうかわからない大容量のディスクを用意するのではなく、OSが認識する容量だけ大きくしておく技術です。実際に容量が足りなくなってきた段階で、OSには検知させずにディスクを付け足すことが可能になります。

[10] Windows Server 2012から搭載された機能です。複数のファイル間で重複しているデータをまとめてしまうことでディスク使用量を減らす機能です。

Windows Serverだけで実現可能になりました。さらにストレージ関連の機能は強化されており、Windows Server 2012 R2では以下のことも実現されています。

- 記憶域階層[※11]
- ライトバックキャッシュ[※12]

Microsoft自身がWindows Azure[※13]などのクラウドサービスのストレージ管理にWindows Serverを使用しており、そこで必要な機能を追加し、それがパッケージ製品に反映されるという流れで機能追加が続いているという背景があります。今後、Windowsインフラ管理者がWindows Serverを使ってストレージ周りの管理を行うことも増えてくるかもしれません。もちろん、専用のストレージ装置も、よりさまざまな機能を搭載して進化を続けています。どのような技術を採用するかという点も、管理者が判断すべき重要な事項です。

現時点での注意点として、基本的にWindows Serverの機能を使用してストレージを管理するにはストレージ側で「何もしていない」ものを使用する必要があります。つまりRAIDのコントローラー経由で接続されているようなHDDは管理できず、この場合にはRAIDコントローラーの機能をすべて無効化する必要があります。この辺りを考慮した製品が今後揃っていくのかどうか不透明な状況です。

今後、ストレージシステムとしてのWindows Serverがどの程度普及するかはまだわかりませんが、10GbpsのEthernetが広く普及する頃には当たり前の構成の1つになっているかもしれません。少なくともMicrosoft自身は大規模に使っていくでしょうし、これからも機能向上は続くでしょう。管理者としては注目しておき、うまく適用できる場所があれば積極的に評価する価値があるものだと思います。

7.7 アプリケーションからは何も違いがない

直接接続されているストレージであっても、FC SANやIP SANで接続されたストレージであっても、OS自体はその違いを認識して接続していますが、結果としてOS上のボリュームとして認

※11 Windows Server 2012 R2から搭載された機能です。ストレージを高速なSSDとそれ以外の領域に分割し、頻繁に利用されるデータを高速なディスクに配置することでストレージ性能を高める仕組みです。

※12 Windows Server 2012 R2から搭載された機能です。相対的に高速なSSDをI/Oキャッシュとして利用し、読み取り、書き取りの高速化を行う技術です。

※13 マイクロソフトのクラウドプラットフォーム。Windows Azureブランドで多数のサービスが存在します。

識されます。そして、アプリケーションから見たときには何も違いがありません。つまりアプリケーションはどのように接続されているのかを意識せずに動作することが可能です。

これはネットワークに関して OSI 参照モデルが層になっていたのと同じことです。さまざまなものがそれぞれに仮想化、抽象化されています。仮想マシンに対して VHD(X) ファイルを使用してディスクを認識させていても同じです。

7.8 第 7 章のまとめ

この章ではストレージについて、ディスクの種類から、RAID、SAN、NAS などに関して説明しました。ストレージ装置単体で行えるディスク関連の操作や Windows Server 自体で行えることも説明しました。重要な事柄についてまとめておきましょう。

- ディスクの種類は多数ありますが、クライアントでは SATA、サーバーでは SAS が主に使われています。また、パフォーマンスを求める場面では SSD の利用が増えてきました。
- 中規模以上のシステムでは SAN がよく使用されます。パフォーマンスを求めるならファイバーを用いた FC-SAN が、コストパフォーマンスを求めるなら iSCSI を用いた IP-SAN が主流ですが、InfiniBand など異なる仕組みも注目を集めています。
- ネットワークに直接接続するストレージ装置として NAS が存在します。使いどころを見極めて導入することになりますが、SMB のバージョンに注意が必要です。
- Windows Server 自体のストレージの機能も近年向上著しい部分です。ストレージ装置を採用するのか、Windows Server 自体の機能を使うのか検討が必要です。
- ストレージ装置がどのようになっていても、最終的にそれを利用するアプリケーションからは独立しています。基本的にアプリケーションとは切り離して選択ができます。

ストレージの容量は増大する一方なので、そこに蓄積したデータを保護することが大切に、大変になってきます。次の章ではデータを保護するバックアップについて説明します。

第 8 章

バックアップ

　この章ではバックアップに関する話題を扱います。

　運用をしていく上で障害はつきものです。ハードウェアはいつか必ず壊れます。また、操作ミスでデータを失うこともあります。RAIDによってストレージの耐障害性を向上させても、間違って書き換えてしまったデータをもとに戻すことはRAIDにはできません。適切な復旧手段を用意しておくのは最低限の備えです。

　管理者はバックアップの種類について正しく理解し、システムごとに適切な手法を選択する必要があります。また、バックアップを取得してもそれが使えないデータであっては意味がないので、バックアップの整合性を確保する必要があります。データベースシステムでは、バックアップの取得はデータ復旧を行うためだけでなく、ディスク領域を確保することにも繋がります。

8.1 バックアップの種類

　バックアップの種類は多数ありますが、基本はフルバックアップ、差分バックアップ、増分バックアップの3種類です。

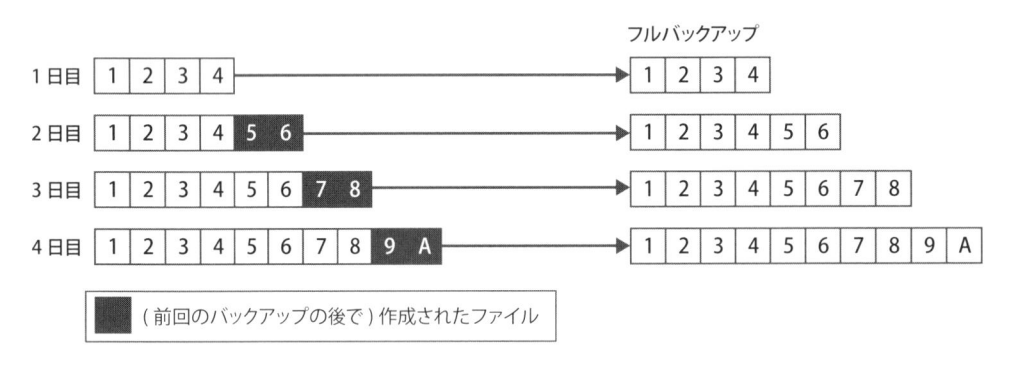

8.1.1　フルバックアップ

　フルバックアップは、バックアップ対象を丸ごとバックアップする方法です。この方法でバックアップした結果はバックアップ対象と同じだけの大きさになります。リストア[※1]するときにはフルバックアップが1世代だけあれば、バックアップ取得時の状態に戻すことができます。丸ごととって丸ごと戻すというシンプルな方法です。

　バックアップ対象のサイズが小さく、バックアップに時間がたいしてかからないのであれば、頻繁にフルバックアップを取得するだけでバックアップとしては十分です。バックアップを取得した時点に戻せることになるので、バックアップ取得後のサイズを考慮して取得タイミングと何世代のバックアップを保持するのかを検討すればよいことになります。

図8.1●フルバックアップ

　前回バックアップ時から変更、削除されたファイルがあっても状態は考慮せず、バックアップ時に存在しているファイルをすべて取得するというロジックで動きます。当然ですが、すでに削除されたファイルはバックアップ対象にはなりません。

※1　バックアップからデータを復元させることです。

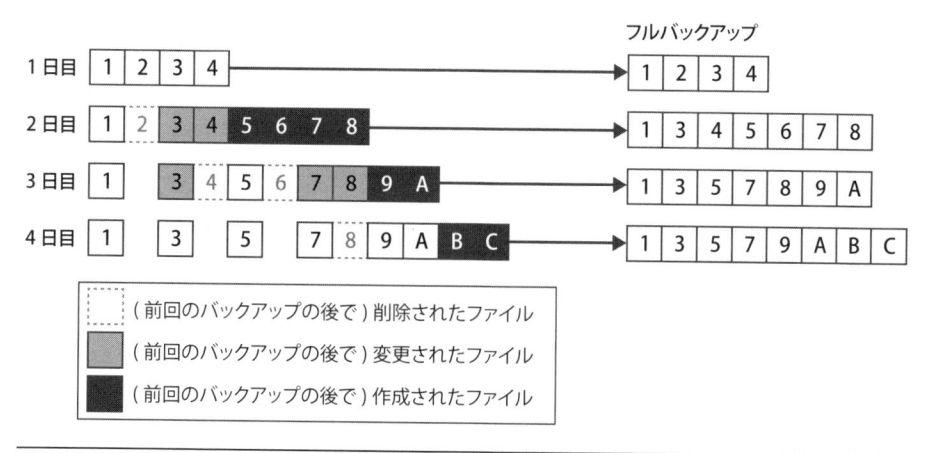

図8.2●フルバックアップ－削除、変更がある場合

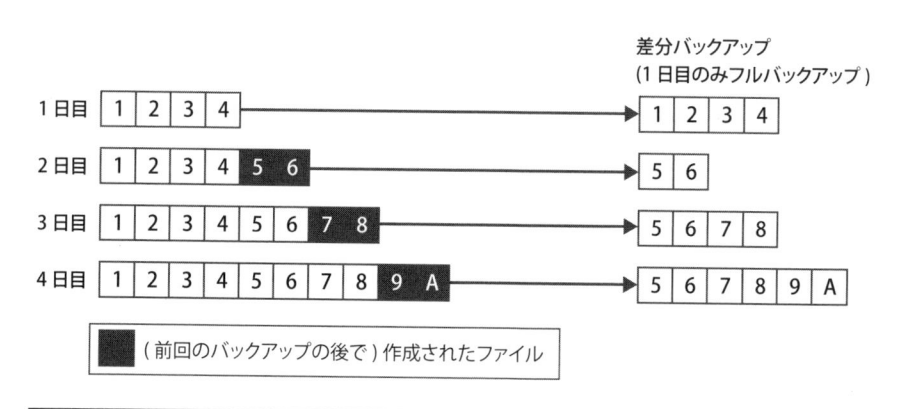

8.1.2　差分バックアップ

　差分バックアップは、毎回すべてフルバックアップにすることが時間的容量的に難しい場合に、フルバックアップと組み合わせて使用されます。フルバックアップを行った後で変更された部分だけを取得するのが差分バックアップです。差分バックアップで取得する容量は、フルバックアップから時間がたち、フルバックアップとの差分が増えるほど大きくなります[※2]。ある程度のタイミングでフルバックアップを行うことで、差分バックアップで取得される量は少なくなります。

　典型的には週末に時間をかけてフルバックアップを行い、平日に差分バックアップを繰り返すというようなパターンが取られます。

図8.3●差分バックアップ

※2　もちろん、バックアップ対象が大量に削除されたような場合にはバックアップ容量が減ることはありえます。

変更、削除されるファイルが多い場合のバックアップ量は、フルバックアップを行うのと大して変わらない量になってしまいます。

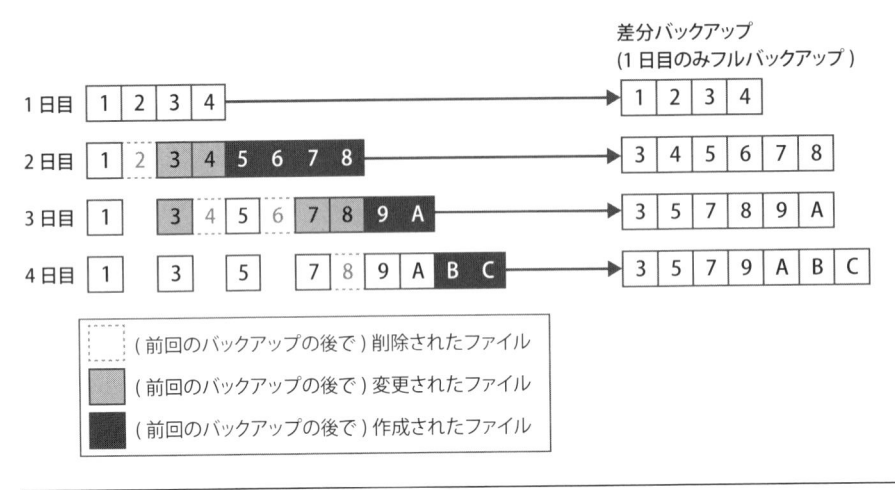

図8.4●差分バックアップ－削除、変更がある場合

リストア時には、最新のフルバックアップのデータと最新の差分バックアップ1回分のデータがあればよいことになります。1日目のフルバックアップに含まれていたデータが2日目以降に削除されていた場合でも、リストア時には復元されてしまうことになります。

8.1.3 増分バックアップ

増分バックアップは、差分バックアップよりもさらにバックアップ時間、容量を節約することができる方法です。その代わり、リストア時の手間と時間が増えます。増分バックアップは前回のバックアップからの変更分だけを取得するバックアップです。

典型的には週末にフルバックアップを行い、平日には増分バックアップを繰り返すというパターンが取られます。

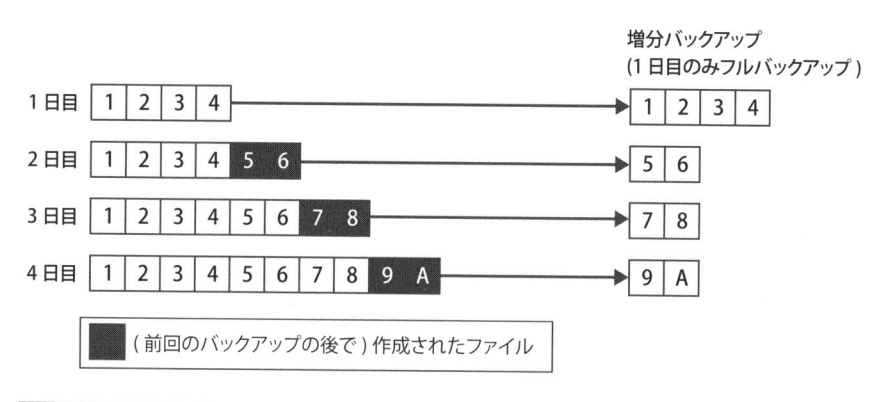

図8.5●増分バックアップ

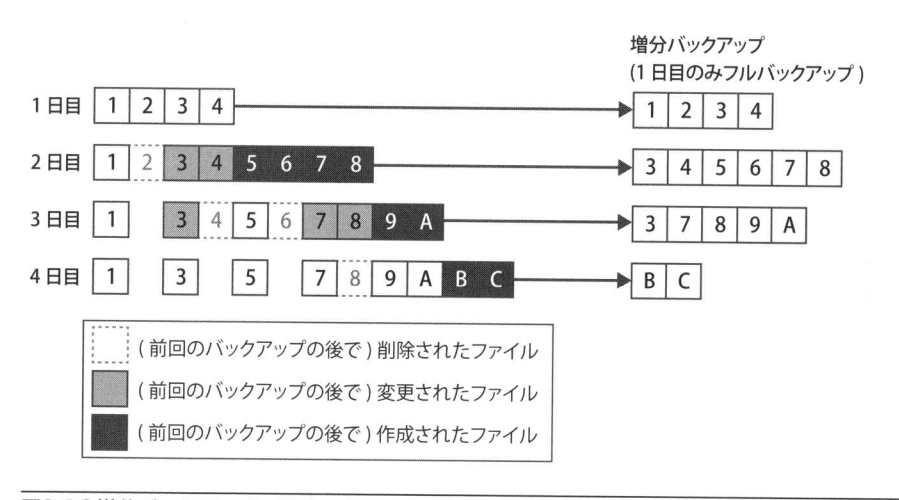

図8.6●増分バックアップ - 削除、変更がある場合

　リストア時には、最新のフルバックアップからその後のすべての増分バックアップが必要になります。どこかで削除されたデータも、1度バックアップ対象になった場合にはリストア時に復元されてしまうことになります。

8.1.4　アーカイブビット

　差分バックアップや増分バックアップは、「作成されたファイル」や「変更されたファイル」を認識して動作します。これは、実際にはファイル属性に存在する「アーカイブビット」を使っています。Windows 上ではファイルのプロパティの「詳細設定」にある「ファイルをアーカイブ可能にする」というチェックボックスがそれです。

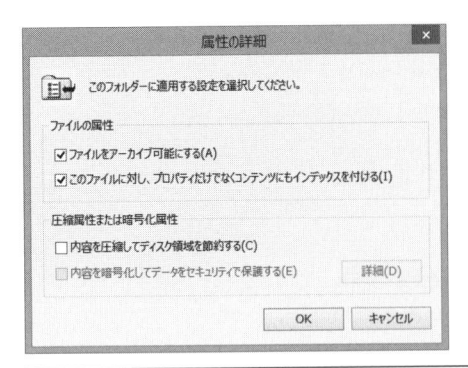

図8.7● 「ファイルをアーカイブ可能にする」属性

　フルバックアップを行うと、すべてのファイルからこのチェックが外されます。ファイルの新規作成や更新を行うと、そのファイルにはこのチェックが付きます。差分バックアップは「ファイルをアーカイブ可能にする」にチェックが入っているファイルだけをバックアップ対象とし、バックアップ時にこのチェックを外しません。一方、増分バックアップでは「ファイルをアーカイブ可能にする」にチェックが入っているファイルだけをバックアップ対象とし、バックアップ時にこのチェックを外すという動きになっています[※3]。

8.1.5　その他のバックアップの種類

　フルバックアップ、差分バックアップ、増分バックアップが基本のバックアップ方法ですが、技術の向上によりこれ以外のバックアップ方法も存在しています。

8.1.5.1　合成バックアップ

　初回時にフルバックアップを行い、2回目以降は増分バックアップを行った上で、バックアップサーバー上でフルバックアップ相当のデータを作成する方法です。バックアップ量が少ないためバックアップ対象に与える負荷が少なく済み、リストア時にも1つのデータを戻すだけでよいためスピードが向上します。

　また、差分および増分バックアップではリストア時に削除されたファイルも含めて復元されてしまいますが、この点も削除されたデータを検知し、その状態も含めて最新の状態に戻すことができる仕組みを備えているものが多いです。

　メリットが多いですが、バックアップを行うサーバーの負荷が相対的に高くなり、バックアップ処理時間が長くなるというデメリットがあります。また、このバックアップ方式が行えるバック

※3　これが基本ですが、ファイルの生成、更新日時などを見る実装もあります。

アップソフトは比較的少数の高機能なものに限られます。

■ 8.1.5.2　ブロック単位でのコピー

　バックアップは基本的にファイル単位で行いますが、例えば1ファイルで数TBもあるような巨大なファイルの一部だけが書き換えられているような場合には、どのバックアップ手法でもファイル全体をバックアップしなくてはならず相当の時間がかかってしまいます。

　この問題に対応するために、ファイル単位ではなくブロック単位で変更点だけをバックアップする技術があります。バックアップ時間は劇的に短くなります。それをソフトウェアで実現する製品や、ストレージ装置の機能として実現する製品もあります。

8.2　整合性

　バックアップの取得には必ずある程度の時間がかかります。バックアップをしている最中にもシステムは利用され、ファイルの内容は書き換えられます。これは場合によって致命的な問題になります。例えば以下の状況を考えてみましょう。

- ファイルAとファイルBの2つのファイルがあり依存関係がある。
- 常にアプリケーションはファイルAとファイルBの整合性を保った状態で定期的に保存を繰り返している。
- システムのバックアップが開始される
- まずファイルAがバックアップされる
- アプリケーションがファイルAとファイルBを同時に更新する
- ファイルBがバックアップされる

　この状況では、バックアップ後のファイルAとファイルBは整合性が保たれていません。これではリストアを行ったとしてもアプリケーションで利用することができません。

　また、そもそもアプリケーションがファイルを開く方法によっては、その他のプロセスからファイルにアクセスできず、バックアップ自体が行えないということも起こりえます。

　これではバックアップをする意味がないので、このような不整合が発生しないための仕組みが必要になります。

8.2.1　オフラインバックアップ

まず、方策として存在するのはオフラインバックアップです。これはバックアップする間、整合性の問題が発生しないようにアプリケーションを停止するという手法です。アプリケーションは正常に停止している状態なので関連するファイル群に変化はありません。この間にバックアップを取得すれば整合性の問題は発生しません。

ただし、この方法では当然、バックアップをしている間アプリケーションは利用できません。例えば、深夜にメンテナンス時間を確保してその間はサービスを停止できるようなシステムの場合にはこの手法が採用できます。

8.2.2　アプリケーションにバックアップを認識させる

アプリケーションの停止が行えない場合には、バックアップを取得することをアプリケーションに認識させて、整合性のあるバックアップデータを取得できるようにする必要があります。このための統合的な仕組みがWindowsには備わっており、VSS（Volume Shadow copy Service）といいます。

8.2.3　VSSとスナップショット

VSSはWindows Server 2003から搭載された機能です。バックアップ取得時にはVSSに対応したアプリケーションに呼びかけて整合性のある「スナップショット」を作成し、バックアップは「スナップショット」に対して行うことで整合性の問題を回避します。

スナップショットは、ある時点での状態を写真にとったようなものです。実際のデータは撮影後も刻一刻と変化していますが、「スナップショット」との変更分を適切に管理すれば実際のデータと「スナップショット」のデータの両方を扱えるのです。この処理はソフトウェアで行うこともあれば、ハードウェア、特にストレージ装置で行うこともあります。

8.2.3.1　VSSは障害が多い

VSSはその仕組み上、OS自体とその上で動作するアプリケーション群とストレージ装置とが複雑に連携して動作します。そして残念ながら非常に障害が多い部分です。検索エンジンで「hotfix vss」と入力すると万単位で記事がヒットします。OS、ソフトウェア、ハードウェアのドライバやファームウェアなどを適宜更新しておく、逆に安定したら構成を変更しないなどの対策が必要になることがあります。

8.3 バックアップからリストアしても戻らない

　バックアップの取得は非常に重要で、ときには大変な作業になりますが、本当に大変なのは「リストア」です。バックアップソフトはあくまでも「バックアップ」するためのものであり、「リストアソフト」ではないといいたくなってしまう程度に復元できません。バックアップしただけで安心してリストアテストをしないのは非常に危険です。

　バックアップソフトには大きく分けて次の2種類があります。

- 環境を丸ごとイメージとして取得してしまい、戻すときにもイメージを丸ごと戻すもの。
- 各種のデータを取得しておき、リストア時にはデータを戻した上で再構成するもの。

　前者はバックアップがとれてしまえば戻すときには丸ごと戻るのでよいのですが、後者の場合にはデータは戻っても一部構成が正確に復元されないなどの問題が発生することが非常によくあります。それなら前者の手法を採用している製品を使えばよいのかというと、サーバー単体ならそれでよいことが多いのですが、複数台で協調して動作するようなシステムの場合にはサーバー間での整合性などを考慮する必要があり単純にいきません。

　オフラインバックアップのように、関連するサーバーをすべて停止してイメージレベルでバックアップを取得してしまえば何も問題なく戻ることになりますが、複数サーバー構成にしているのはサービスを落とさないための冗長構成であることが多く、なかなかこの手法を選択することが難しい現実もあります。この状況は現在でも改善されていないように思います。

　昨今は仮想環境が一般的になってきており、仮想環境を常に複製して同期を取るような仕組みが出てきています。これであれば複製先は複製元とまったく同じですし、サービスを提供したまま複製先の環境を起動して動作確認も簡単に行えます。複製環境側からのバックアップを取得も可能です。ここでもサーバー間の整合性の話は出てきてしまうのですべてが解決するわけではありませんが、これから先このような技術が普及し、「戻せないかもしれないバックアップ」から解放される日が来ることを切望します。

8.4 データベースはバックアップをしないとディスクがあふれる

　バックアップはデータを保護するためのものなので、障害がなければバックアップは不要と考えてしまいがちですが、データベースは基本的にバックアップをしないとディスクにデータがたまり続けてパンクしてしまいます。これは非常に重要で知らないと致命的なことにもなりえます。

8.4.1　データベースシステムのトランザクションログ

　データベースはさまざまな場面で使用されており、データの整合性が非常に大事です。操作は「トランザクション[※4]」単位で管理されています。障害があった場合でも「バックアップした時点に戻ればよい」のではなく「障害発生前の最後のトランザクション完了時に戻す」必要があるケースが多くあります。このためにトランザクションをトランザクションログに書き出しておくことをします。データベースへの操作、変更の履歴が「トランザクションログ」です。実装としても「データ」と「トランザクション」がファイル上で明確に分かれています。

　万が一ディスクの多重故障などでデータベースが失われたとしても、過去のバックアップとトランザクションログを使ってトランザクションを「再生[※5]」することで、最新の状態まで復旧させることができます[※6]。

　このように、トランザクションログはデータベース本体と同じように非常に大事ですし、「再生」をするためにはある時点のデータベース本体とそれ以降のトランザクションログのすべてが必要になります。再生のためにはトランザクションログは消せないのです。

　しかし、未来永劫トランザクションログを残し続けることはディスクサイズの上限があって不可能なので、どこかで消す必要があります。ディスク上から消しても万が一のときには元に戻せる仕組みが必要です。つまりバックアップです。

8.4.2　バックアップとトランザクションログ削除の関係

　「最新の状態に戻す」という目的を考えた場合、データベース本体のバックアップが完了すればその時点よりも古い状態のデータベースに関するトランザクションログは必要なくなります。また、トランザクションログ自体をバックアップすれば、システムのディスク上からはトランザクションログを消してもよいことになります[※7]。

　「増分」というのはデータベースにおいては変更履歴そのものであり、それはトランザクションログに記録されているので、データベースでの増分のバックアップはトランザクションログをバックアップすることになります。このとき、トランザクションログを削除することを「トランザク

※4　関連する複数の処理をまとめたもので、成功するときには処理がすべて成功し、失敗するときには処理がすべて失敗します。整合性を保つ操作となる単位です。

※5　過去の状態のデータベースに対してトランザクションログに記録されている処理の内容を適用することを「再生」といいます。

※6　データベースとトランザクションログは別のディスクに配置されている想定です。パフォーマンスの観点からも、障害復旧の観点からもそうあるべきです。

※7　実際、バックアップ完了と同時にトランザクションログを削除するロジックになっているソフトウェアが大半です。トランザクションログを他のノードに複製することで冗長化を実現している仕組みの場合には、削除のタイミングをさらに遅らせるソフトウェアもあります。

ションログを切り捨てる」といいます。

- 増分バックアップ（ログバックアップ）－トランザクションログをバックアップし、トランザクションログを切り捨てる

トランザクションログに対する増分バックアップのことを「ログバックアップ」とも呼びます。

8.4.3　バックアップ失敗をディスク容量に見積もっておく

　バックアップが成功してからトランザクションログを切り捨てるので、バックアップが失敗するとトランザクションログは切り捨てられません。つまりバックアップが成功しないとディスクの空き容量がみるみる減ってしまいます。

　アプリケーションによっては毎日のトランザクションログが膨大な量になります。それには書き込むデータが丸々入っているので、バックアップに数日失敗したとしてもディスクにトランザクションログを保持し続けられるように、ディスクサイズをあらかじめ見積もっておく必要があります。少なくとも3日分程度の余裕は必要でしょう。

8.4.4　復旧モデルを考える

　以上のように、データベースのトランザクションログの扱いは色々と注意が必要です。データベースの種類によっては「バックアップ時点にまで復旧できれば問題ない」ものもあるはずです。これであればトランザクションログをすべて残しておく必要はありません。データベース自体をバックアップすればその時点にはいつでも復旧できるということです。

　この場合には、トランザクションログを保ち続けない動作モード[8]にして運用すると、トランザクションログが増加し続けなくなり、バックアップ失敗時の容量確保について考慮する必要がなくなります。

　データベースの役割やデータ損失時の影響を正しく把握し、適切に復旧モードを設定することが非常に大切です。

※8　「単純モード」「循環モード」などと呼びます。

8.5 第8章のまとめ

この章ではバックアップについて説明しました。重要な事柄についてまとめておきましょう。

- バックアップの種類は複数あります。フルバックアップを基本として差分、増分バックアップなどを適切に組み合わせてバックアップ時間とバックアップデータ容量をコントロールします。いざというときのリストア時間にも影響してきます。
- バックアップを取得する際には整合性を保たなくてはいけません。オフラインでバックアップする方法もありますし、VSSを用いてオンラインのまま整合性を確保する方法もあります。
- データベースにはトランザクションログを保持し続けるモードと保持し続けないモードがあります。データベースの用途を考えて適切なモードを選択する必要があります。
- トランザクションログを保持し続ける場合、増分バックアップを実施することでトランザクションログを削除することができます。
- バックアップを実施しない場合やバックアップに失敗した場合にはトランザクションログが溜まり続けてしまうため、ディスク領域の考慮が必要です。

バックアップはいざというときの生命線になります。OSは再インストールできますし、ソフトウェアは再構成できますが、データは失われると取り戻せません。しっかりとバックアップを構成しデータを保護しましょう。

第 9 章
仮想化

　この章では仮想化について扱います。「仮想化」というキーワードは流行の時期を過ぎて、今や当たり前に使われるようになりました。仮想化によって運用が楽になる面も確かにありますが、むしろ複雑になり捉えづらくなっている面もあります。概念を正しく理解し、管理していく必要があります。

　ここでは仮想化の種類や仮想化を行う意味について説明し、Windows Server で最も手軽に利用できる Hyper-V の概要とすぐに利用する箇所でありながら理解が難しい Hyper-V ネットワークの部分の説明を行います。

9.1　仮想化の種類

　仮想化には長い歴史とたくさんの種類があります。あまりにも当たり前になりすぎていてあえて「仮想化」といわないケースも少なくありません。例えば RAID はストレージの仮想化ですが、それをあえて「仮想化」ということはあまりありません。近ごろよく取り上げられる「仮想化」には、次の3つがあります。

- コンピューターの仮想化
- アプリケーションの仮想化
- ネットワークの仮想化

それぞれについて簡単に概念を理解しておきましょう。また、かなり普及しているコンピューターの仮想化についてはもう少し深めに理解する必要があります。

9.1.1 コンピューターの仮想化

コンピューターの仮想化は、1台の物理的なサーバーやPCの上で「仮想マシン」を作り出し、複数のOSを稼働させる技術です。昔からさまざまな技術があり、実現方法やそのレベルもさまざまです。

Windowsの仮想化に関しては、以前はテスト用途以外ではあまり利用されていませんでしたが、ハードウェアが仮想化支援機能を搭載し、ハードウェア自体のスペックも高まったことから、複数台のサーバーを仮想化して1台の物理サーバー上で稼働させることが現実的に行えるようになりました。現在ではまだ物理サーバーを採用すべきケースも多数ありますが、基本的には、やろうと思えばほぼすべてのサーバーを仮想化して運用することができるようになっています。

サーバーを仮想化することで、ハードウェアに縛られない柔軟な運用が可能となります。また、物理サーバー数が減ることによるハードウェア費用の減少、スペースの節約などのメリットはかなり受け入れられており、物理サーバーをそのまま使うケースは今後もますます減っていくと思われます。

クライアント側でも仮想マシンを利用するさまざまな技術がありますが、サーバーと比較するとはるかに普及していません。クライアント上で複数の仮想マシンを動かして管理する方向よりは、サーバー上でクライアントを仮想化して多数動かし、そこにクライアント[※1]からリモートアクセスさせるいわゆるVDI（Virtual Desktop Infrastructure）の形態の方が、セキュリティ意識の向上にともなって普及しかけている感があります。

9.1.2 アプリケーションの仮想化

仮想マシンは仮想ハードウェアレベルから環境を作り出すのに対して、アプリケーションの仮想化はアプリケーションの実行環境だけを仮想化します。仮想OSの管理は発生せず、仮想化されたアプリケーションだけを配信し、他の環境やアプリケーションに依存せずに実行させることができます。この手法であれば、例えば同時にインストールすることができない異なるバージョンのMicrosoft Officeをそれぞれ同時にユーザーに利用させたりすることも可能になります。

アプリケーションをストリーミングさせることができるのも特徴です。起動時に仮想化された

※1 この場合、クライアント側はリモートの仮想マシンにアクセスさえできればよいので機能を極力省いたものが使われることが多いです。これをシンクライアントと呼びます。これと対比して、通常のクライアントをファットクライアントと呼ぶことがあります。

アプリケーションをすべてダウンロードするのではなく、必要な部分だけダウンロードした段階で起動し、後からバックグラウンドで残りの動作に必要な部分をダウンロードさせることができます。

　組織内でこれを実現するソリューションも複数ありますが、仮想マシンに比べるとまだ利用頻度は多くありません。もっとも、Microsoft 自身が Office をこのアプリケーション仮想化の仕組みとして提供しており[※2]、今後ソフトウェアメーカーからの直接の提供も増えそうな気配です。

　管理者としては、一度アプリケーションを仮想化してしまえばアプリケーションの管理が劇的に楽になるというメリットがあります。一方、すべてのアプリケーションが仮想化できるとはかぎらず[※3]、十分なテストが必要なこともあり、採用の判断が難しい状況といえます。

9.1.3　ネットワークの仮想化

　ネットワークの仮想化は古くから存在し、現場で利用されているのが当たり前の技術としてVLAN[※4]があります。最近はさらに仮想化を進めたものが出てきています。プロトコルとしては、具体的には NVGRE[※5] や VXLAN[※6] などのプロトコルを使用して物理ネットワークの上に論理的なネットワークを構築する「オーバーレイ型」の仮想化です。また、SDN（Software Defined Network）といってソフトウェアによってネットワークをコントロールしようとする流れがあります。

　この辺りの技術はまだ現場で利用されるまでには少々時間がかかりそうですし、まだどの方式が主流になるのかわからない状況ではあります。とはいえ、クラウド上の AWS EC2[※7] や Azure VM を利用する際にはすでにネットワークの仮想化を利用することになっているという現実もあります。

　ネットワーク仮想化が注目されているのは、サーバーの仮想化が普及し、それにともなって仮想サーバーが手軽に生成され、動的に移動することが増えたことにあります。このようにサーバーの構成が変更されたときにはそれに追従してネットワークの構成も自動的に変更されるべきですが、従来の手法ではそれが難しいのです。

　ネットワークの仮想化の導入は大規模なネットワークを持っている組織以外ではまだ先の話にな

※2　Office 365 ProPlus というクラウドサービス。月額、年額のサブスクリプションライセンスです。

※3　例えば、Internet Explorer などの OS と深く結びついているソフトウェアの仮想化は組み合わせによっては不可能です。

※4　Virtual Local Area Network の略。レイヤー 2 のネットワークを物理的には何も変更せずに自由に作成することができます。

※5　Network Virtualization using Generic Routing Encapsulation の略。Microsoft が推しています。

※6　Virtual eXtensible LAN の略。VMware や Cisco が推しています。

※7　Amazon Web Services Elastic Compute Cloud。Amazon のクラウドサービスの 1 つであり、仮想サーバーを提供する IaaS サービスです。

るとは思いますが、今後、劇的にネットワーク管理方法が変化する可能性がある分野です。

9.2 コンピューターの仮想化を行う意味

ここ数年はコンピューターの仮想化、特にサーバー仮想化を行うことがかなり当たり前になってきました。何事にもメリットとデメリットがあります。サーバーの仮想化に関する代表的なメリットを次に挙げます。

- 可搬性が向上し、ハードウェアに縛られずに移動可能になります。
- 柔軟性が向上し、仮想サーバーの仮想ハードウェア構成を変更することが簡単にできます。
- 集約率が向上し、1台の物理サーバー上で複数の仮想サーバーを動作させることができます。

対するデメリットを次に挙げます。

- 物理的なハードウェアで利用できないものがあります。直接ハードウェアを扱う場合に比べてオーバーヘッドが発生し、パフォーマンスが低下します。
- 物理サーバーあたりの動作サーバー数が増えるため、障害時に影響を受けるシステムが多くなります。
- 同居するサーバーの影響を受けるため、サーバーのサイジングや配置の最適化が難しくなります。

そもそも仮想環境での動作をサポートしない製品やハードウェアがあり、何でも仮想化できるわけではありません。また、サーバー数が少なければ仮想化してもあまり意味がないこともあります。

それでも仮想化を導入すること自体が一般的になりつつあるので、管理者としては意味をよく理解しておく必要があります。

9.3 コンピューターを仮想化するとファイルになる

コンピューターの仮想化を行った場合の実体はファイルです。仮想化技術によって形式は異なりますが、おおよそ以下のような構成要素となります。

- 仮想マシンの構成情報を記述したファイル
- ストレージに対応したファイル
- メモリの内容に対応したファイル

大抵、1つのフォルダーにまとまって格納されるので、仮想マシンを停止し、フォルダーをコピーしてしまえばサーバーの複製が完了してしまいます。別のサーバーに移動して起動することも、クラウドにアップロードしてクラウド上で動作させることもできます[※8]。

バックアップの項目で実際には「戻らない」ケースが多くバックアップ技術をあまり信用していないことを紹介しましたが、そんな私であっても仮想マシンがファイルベースで構成されていて、それがファイルシステム的にコピーされたのであれば正しく複製され、正常に稼働するだろうと思えます。

9.4　Hyper-V

コンピューターの仮想化の実装方法にはさまざまなものがありますが、Windowsインフラ管理者にとって最も身近な存在としてHyper-Vを取り上げます。理由は、Windows Serverに標準で搭載されており、追加コストなしで利用可能だからです。

また、バージョンアップを重ね、ライブマイグレーション、ライブストレージマイグレーション、共有ディスクなしのライブマイグレーション、Hyper-Vレプリカなど運用に便利な機能も増えてきており、採用例もかなり増えてきています。

9.4.1　親パーティションと子パーティション

Hyper-Vの仮想化方式では、仮想マシンに親子関係ができます。

- 親パーティション（Parent Partition）
  Hyper-Vを有効にする物理マシンに最初に導入したOS。
- 子パーティション（Child Partition）
  親パーティションを操作して追加で作成した仮想マシン。

※8　ただし、アップロード先のクラウドの特性に合わせて形式を変換したり、ネットワーク設定を変更するなどの対応が必要です。

9.4.2　親パーティションも仮想化される

　Hyper-Vを有効にするには、単にサーバーの役割の選択で「Hyper-V」を有効化するだけです。CPUの仮想化支援機能が必要ですが、現在手に入る機器であればこの部分はまず問題ありません。

　Hyper-Vを有効にしてOSを再起動しても見た目としては変化がありませんが、このとき、裏側ではサーバーの仮想化が有効になっています。Hyper-Vを有効にしたOS（=親パーティション）自体も仮想化されています。図に表すと以下のようになります。

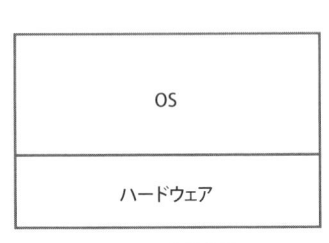

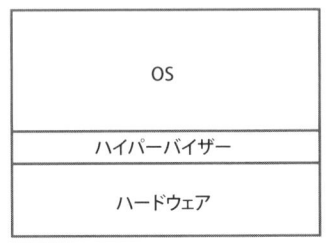

```
┌─────────────────┐      ┌─────────────────┐
│       OS        │      │       OS        │
│                 │      ├─────────────────┤
├─────────────────┤      │   ハイパーバイザー    │
│   ハードウェア      │      ├─────────────────┤
│                 │      │   ハードウェア      │
└─────────────────┘      └─────────────────┘
   Hyper-V 有効化前           Hyper-V 有効化後
```

図9.1●Hyper-V有効化による変化

　Hyper-Vを有効にすることで、ハードウェアとOSの間に薄い「ハイパーバイザー」の層が入ることになります。

9.4.3　親パーティションに依存している

　Hyper-Vの特徴は、仮想マシン（=子パーティション）が親パーティションに依存していることです。

```
┌──────────────┬──────────────┬──────────────┐
│ 親パーティション   │ 子パーティション   │ 子パーティション   │
│ ┌───┐        │    ┌───┐     │              │
│ │VSP│←VMBusで通信→│VSC│     │    ┌───┐     │
│ └───┘        │    └───┘     │    │VSC│     │
│   ↕          │              │←──→└───┘     │
│ ┌─────┐      │              │              │
│ │ドライバ│      │              │              │
│ └─────┘      │              │              │
│   ↕          │              │              │
├──────────────┴──────────────┴──────────────┤
│              ハイパーバイザー                  │
├────────────────────────────────────────────┤
│              ハードウェア                     │
└────────────────────────────────────────────┘
```

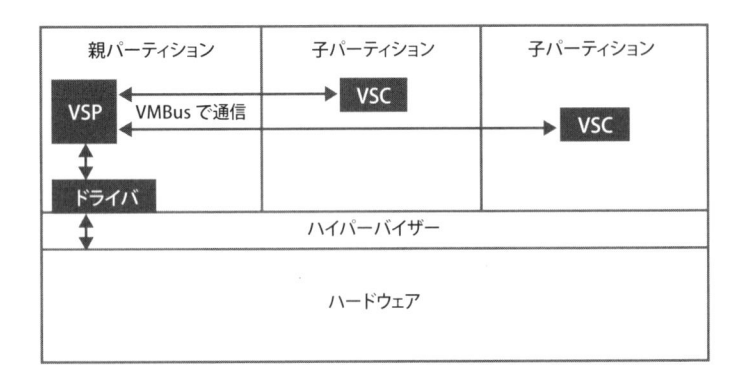

図9.2●Hyper-Vのハードウェアへのアクセス方法

Hyper-Vでは、親パーティションで動作しているVSP(Virtualization Service Provider)と小パーティションで動作しているVSC（Virtualization Service Client）との間でVMBus経由での通信を行い、親パーティションのデバイスドライバを利用してハードウェアとやり取りを行います。

　VSP、VSCなどの単語を覚える必要はありませんが、「親パーティションに依存している」ということはしっかりと理解しておいてください。これはつまり、親パーティションを再起動するには、その親パーティションに依存している（同一ハードウェア上で動作している）すべての仮想マシンを停止する必要があるということです。

　Windows Serverですから、月に1度は必ずセキュリティパッチが出てきます。中には適用するために再起動が必要なものもあります。運用上はメンテナンス対象のHyper-Vホスト上で動作している仮想マシンをライブマイグレーションで別のHyper-Vホストに移動させた上でメンテナンスを実施し、必要なら再起動を行えば、仮想マシンにほとんど影響を与えずに運用することが可能です。ただし、そのためには予備のHyper-Vホストを用意しておく必要があります。

　このように、親パーティションに依存していることのデメリットはありますが、逆にWindows Server自体のデバイスドライバを利用できるというメリットがあります。つまり、Windows Serverが動作するハードウェアであれば基本的にHyper-Vでの仮想化が必ず行えるということです。メーカーにしてみれば、Hyper-Vのハイパーバイザーが更新されるたびにデバイスドライバの開発やテストをする必要はなく、Windows Server用のドライバだけの提供で済むことになります。現在出回っている機器であれば、クライアントPC含めてほぼすべてのハードウェアでHyper-Vを動作させることができます。このため、Windows 8、8.1にも「クライアントHyper-V」が搭載されています。

9.5 Hyper-Vのネットワークの理解

　Hyper-Vを使い始めてすぐに混乱するのがネットワーク周り、特に外部ネットワークの部分です。ここは少々詳しく解説しておきます。

9.5.1　Hyper-V導入前

　まず、単純に1つのNICを持ったサーバーがあります。

名前	状態	デバイス名
イーサネット	有効	Broadcom NetXtreme Gigabit Ethernet

図9.3●Hyper-V導入前のNICの状態

図で表現すると以下のような状態です。

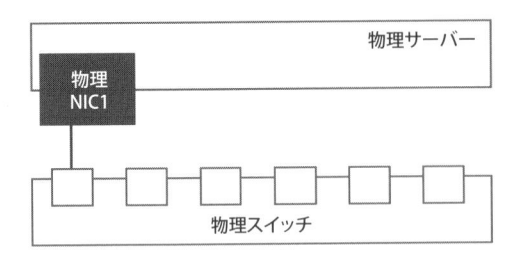

図9.4●Hyper-V導入前の状態

サーバーが1つあり、NICが1枚ついており、物理スイッチのポートに刺さっているだけの単純な構成です。何も難しいことはありません。この物理NIC1には普通にネットワークの設定がなされることになります。

9.5.2 Hyper-V導入

Hyper-Vの役割を導入します。この状態では見た目上は目立った変更はありません。NICの状態にも図にも変化なしとしてよいでしょう。ただし、私はHyper-Vにおいては「親パーティションと子パーティションは同じレベルで存在している」という捉え方をするほうが理解しやすいと思っています。そのため、以下のように書き換えて理解することをお勧めします。

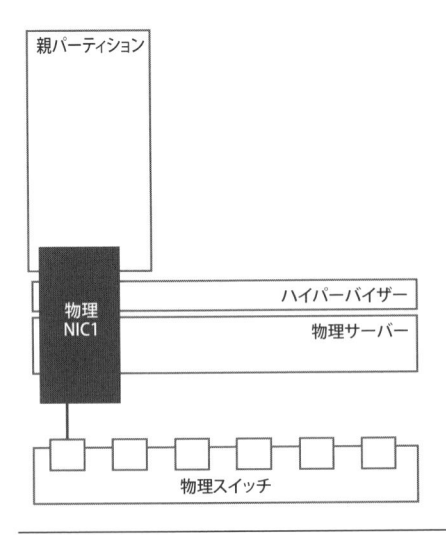

図9.5●Hyper-V導入後の状態

図9.5でいいたいことは、Hyper-Vの役割を有効にした時点で親パーティションも物理サーバーとは切り離されて、仮想化されているということです。ただ、まだ何も特別な設定をしていないので、物理NIC1は親パーティションに直接見えている状態です。

9.5.3　外部ネットワークの追加

　ここでHyper-Vの仮想スイッチマネージャーで外部スイッチを新規に作成します。

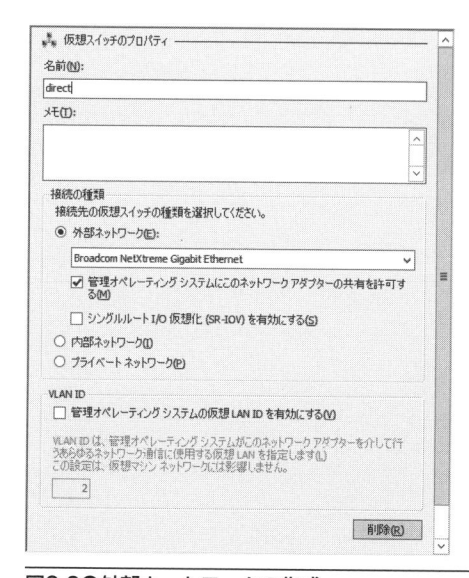

図9.6●外部ネットワークの作成

　すると、図9.7のように仮想NICが親パーティションに見えてきます。

名前	状態	デバイス名
イーサネット	有効	Broadcom NetXtreme Gigabit Ethernet
vEthernet (direct)		Hyper-V 仮想イーサネット アダプター #2

図9.7●外部ネットワーク有効化後のNICの状態

　この状態は図で表すと以下のような状態です。

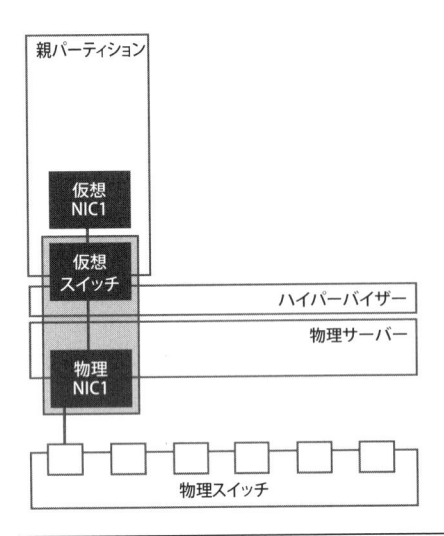

図9.8●外部ネットワーク有効化後の状態

　もともとの物理NICだったもの（図9.7では名前が「イーサネット」になっているもの）は、プロパティを見ると図9.9の状態となっており、仮想スイッチとして動作している[※9]ことがわかります。

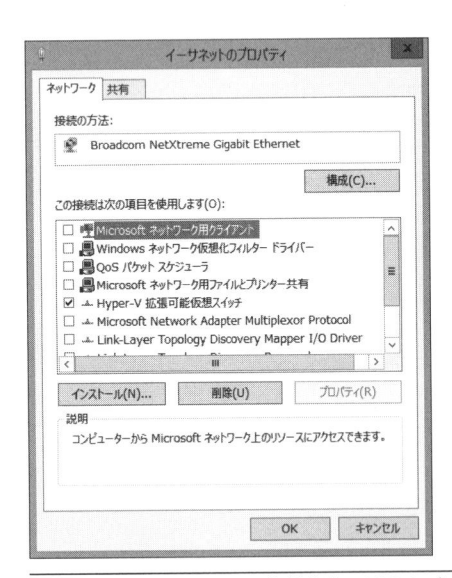

図9.9●外部ネットワーク有効化後のNICのプロパティ

※9　個人的にはこの状態のときにはアイコンも変更すべきだと思うのですが。

新しくできた vEthernet という名前の NIC が仮想 NIC であり、親パーティションのメインの NIC になったものです。IP アドレスなどのネットワーク設定はこちらに引き継がれています。この仮想 NIC は、図 9.10 の「管理オペレーティング システムにこのネットワークアダプターの共有を許可する」のチェックが ON になっているために生成されています。

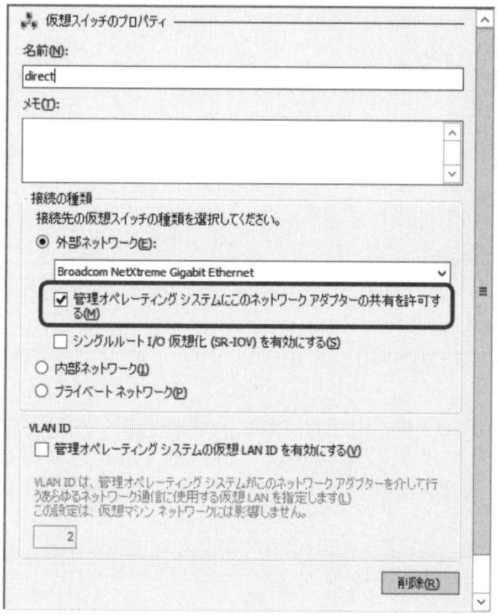

図9.10●仮想スイッチのプロパティ

つまり、「管理オペレーティング システムにこのネットワークアダプターの共有を許可する」とは、「親パーティションに仮想 NIC を 1 つ追加して、それをこの外部ネットワークとつながる仮想スイッチに接続する」という意味です。このチェックを外せば、親パーティションから仮想 NIC1 が消えることになります。

生成された仮想スイッチは、スイッチですから複数の NIC から接続できます。子パーティションを 2 つほど追加し、直接外部ネットワークに接続する様子は図 9.11 のようになります。

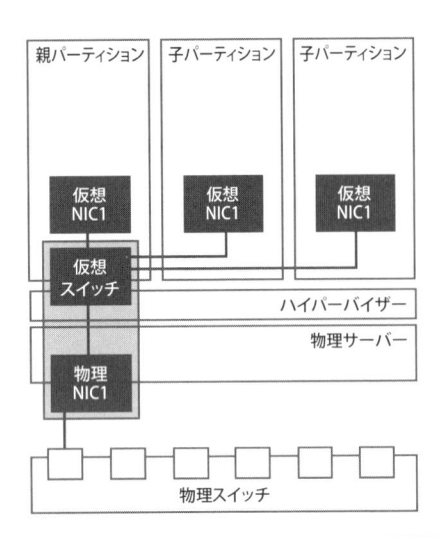

図9.11●仮想スイッチに子パーティションからも接続

　子パーティションは仮想NICを作成し、それを仮想スイッチに接続します。これは論理的には図9.12のように接続されていることとまったく同じです。

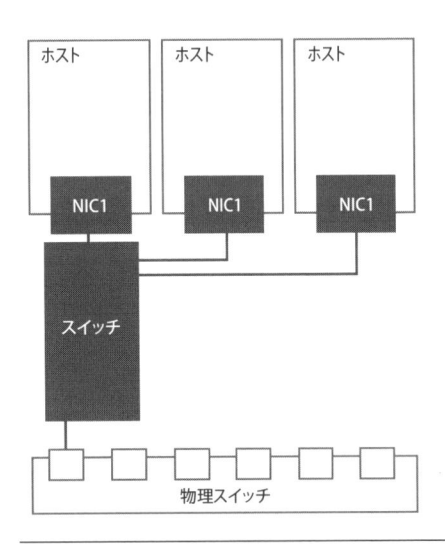

図9.12●論理的な接続状態

9.5.4　物理ホストに2つNICがある場合

　物理ホストには、ホスト管理専用のNICを設けることが推奨されています。これまでの図のよ

うに仮想スイッチ経由で仮想NICを持ち、それをそのまま管理用にすることもできますが、障害が発生したときにどの部分の問題なのかという切り分けが難しくなってしまうためです。

ホストに管理用のNICを専用に用意する場合に誤ってやってしまいがちなのが以下のような構成です。

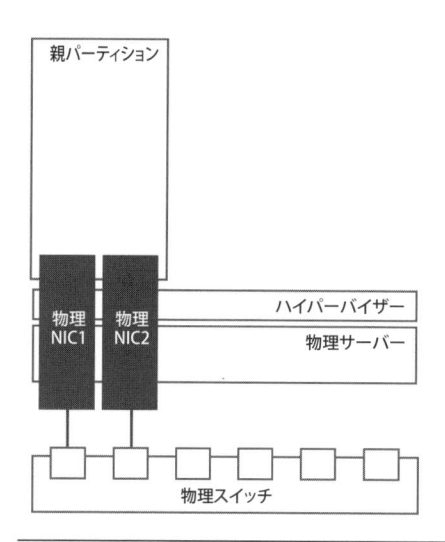

図9.13●Hyper-Vが有効で物理NICが2つある状態

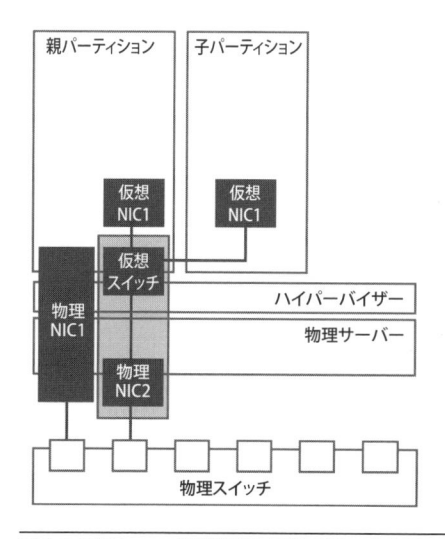

図9.14●Hyper-Vが有効でNICが2つあり1つを外部ネットワークに設定した状態

ホストにNICが2つある状態でHyper-Vを有効にし、NIC2を外部スイッチに設定。子パーティ

ションを1つ追加し外部スイッチに接続している状態です。このとき、親パーティションには物理と仮想と合わせてNICが2つある状態になっています。これを同じセグメントに接続してしまいがちです。

親パーティションに注目したときに、物理NIC1と仮想NIC1が同じセグメントに接続してしまっていると、「3.5.2 ルーティングに注意」で説明したように通信がどちらから発信されるかわかりません。この結果、通信ができたりできなかったり不安定な状態になってしまいます。この間違いはHyper-V初心者はほぼ全員やるのではないかというくらいありがちな構成ミスなので特に注意してください。

この状態を正すには、Hyper-Vマネージャーにて仮想スイッチの設定から「管理オペレーティング システムにこのネットワークアダプターの共有を許可する」のチェックを外せばよいです。すると図9.15のようになります。

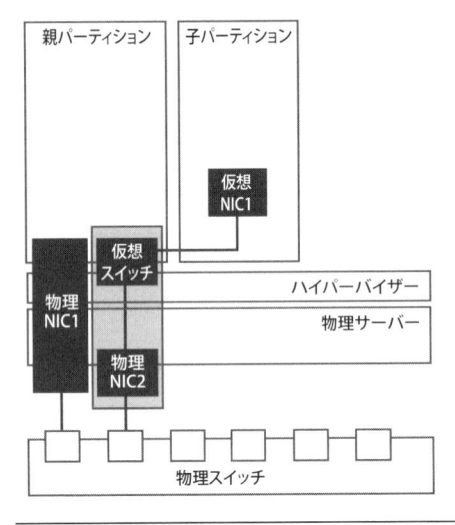

図9.15●「管理オペレーティング システムにこのネットワークアダプターの共有を許可する」のチェックを外した状態

親パーティションには物理NICが1つだけ割り当てられていて管理用に使用でき、子パーティションは仮想スイッチ経由で外部ネットワークにアクセスできるようになっています。

9.5.5　内部ネットワークとプライベートネットワーク

外部ネットワークがわかってしまえば、内部ネットワークとプライベートネットワークの理解は簡単です。

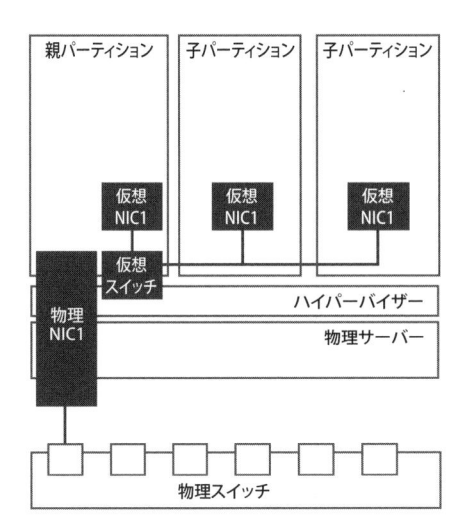

図9.16●内部ネットワーク

　図9.16は、物理NICを1つ持つ親パーティションに対して内部ネットワークを追加し、さらに2台の子パーティションがその内部ネットワークに対してNICを接続している状態です。外部ネットワークではないので、内部ネットワークからは実際の物理的なネットワークには出ていけません。

　プライベートネットワークはさらにここから親パーティションの仮想NICを削除したものです。

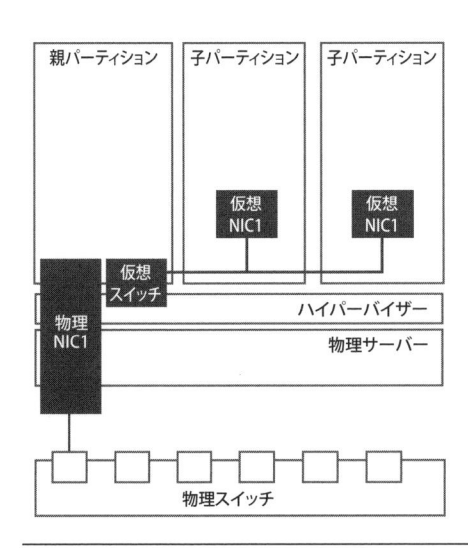

図9.17●プライベートネットワーク

子パーティション同士の通信にだけ使用されることになります。

9.5.6　仮想スイッチマネージャー

ここまで理解した上で、図9.18の仮想スイッチマネージャーの設定画面を見てみましょう。

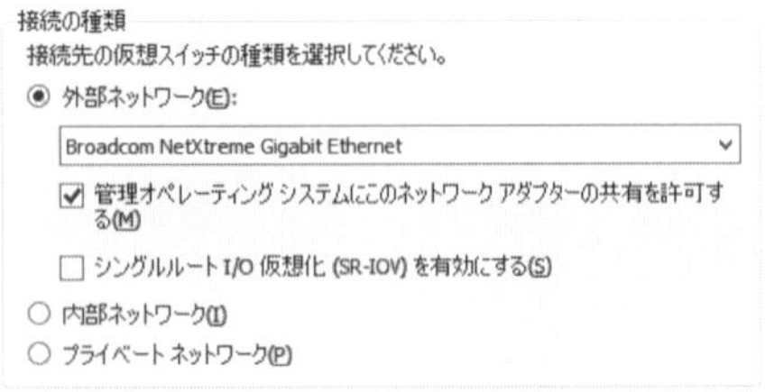

図9.18●仮想スイッチマネージャーの設定画面

意味がわかるでしょうか。外部ネットワークでの「管理オペレーティングシステムにこのネットワークアダプターの共有を許可する」のオンオフが、「内部ネットワーク」と「プライベートネットワーク」のどちらを選択するかと同じ意味を持っています。どちらも親パーティションに仮想NICを作成するかどうかの選択になっています。

9.6　第9章のまとめ

この章では仮想化およびHyper-Vについて説明しました。重要な事柄についてまとめておきましょう。

- 仮想化の種類は昔から多数のものがあります。近年注目されているのはコンピューターの仮想化、アプリケーションの仮想化、ネットワークの仮想化です。
- コンピューターの仮想化はかなりの組織で採用されており、概念の理解が必要です。
- 仮想化を行うことによるメリットは多数ありますが、もちろんデメリットもあります。
- コンピューターの仮想化を行うと実体はファイルになります。これによって高い可搬性を得られます。
- Hyper-Vでは親パーティション自体も1つの仮想マシンです。小パーティションは親パーティションに依存して動作します。
- Hyper-Vで外部スイッチを作成すると、既存のNICは仮想スイッチとして動作します。親パー

ティション専用の管理用の NIC を用意している場合は、同じセグメントに 2 つの NIC を所属させないように気をつけます。

仮想化によって管理者が管理する難易度は上がっていますし、障害時の影響範囲も拡大しています。しっかり構成を理解し、管理していく必要があります。

第10章
運用

　この章では実際の運用の中で役立つ情報や豆知識を紹介します。話題はあちこちに飛びますが、覚えておくと役立つものばかりです。また、運用の中で出てくる「どこまでテストするのか」「サポートをどう考えるか」といったような技術的ではない運用ポリシーの話も扱います。

　実際に構築、運用をしていればこのような知識はいくらでも増えていくものであり、他にも知っておいたほうがよいことは多数あります。その中から、特によく遭遇するものや伝えたいことに絞っています。

10.1 Windows インストール後に確認するべきこと

　Windows をインストールした後で確認しておくべきことをまとめてみます。特に意識すべき点として以下の項目をピックアップしました。

1. イベントログの確認
2. イベントログの設定
3. Windows ファイアウォール
4. 電源オプションの変更
5. 増加するログの対処
6. hosts、lmhosts ファイル

7. Service Pack、Hotfix
8. ファームウェア更新、ドライバ更新
9. ページングファイルの容量
10. ダンプファイルの種類と生成場所
11. メモリチューニング
12. 時刻同期
13. 各種ツール群のインストール

このあたりはやらなくてもすぐに問題にならないことが多いですが、やっておくと後々効いてくるような項目が多いです。このあたりのリストをどのように保持してどのように適用していくかが技術者としてのこだわりどころともいえます。

なお、Windowsはサーバーとクライアントで特段に大きな違いがないので、ここで書いていることはすべてサーバーとクライアントの両方に当てはまります。しかし、サーバーの方が重要性が高く、構成のバリエーションもあるので、どちらかというとサーバーに焦点をあてて解説します。

組織によって何をどのようするかはかなり差異がありますし、どれが正解ということもありません。本書の記述はあくまでも一例として考えてください。

10.1.1　イベントログの確認

インストール後には必ずイベントログの確認を行いましょう。警告、エラーが記録されていれば必ず対処し、問題がない状態にしましょう。エラーの解消にはMicrosoftサポートオンラインが役に立ちます。

Microsoft サポート
☞ http://support.microsoft.com/?ln=ja

中には出ていても問題のないエラーなども存在するので、それも合わせて確認しましょう。

組織によってはエラーイベントに応じて運用オペレーターがオペレーションを行うため、「全種類のエラーイベント」に対しての対応パターンを事前にすべて定義しておくポリシーのところもあります。一方、イベントログを開くとエラーイベントだらけで真っ赤だけれどもサービスに支障が出ていなければ問題視しないという組織もあります。

組織によって大きく運用ルールが異なるところですが、できれば問題は未然に防ぎ、イベントログの状態をきれいに保ちたいところです。

10.1.2 イベントログの設定

イベントログの設定は、規定の状態で表 10.1 のようになっています。

表10.1●イベントログの規定の設定

OS	最大ログサイズ	モード
Windows Server 2003、2003 R2	16MB	必要に応じてイベントを上書きする
Windows Server 2008、2008 R2、2012、2012 R2	20480KB	必要に応じてイベントを上書きする（最も古いイベントから）

　最大ログサイズを超えると上書きされてしまうため、規定の状態のままでは後から問題発生時のイベントログの調査をしようと思っても残っていない、ということが起こりえます。短時間に非常にたくさんのエラーが記録されることもありえます。最大ログサイズを大きくしてイベントを上書きしない設定にした上で、イベントログの保管ルーチンを別途設計、構築している組織も多くあります。

　ただし、イベントログの記録サイズは上限でも 4GB に設定することが推奨されており、消えると困るからといって闇雲に大きく設定することはやめておいたほうがよいでしょう。また、Windows Server 2003 32bit OS の場合には、設定した容量に満たないところに上限値（300MB 程度）があり、設定しても実際には適切に記録されないという仕様上の問題があり注意が必要でした。この問題は Windows Server 2008 以降で改善されています。

　以下の技術情報も参考にしてください。

> 脅威とその対策
> ☞ http://technet.microsoft.com/ja-jp/library/cc163042.aspx
>
> Recommended settings for event log sizes in Windows Server 2003, Windows XP, Windows Server 2008 and Windows Vista
> ☞ http://support.microsoft.com/kb/957662/en-us

10.1.3　Windows ファイアウォール

　現在の Windows では、Windows ファイアウォールが自動的に有効になります。なんらかのサービスを提供するサーバーであればそのポートは開放する必要があるので、忘れずに設定しましょう。Windows ファイアウォールは無効に設定するポリシーのところもあるでしょう。いずれにしても目的に合った適切な設定にしましょう[1]。

---

[1] もちろん無効にするよりは有効にしたほうが安全です。他の場所で守られていたとしてもです。ですが手間はもちろんかかります。手間がかかりそれによって他の部分で致命的な抜けが出るくらいなら守るべきところは守って他は切り捨てるというのも手です。すべてはトレードオフです。

Windows Server 2012 または 2012 R2 以外の OS では、規定で Windows ファイアウォールがほぼすべての通信をブロックしてしまうため、コンソールにログオンして Windows ファイアウォールで例外設定を行うか、グループポリシーで一括設定するなどの対応を行うことがほぼ必須でした。一方、Windows Server 2012 または 2012 R2 では、Remote Management が規定でファイアウォールの例外設定も含めて有効になっているため、同一ネットワーク内からであれば最初から Remote PowerShell でアクセスできます。これでコンソールにログオンして設定作業を行う必要がほとんどなくなりました。これは管理者にとって嬉しい変更点です。

10.1.4　電源オプションの変更

Windows Server 2008 以降の OS では、システムの電源プランを調整することができます。電気消費量に関してシビアになってきている時代なので省電力性も大切ですが、やはりサーバー用途であればパフォーマンスも大切です。

規定では「バランス」に設定されていますが、SQL Server などパフォーマンスを要求されるサーバーに関しては「高パフォーマンス」に設定すべきでしょう。この設定変更によりかなりパフォーマンスが改善される例があります。

一方、クライアント PC や、ノートパソコンなどバッテリ駆動するものであれば駆動時間が長いことも重要です。「バランス」に任せるのではなく、より細かくプランを調整すべきでしょう。

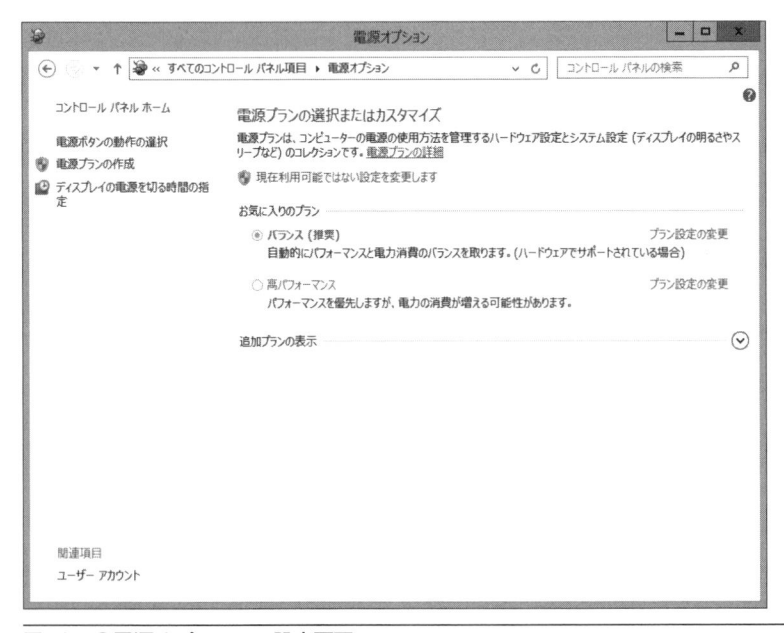

図10.1●電源オプションの設定画面

組織によってはサーバーの設定はすべて「高パフォーマンス」で統一する場合もあるでしょう。その場合、すべてのサーバーを手動で設定して回るのは大変なので、何らかの方法で電源設定を自動化すべきです。以下はPowerShellでの設定例です。

```
$p = Get-CimInstance -Name root¥cimv2¥power -Class win32_PowerPlan -Filter "ElementName = '高パフォーマンス'"
Invoke-CimMethod -InputObject $p[0] -MethodName Activate
```

10.1.5　増加するログの対処

「1.6 ドライブおよびパーティションの分割方法」で解説したように、空き容量も考慮に入れてドライブおよびパーティションは設計されているはずですが、設計時の想定どおりの状況になっていることをインストール後に確認することが必要です。

IISのログのように、放置しておくと増え続けるログを定期的に削除するルーチンが組まれているかなど確認する必要があります。

10.1.6　hosts、lmhosts ファイル

hostsファイル、lmhostsファイルはそれぞれホスト名の名前解決、NetBIOS名の名前解決に利用できます。そもそも使用しないのがお勧めですが、どうしても使用する必要がある場合には必ず適切に設定しましょう。さもなければ致命的な問題になります。

10.1.7　Service Pack、Hotfix

Windows構築時には基本的に、最新のService Packを適用した上でさらにすべてのセキュリティ更新プログラムを適用しておくのが望ましいです。ただし、最新のService Packにソフトウェアが未対応などの理由であえて最新の状態にはしないケースもあります。また、まれに最新の更新プログラムを適用すると問題が発生してしまうケースがあります。その場合数日もすれば問題が発覚して更新プログラム自体が取り下げられることになるのですが、公開直後に更新プログラムを適用してしまうとインストールされたままになってしまいます。そのため、情報を確認して必要があれば問題の発生した更新プログラムをアンインストールするなどの対応を行います。

適用作業は、台数が少なければ個別に適用するべきものがなくなるまでWindows Updateを実行すればよいでしょう。台数が多い場合には何らかの自動化する仕組みを作ってしまうのが望ましいと思います。

最近の OS であれば OS 自体に自動更新の仕組みが組み込まれており、コントロールパネルから操作を行うことができます。一度 Service Pack を適用して再起動した後で再度 Windows Update を実行するというように、項目が出なくなるまで何度も繰り返す必要があるので注意してください。

なお、Windows Server 2003 では、SP 適用済みの環境に対して SP 適用済みではないメディアから Windows コンポーネントを追加してしまった場合、再度 SP を適用する必要がある点に注意してください。これを避けるためには、インストール CD から i386 フォルダーをローカル HDD にコピーしてスリップストリームを適用し、この i386 フォルダーを指定してコンポーネントを追加する必要があります。この方法はかなりよく使われる方法だったため、Windows Server 2008 以降では管理者が特に意識しなくても標準でこれと同じことを Windows 自体が行ってくれるようになっています。

Windows Update はプロキシ接続の環境ではうまく動かないことがあります。この場合には Internet Explorer でのプロキシ設定だけではなく、proxycfg.exe コマンドや netsh コマンドで WinHTTP のプロキシ設定を確認、設定するとうまくいくことがあります[※2]。

> 自動構成スクリプトの指定方法によって Windows Update が失敗する
> ☞ http://support.microsoft.com/kb/890444/JA/

Windows の自動更新も忘れずに運用ポリシーに合致するように設定しましょう。

10.1.8 ファームウェア更新、ドライバ更新

ファームウェアやドライバは、基本的にインストール時に自動的に適用されるケースが多いはずですが、正しく適用されているか確認し、必要に応じて更新を行うようにしましょう。

基本的にファームウェアやドライバのバージョン管理は物理サーバーであれば各サーバーベンダーから出ているツールを使って行うことになります。しかし、ドライバに関してはすべてツール任せにはせず、デバイスマネージャーを見て異常がないことを確認しておきましょう。デバイスの存在は認識されているが、適切にドライバが適用されていないものには黄色の感嘆符が表示され、異常を知らせてくれます。

また、何でも最新にしておけばよいというものでもありません。最新のバージョンに更新したことによる不具合が発生するケースは決して少なくはありません。かといって、新しいバージョンが出ているということは何らかの問題が修正されていたり、改善が行われたりしているはずですから適用すべきときも多くあります。そのシステムに適したバージョンを見定める必要があります。

※2　この問題については『4.3「インターネットに繋がらない」－ WinHTTP 編』でも解説しています。

仮想環境であれば、仮想化基盤との連携を行うためのツール群を最新の状態に保つということも必要です。操作方法は仮想環境の種類によって異なりますが、最新版に更新することで最大のパフォーマンスを発揮させることができます。特に仮想基盤自体に更新プログラムを適用した場合などにはすべての仮想マシンで更新を要求されることがあるので注意が必要です。

10.1.9　ページファイルの容量

ページングファイルは、メモリに収まりきらなくなったデータ、あるいは頻繁にはアクセスされないメモリが一時的に HDD 上に置かれるための場所です。パフォーマンスに非常に大きく影響するので、目的に合わせた容量を適切な場所に配置する必要があります。パフォーマンスを重視するならシステムのディスクとは別の高速なディスクに配置すべきです。

ページングファイルの適切な容量は、サーバーの種類や用途によって大きく異なるので一概にはいえません。過去、システムに 1GB 未満のメモリしか搭載されなかった時代には一般的にメインメモリの 1.5 倍が推奨されていました。今でも HDD 容量に十分な空き領域があれば同じように確保されます。しかし、大容量のメモリを搭載するのが当たり前になった現在では、実際にはそこまで大きな領域を必要とするケースは少ないでしょう。現在は、通常の用途であれば OS にまかせておいても問題が発生することは少ないです。ただし、SQL Server や Exchange Server など、メモリがあればあるだけ大量に使うソフトウェアでは、ページングファイルのサイズをあらかじめ大きく確保しておかないとエラーが記録され、正常に動作せずに再起動が必要になるということを実際に経験したことがあります。

ページングファイルはファイルとして存在するため、頻繁にサイズが拡張される場合にはフラグメントの影響を受けてパフォーマンスが低下してしまいます。サイズを指定して使用する場合には最初から最小サイズと最大サイズに同じサイズを設定しておくのがお勧めです。これによってパフォーマンス低下を防ぐと同時に、ページファイルが徐々に増大することで予期せぬストレージの空き容量が発生することも防ぐことができます。

昨今ではメモリの大容量化が進んでいることもあり、そもそも大した量は必要ないというケースも多々あります。完全にページングファイルを使わない方がパフォーマンスが出るケースも存在しますが、ソフトウェアによってはページングファイルがないと正常に動作しないものもあるので確認が必要です。

メモリが足りなくなると図 10.2 のように警告が表示されます。

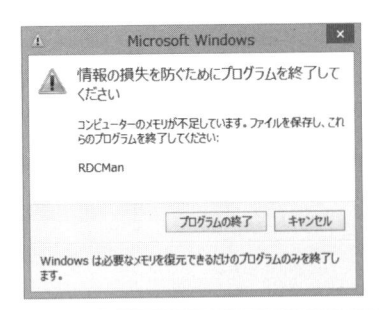

図10.2●メモリ不足の警告メッセージ

　最適な値は個別のシステムによって異なるため一般化することはできないというのがMicrosoftの見解でもあります。高速なディスクに配置した上でサイズ調整はOSに任せることを基本にしつつ、動作させる役割ごとにコントロールするのが管理者の腕の見せどころです。ページングファイルの容量を決定するための方法に関しての詳細は以下の技術情報を参照してください。

> How to determine the appropriate page file size for 64-bit versions of Windows
> ☞ http://support.microsoft.com/kb/2860880/en-us

　さて、ページングファイルにはもうひとつ重要な役割があります。それは「ダンプファイルを生成する」ということです。これに関しては次の項目で見ていきましょう。

10.1.10　ダンプファイルの種類と生成場所

　ダンプファイルはOSやアプリケーションが致命的なエラーに陥った場合に、その時点でのメモリ情報を吐き出すファイルです。ダンプファイルを解析して問題の原因を追求することができます[※3]。
　ダンプファイルの種類と設定内容に関してはあまり知られておらず適切に設定されないケースが散見されるので、少し詳しく説明しておきます。
　大きくOSのダンプファイルとアプリケーションのダンプファイルの2種類が存在します。

■ 10.1.10.1　OSのダンプファイル

　OSが動作を継続できないほど致命的な状況になると、OSのダンプファイルが生成されます。この際の画面の背景色が青いので「ブルースクリーン」「BSD（Blue Screen of Death）」などと呼ば

※3　ダンプ解析に関しては「10.9 クラッシュダンプ解析」でも触れています。

れます。ブルースクリーンが発生して詳細な調査が必要な場合には、このダンプファイルが非常に貴重な情報になります。OS のダンプファイル出力設定には 4 種類あります。それぞれ見ていきましょう。

最小メモリダンプ

出力サイズは 256KB であり、必要最小限の情報が取得できますが、実際のメモリの内容は出力されないため障害対応時には情報不足になることが多いです。

カーネルメモリダンプ

カーネルメモリダンプはカーネルメモリだけを出力します。32bit の OS では 150MB から 2GB 程度のサイズであり、最大値は 2GB + 16MB です。64bit の OS では利用状況に完全に依存しますが、最大値はメモリサイズ + 128MB です。かなりの容量になるので、ストレージの空き容量を十分に確保しておく必要があります。

障害対応を優先するのであればダンプ出力設定はカーネルメモリダンプに設定し、万が一何かあった場合にカーネル内の調査ができるようにしておくとよいでしょう。

完全メモリダンプ

完全ダンプはメモリ量丸々全部のサイズのダンプになります。カーネルメモリダンプの内容に加えてアプリケーションが使用していたメモリの領域も出力されることになります。容量もいよいよ大きいですし、実際には完全ダンプが必要になる状況にまで発展することはまれです。しかし、いざ必要となったときに後から完全ダンプファイルを取得できるように構成を変更するのが容易でないケースもあるため、システムの重要性を考慮してディスク構成を決定する必要があります。

自動メモリダンプ

Windows 8、Windows Server 2012 以降では、規定では OS のダンプファイル出力設定は「自動メモリダンプ」に設定されています。この設定では、ページングファイルの自動割り当て機能と連動して、問題発生時に確実にダンプ生成が行われるようになります。一度ブルースクリーンが発生すると、ページングファイルがメモリサイズと同サイズまで拡張され、2 度目のブルースクリーン発生時のダンプファイル出力に備えるのです。この際のダンプファイルの種類は「カーネルメモリダンプ」です。

■ 10.1.10.2　メモリダンプ生成にはページングファイルが必要

カーネルメモリダンプ、完全メモリダンプを出力する際にはメモリの情報が一度すべてページン

グファイルに格納されるので、ページングファイルのサイズが十分に大きくなければいけません。完全メモリダンプを生成するには搭載メモリ量＋300MB以上に設定されている必要があります。十分なサイズに設定されていない場合にはダンプファイルの生成に失敗してしまいます。昨今ではメモリ搭載量が非常に大きくなっているため、ダンプファイル自体も大きいですが、ダンプファイルを生成するためのページングファイルの容量も非常に大きくなる可能性があります。大量のディスク領域が必要になるのであらかじめ準備しておきましょう。

■ 10.1.10.3　アプリケーションのダンプファイル

アプリケーションのダンプファイルは、アプリケーションがクラッシュしたときに生成されます。

アプリケーションのダンプファイルに関しては、Windows XP、Windows Server 2003では規定の状態でワトソン博士（drwtsn32.exe）がデバッガに設定されているので、「C:¥Windows¥system32¥drwtsn32.exe」を起動し、生成場所などの設定を変更することができます。

Windows Vista、Windows Server 2008以降ではダンプファイルの生成の仕組みが変更され、タスクマネージャーから任意のタイミングでダンプファイルを生成できるようになりました。プログラムがクラッシュした際のダンプ生成は規定で無効になっており、ローカルにダンプファイルを自動作成したい場合にはレジストリで挙動を変更することができます。設定方法は以下の技術情報を参照してください。

> Collecting User-Mode Dumps（Windows）
> ☞ http://msdn.microsoft.com/en-us/library/bb787181.aspx

■ 10.1.10.4　ダンプファイル出力のための容量確保

すべてダンプファイルは規定の状態でシステムドライブに生成される上にサイズも巨大になりうるので、あらかじめ容量を確保しておくかシステムドライブ以外の場所に変更しておくなど、ダンプファイル生成のための設計が必要になります。最近はかなり大量にメモリを搭載する環境が増えました。完全なダンプを取得するための場所の確保が難しいケースもあると思います。

- ダンプを生成する設定にしておいたにもかかわらずストレージの空き容量が足りず生成できなかった。
- ダンプファイルは生成されたがその結果ストレージの空き容量が圧迫されシステムに問題が生じた。

というようなことが発生しないように気をつけましょう。

　ダンプファイルの取得周りの機能もWindowsのバージョンが上がるたびに見なおされています。Windows Server 2008からは完全メモリダンプを生成するためのページングファイルをシステム領域ではない場所に生成できるようになったので、完全メモリダンプが必要だがシステム領域に容量が不足している場合の対処が簡単になりました。

　ダンプファイルの生成を重要視する組織では、以下のようにしっかりと準備をしておくこともあります。

- メモリ搭載量に応じたページングファイル用のディスク（パーティション）を用意。
- ダンプファイルを生成するためのディスク（パーティション）を用意。

　一方、問題が起きてから最悪USB接続の大容量のHDDを接続した上で設定を変更してしまえば出力できるからよいだろう、というラフな考えでも最近のOSなら対処可能です。

　いずれにしても、ダンプファイルの取得が必要になるのはかなり致命的な状況です。そのときになって慌てないように方針はあらかじめ決めておきましょう。ダンプファイル生成に関しては以下の技術情報も参考にしてください。

> Windows Server 2008およびWindows Server 2008 R2でカーネルまたは完全メモリダンプファイルを生成する方法
> ☞　http://support.microsoft.com/kb/969028
>
> Overview of memory dump file options for Windows 2000, Windows XP, Windows Server 2003, Windows Vista, Windows Server 2008, Windows 7, and Windows Server 2008 R2
> ☞　http://support.microsoft.com/kb/254649/en-us

10.1.11　メモリチューニング

　32bit OSで1GB以上のメモリを積んでいる場合には、メモリチューニングを行うべきケースが多いです。OSの仮想メモリ空間のレイアウトを変更するための設定として、/3GBスイッチと/uservaスイッチがあります。1プロセスで大量にメモリを消費するアプリケーションを使っている場合には、仕組みを理解した上でスイッチを付与するとパフォーマンス向上に効果的です。アプリケーションとしての推奨があればそれに従います。

　/3GBスイッチだけを付与することが推奨されていた時期がありましたが、場合によってOSが不安定になる障害が多数報告され、/uservaスイッチを併用することが推奨されるようになりました。/3GBスイッチだけでの適用はやめておいたほうがよいでしょう。

　64bit OSに移行してからはこのようなチューニングは必要なくなっています。

10.1.12 時刻同期

コンピューターシステムでは時刻を同期させておくことが重要です。そうしておかないと、後から何かあったときにログを見ても時系列で問題を追いかけることができなくなります。また、Active Directory 環境では時刻が大きくずれるとシステムが使えなくなってしまいます。

w32tm コマンドで時刻同期設定を行えます。Active Directory 環境では自動的に時刻同期が行われますが、まれに自動的に時刻同期がなされないことがあります。この場合、以下のコマンドでドメイン階層を使った時刻同期を構成することができます。

```
w32tm /config /update /syncfromflags:domhier
```

フォレストルートドメインの PDC エミュレーターの役割を持つドメインコントローラー[※4]はドメイン階層上の最上位に位置するので、自動的な同期設定は行われず、手動で外部との時刻同期を構成する必要があります。また、ワークグループ環境の Windows であれば手動で時刻同期設定をしておくべきです。

手動での同期先設定は以下のコマンドで行います。

```
w32tm /config /update /manualpeerlist:ピア /syncfromflags:manual
```

「ピア」はホスト名および IP アドレスで指定します。またカンマで区切って第2引数として表10.2 のフラグを指定することができます。

表10.2●manualpeerlistの第2引数の意味

フラグ	意味
0x01	特別なポーリング間隔 SpecialInterval を使用
0x02	UseAsFallbackOnly
0x04	SymmetricActive モードとして要求を送信
0x08	Client モードとして要求を送信

Windows 以外の NTP サーバーと同期させるように設定する際には、フラグとして 0x08 を指定し、Client モードとして要求を送信させる必要があります。これはよく発生する状況なので注意してください。詳細は次の技術情報を参照してください。

> Windows Server 2003 で Windows 以外の NTP サーバーとの同期が成功しない
> ☞ http://support.microsoft.com/kb/875424/ja

※4　規定では最初に構築したドメインコントローラーが PDC エミュレーターの役割を持っています。

NTPサーバーの障害に備えて、PDCエミュレーターから複数のNTPサーバーへの同期設定を行うこともできます。その方法は次の技術情報を参照してください。

> Configuring your PDCE with Alternate Time Sources - Ask the Directory Services Team - Site Home - TechNet Blogs
> ☞ http://blogs.technet.com/b/askds/archive/2007/11/01/configuring-your-pdce-with-alternate-time-sources.aspx

時刻同期がなされているかどうかは「w32tm /query /status」および「w32tm /monitor」コマンドで確認できます。

10.1.13 各種ツール群のインストール

標準でさまざまなツールが導入されてはいますが、別途ツール群を導入することでより管理を行いやすくすることができます。ここは管理者によって使うもの、導入しておくものが大きく異なり個性がかなり出るところです。

特に障害対応の際に使うものでインストールが必要なものは、あらかじめ導入しておくことをお勧めします。障害発生時には時間との戦いになるケースもあるため、ツールの準備に手間取っていては時間の無駄です。また、システム構築中ならばソフトウェアのインストールが自由に行えても、システムリリース後の構成変更は運用ルール上難しいことも多いからです。

あなたが自分で試して有用だと思ったものは、どこかにストックしておいていつでも取り出せる状況にしておくとよいでしょう。私はDropbox[※5]の中に管理用ツール群をまとめて入れてあり、いつでも取り出せるようにしています。

参考として、私がよく使うものを「第13章 Windowsインフラ管理者の必携ツールとコマンド」で紹介しています。

10.1.14 パフォーマンスベースラインの取得

システムの導入直後にパフォーマンスのベースラインを取得しておくべきです。「通常時どの程度のパフォーマンスで動いているのか」という値をとっておくのです。

大抵のシステムは、稼働直後は色々と障害がありますがそのうち安定稼働するようになります。その後しばらくは正常に動作するものの、だんだん動作が遅くなっていくことが多いです。それは

※5 オンラインストレージサービス。ディレクトリを指定してコンピューターをまたいで同期、共有できる他、ウェブサイトからダウンロードなども行えます。他にも同様のサービスは複数あり、Microsoftの同種のサービスとしてはSkyDriveがあります。

動作履歴が残ったり、データが増えたりするからです。

しかし、動作が遅い原因が本当に何らかの異常の発生かもしれません。例えばCPUの使用率が常時100%程度に達していたとして、これが正常なのか異常なのか判断するには、通常動作時のパフォーマンスデータ（＝ベースライン）が必要です。例えば通常時のCPU使用率が低いのであれば、常時100%というのは異常な状態であると判断できます。場合によっては日時、あるいは週次の高負荷な処理が走る時間帯だけはCPUの使用率が100%になることが正常な状態かもしれません。この場合にはどの時間帯ならば100%でも異常ではないのかが判断できます。

パフォーマンスのベースラインとしてどの項目をどのように記録しておくべきかは、どのように監視すべきかという話題と同じなので、「10.2 システムの監視」で説明しましょう。

10.2 システムの監視

システムは、その目的に応じて適切な監視項目を決定した上で監視すべきです。大規模な組織であれば監視用のシステムが組まれており、OS部分の基本的な監視ルールも定められているでしょうが、それでもOSの上に乗るソフトウェアごとに見るべき項目は異なってくるため、個別の設計が必要です。

ここでは基本的に監視すべき項目を「パフォーマンスカウンター」「サービス」「イベントログ」に絞って説明します。

10.2.1　パフォーマンスカウンター監視

10.2.1.1　OSの基本的な監視項目

OSの基本的なパフォーマンスとして監視すべきなのは以下の4つです。

- CPU
- メモリ
- ディスク
- ネットワーク

どのシステムのどのようなソフトウェアでも最終的にはこの4つの項目を使うので、ここを押さえておけば基本部分は大丈夫です。

対応する代表的なパフォーマンスカウンター[※6]のカウンター名と、パフォーマンスモニターで表示される説明、また簡単な判断方法を表にしてまとめます。「説明」の記述は難解かもしれないのですぐにすべてを理解する必要はありませんが、分からない単語などは調べておくとよい勉強になるでしょう。

CPUの重要なパフォーマンスカウンター

表10.3●CPUの重要なパフォーマンスカウンター

Processor¥% Processor Time	
説明	% Processor Time は、プロセッサがアイドル以外のスレッドを実行するために使用した経過時間の割合をパーセントで表示します。プロセッサがアイドルスレッドの実行に使用する時間の割合を計測し、その値を 100% から引いて算出します（各プロセッサには、実行するスレッドが他にない場合にサイクルを消費するアイドルスレッドがあります）。このカウンターはプロセッサの処理状況を示す主な指標で、サンプリング間隔で計測されたビジー時間の平均割合をパーセントで表示します。プロセッサがアイドル状態かどうかの判断は、システム時計の内部サンプリング間隔（10ミリ秒）で実行されます。そのため、現在の高速プロセッサでは、システム時計のサンプリング間隔の間に、プロセッサがスレッド処理に多くの時間を費やしている可能性があり、% Processor Time でプロセッサ使用量が少なく見積もられる場合があります。処理負荷に基づくタイマーアプリケーションは、サンプルが取得された直後にタイマーが通知されるため正確に計測されない可能性の高いアプリケーションの一例です。
判断方法	CPU の使用率です。 通常は 80% 程度の値を決めてそれを超えなければよいというように判断することが多いです。
Processor¥% Privileged Time	
説明	プロセスのスレッドが特権モードでコード実行に費やした経過時間の割合をパーセントで表示します。Windows のシステムサービスは呼び出されると、システム専用データへアクセスするために、しばしば特権モードで実行します。これらのデータはユーザーモードで実行するスレッドのアクセスから保護されています。システムの呼び出しは、明示的に、またはページフォールトや割り込みのように暗示的に行われる場合があります。以前のオペレーティングシステムと異なり、Windows では、ユーザーおよび特権モードの伝統的な保護に加え、プロセス境界を使って、サブシステムを保護します。アプリケーションに代わって Windows が行う処理には、プロセス内の Privileged Time に加え、別のサブシステムプロセス内で現れるものもあります。
判断方法	CPU の処理時間のうち、カーネルモードの処理に使った割合です。つまり OS が使った CPU 時間です。 CPU の使用率が高い場合にこの値を同時に確認して、アプリケーションとカーネルのどちらで時間を消費しているのかを確認します。カーネル時間が多い場合にはドライバが問題を抱えているなどの原因が考えられます。 通常この値はそれほど高くないはずです。

Hyper-V が有効になっている環境では、上記のカウンターでは全体の状況を正しく把握できま

※6 「perfmon」コマンドでパフォーマンスモニターを起動し、「パフォーマンスモニター」にてパフォーマンスカウンターを追加することで値を確認できます。また、「データコレクターセット」を使うことで値をファイルに保存できます。

せん。Hyper-V環境では論理プロセッサ（=Logical Processor、LP）と仮想プロセッサ（= Virtual Processor、VP）を区別して利用状況を監視します。LPは物理サーバーのCPUコアに対応し、VPは仮想サーバーに割り当てられた仮想CPUに対応します。

Hyper-Vが有効な環境では主に以下のカウンターを利用します。

表10.4●Hyper-V環境でのCPUの重要なパフォーマンスカウンター

Hyper-V Hypervisor Logical Processor¥% Total Run Time	
説明	ゲストおよびハイパーバイザーコードでプロセッサが消費した時間の割合（%）です。
判断方法	ホストを含むすべての仮想マシンとハイパーバイザーの論理プロセッサの使用率の合計です。システム全体のCPU使用率を見たいときに使えます。 5分平均で80%以下、あるいは連続で100%になる秒数が10秒以下であれば健全と判断されることが多いです。
Hyper-V Hypervisor Logical Processor¥% Guest Run Time	
説明	ゲストコードでプロセッサが消費した時間の割合（%）です。
判断方法	ホストを含むすべての仮想マシンの論理プロセッサの使用率の合計です。ハイパーバイザーが使用した分は含まれていません。 5分平均で80%以下、あるいは連続で100%になる秒数が10秒以下であれば健全と判断されることが多いです。
Hyper-V Hypervisor Virtual Processor¥% 合計実行時間	
説明	ゲストコードとハイパーバイザーコードで仮想プロセッサが消費した時間の割合（%）です。
判断方法	ゲストに割り当てたVirtual ProcessorのCPU使用率のハイパーバイザーが使用した分も含めた割合です。仮想マシンごとに値を確認できます。 5分平均で80%以下、あるいは連続で100%になる秒数が10秒以下であれば健全と判断されることが多いです。
Hyper-V Hypervisor Virtual Processor¥% ゲスト実行時間	
説明	ゲストコードで仮想プロセッサが消費した時間の割合（%）です。
判断方法	ゲストに割り当てたVirtual ProcessorのCPU使用率の割合です。ハイパーバイザーが使用した分は含まれません。仮想マシンごとに値を確認できます。 5分平均で80%以下、あるいは連続で100%になる秒数が10秒以下であれば健全と判断されることが多いです。

メモリの重要なパフォーマンスカウンター

表10.5●メモリの重要なパフォーマンスカウンター

Memory¥Available Mbytes	
説明	プロセスへの割り当てまたはシステムの使用にすぐに利用可能な物理メモリのサイズをメガバイト数で表示します。スタンバイ（キャッシュ済み）、空き、およびゼロページの一覧に割り当てられたメモリの合計と等しくなります。
判断方法	利用可能なメモリ量（MB）です。 全体のメモリ量のうち、5% 程度は空いている状況でなければメモリ不足であるといえます。
Memory¥Pages/sec	
説明	ハードページフォールトを解決するためにディスクから読み取られた、またはディスクへ書き込まれたページの数です。このカウンターは、システム全体の遅延を引き起こすフォールトのプライマリインジケーターです。Memory¥¥Pages Input/sec および Memory¥¥Pages Output/sec の合計です。ページの数がカウントされるので、変換しないで、Memory¥¥Page Faults/sec などのページカウントと比較することができます。（通常、アプリケーションが要求する）ファイルシステムキャッシュ内および非キャッシュのマップされたメモリファイル内のフォールトを解決するために引き出されたページを含みます。
判断方法	ページングファイルに 1 秒間でどの程度読み書きを行ったかです。 5 分間で 2500 を超えるようでは多すぎるといえます。 メモリを十分に積めばこの値は少なくなるので Available Mbytes の値と合わせて確認します。
Memory¥Pool Nonpaged Bytes	
説明	ディスクに書き込むことはできず、割り当てられているかぎりは物理メモリ内に存在するオブジェクトに使用される、システム仮想メモリの領域である非ページプールのサイズをバイト数で表示します。Memory¥¥Pool Nonpaged Bytes は、Process¥¥Pool Nonpaged Bytes とは別に算出されるので、Process(_Total)¥¥Pool Nonpaged Bytes とは異なる場合があります。このカウンターでは、平均値ではなく最新の監視値だけが表示されます。
判断方法	ページングできずメモリに常駐する非ページプール領域[7]の割り当てサイズです。 メモリリークがあると値が右肩上がりに増えていくので、値が増え続けていないかどうかを確認します。
Memory¥Pool Paged Bytes	
説明	使用されていない場合はディスクに書き込むことのできるオブジェクトに使用される、システム仮想メモリの領域であるページプールのサイズをバイト数で表示します。Memory¥¥Pool Paged Bytes は、Process¥¥Pool Paged Bytes とは別に算出されるので、Process(_Total)¥¥Pool Paged Bytes とは異なる場合があります。このカウンターは、平均値ではなく最新の監視値だけを表示します。
判断方法	ページング可能なページプール領域[8]の割り当てサイズです。 メモリリークがあると値が右肩上がりに増えていくので、値が増え続けていないかどうかを確認します。

※7 　カーネルモードで動作するドライバによって確保される仮想メモリ空間。OS モジュールやドライバなどで共有されます。ページアウトできないものを非ページプール領域と呼びます。

※8 　カーネルモードで動作するドライバによって確保される仮想メモリ空間。OS モジュールやドライバなどで共有されます。ページアウトできるものをページプール領域と呼びます。

ディスクの重要なパフォーマンスカウンター

表10.6●ディスクの重要なパフォーマンスカウンター

PhysicalDisk¥Current Queue Length	
説明	パフォーマンスデータの収集時にディスクに残っている要求の数です。この値は、収集時に処理中の要求も含みます。この値は瞬時のスナップショットで、時間間隔での平均値ではありません。複数のスピンドルディスクデバイスは同時に複数の要求をアクティブにできますが、他のコンカレント要求は処理が待機中になります。このカウンターが表示するキューの数値は一時的に高くなったり低くなったりしますが、ディスクドライブへの負荷が持続している場合、値は常に高くなる傾向にあります。要求は、キューの長さとディスク上のスピンドルの数の差に比例して遅延します。パフォーマンスがよくなるには、この差は平均して2より小さくなる必要があります。
判断方法	未処理のディスクへの要求数です。 スピンドル数[9]で割った値を評価対象とし、5分平均で2を超えていなければ健全です。
LogicalDisk¥% Free Space	
説明	選択した論理ディスクドライブ上で使用可能な領域全体に対する空き領域の割合を表示します。
判断方法	システムドライブに関しては15%以上、それ以外に関しては10%以上の空き容量であることが望ましいです。

ネットワークの重要なパフォーマンスカウンター

表10.7●ネットワークの重要なパフォーマンスカウンター

Network Interface¥Output Queue Length	
説明	発信パケットのキューの長さをパケット単位で表示します。このキューが2より長い場合は処理遅延が発生するので、ボトルネックを見つけ、可能であれば除去してください。Network Driver Interface Specification（NDIS）が要求をキューに入れるので、このカウンターの値は常に0です。
判断方法	出力パケットの待ち行列の長さです。 通常は0が健全です。5分平均で2を超えるようであればボトルネックになっています。
Network Interface¥Packets Outbound Errors	
説明	エラーが原因で伝送されなかった発信パケットの数です。
判断方法	0であれば健全です。
Network Interface¥Packets Received Errors	
説明	上層プロトコルへの受け渡しを妨げるエラーを含んだ着信パケットの数です。
判断方法	0であれば健全です。
Network Interface¥Packets Outbound Discarded	
説明	伝送を妨げるエラーが検出されなかったにもかかわらず、廃棄の対象として選択された発信パケットの数です。パケットを廃棄する理由の1つは、バッファー領域を空にすることです。
判断方法	0であれば健全です。

※9 ディスクの数のことです。RAID構成であれば複数ディスクで並行して処理を行えるため、この数で割って個々のディスクの負荷を評価します。

Network Interface¥Packets Received Discarded	
説明	上層プロトコルへの受け渡しを妨げるエラーが検出されなかったにもかかわらず、廃棄の対象として選択された着信パケットの数です。パケットを廃棄する理由の1つは、バッファー領域を空にすることです。
判断方法	0であれば健全です。
TCPv4¥Connections Established	
説明	現在の状態がESTABLISHEDまたはCLOSE-WAITのいずれかであるTCP接続の数です。
判断方法	システムにより正常な値は異なります。 ベースラインと比較します。
TCPv4¥Connection Failures	
説明	TCP接続がSYN-SENT状態またはSYN-RCVD状態からCLOSED状態に直接移行した回数、およびSYN-RCVD状態からLISTEN状態に直接移行した回数です。
判断方法	システムにより正常な値は異なります。 ベースラインと比較します。

Hyper-Vが有効な環境では「Hype-V Virtual Network Adapter」を使用することで仮想マシンごとのネットワークアダプターの利用状況を確認することができます。

プロセスの監視

全体として異常な状態が確認された場合、どのプロセスが異常を引き起こしているのかを確認するために、プロセスごとの値を確認します。プロセスごとに確認する際の重要なカウンターを紹介します。

表10.8●プロセスごとに確認する際の重要なカウンター

Process¥% Processor Time	
説明	該当プロセスのスレッドすべてが、命令を実行するためにプロセッサを使用した経過時間の割合です。命令はコンピューター内の実行の基本ユニット、スレッドは命令を実行するオブジェクト、プロセスはプログラム実行時に作成されるオブジェクトです。任意のハードウェア割り込みやトラップ条件を処理するために実行されるコードもこのカウントに含まれます。
判断方法	プロセスが使用しているCPU使用率です。
Process¥% Privileged Time	
説明	プロセスのスレッドが特権モードでコードの実行に費やした経過時間の割合をパーセントで表示します。Windowsのシステムサービスは、呼び出されるとシステム専用データへアクセスするためにしばしば特権モードで実行します。これらのデータはユーザーモードで実行するスレッドからはアクセスされません。システムの呼び出しは明示的に、またはページフォールトや割り込みのように暗示的に行われる場合があります。以前のオペレーティングシステムとは異なり、Windowsは従来のユーザー保護および特権モードに加えて、サブシステム保護にプロセス境界を使用します。アプリケーションに代わってWindowsが行う処理には、プロセスのPrivileged Timeに加え、別のサブシステムプロセス内で現れるものもあります。

判断方法	プロセスが使用した CPU の処理時間のうち、カーネルモードの処理に使った割合です。つまり OS が使った CPU 時間です。 CPU の使用率が高い場合にこの値を同時に確認して、アプリケーションとカーネルのどちらで時間を消費しているのかを確認します。カーネル時間が多い場合にはドライバが問題を抱えているなどの原因が考えられます。 通常この値はそれほど高くないはずです。
Process¥Private Bytes	
説明	該当プロセスが割り当て、他のプロセスと共有できないメモリの現在のサイズをバイト数で表示します。
判断方法	プロセスが専有するメモリ量です。 ベースラインと比較します。
Process¥Virtual Bytes	
説明	プロセスが使用している仮想アドレス領域の現在の大きさをバイト数で表示します。仮想アドレス領域の使用は、必ずしもディスクあるいはメインメモリページを使用することにはつながりません。仮想領域は限定されており、プロセスがライブラリをロードする能力が限定されます。
判断方法	プロセスが予約しているものも含めたメモリ量です。 ベースラインと比較します。
Process¥Handle Count	
説明	該当プロセスが現在オープンしているハンドルの総数です。この値は、該当プロセス内の各スレッドが現在オープンしているハンドルの合計値に一致します。
判断方法	プロセスがオープンしているハンドル[※10]数です。 ハンドルリークがあると値が右肩上がりに増えていくので、値が増え続けていないかどうかを確認します。
Process¥Pool Nonpaged Bytes	
説明	ディスクに書き込むことはできず、割り当てられているかぎりは物理メモリ内に存在するオブジェクトに使用される、システム仮想メモリの領域である非ページプールのサイズをバイト数で表示します。Memory¥¥Pool Nonpaged Bytes は、Process¥¥Pool Nonpaged Bytes とは別に算出されるので、Process(_Total)¥¥Pool Nonpaged Bytes とは異なる場合があります。このカウンターでは、平均値ではなく最新の監視値だけが表示されます。
判断方法	プロセスが使用する、ページングできずメモリに常駐する非ページプール領域の割り当てサイズです。 メモリリークがあると値が右肩上がりに増えていくので、値が増え続けていないかどうかを確認します。

※10 プロセスが扱っているウインドウ、ファイルなどを扱うためのもの。例えばファイルを1つ新たに開けばハンドル数が1つ増えます。ファイルを閉じればハンドルは解放され、ハンドル数は1つ減ります。

Process¥Pool Paged Bytes	
説明	使用されていない場合はディスクに書き込むことのできるオブジェクトに使用される、システム仮想メモリの領域であるページプールのサイズをバイト数で表示します。Memory¥¥Pool Paged Bytes は、Process¥¥Pool Paged Bytes とは別に算出されるので、Process(_Total)¥¥Pool Paged Bytes とは異なる場合があります。このカウンターは、平均値ではなく最新の監視値だけを表示します。
判断方法	プロセスが利用するページング可能なページプール領域の割り当てサイズです。 メモリリークがあると値が右肩上がりに増えていくので、値が増え続けていないかどうかを確認します。

■ 10.2.1.2　アプリケーションごとの監視項目

　アプリケーションはそれぞれ独自のパフォーマンスオブジェクトを持ち、公開していることがほとんどです。そのため、アプリケーションごとにどの項目をどのように監視し、どのように判断するかを決定する必要があります。

　これは完全にアプリケーションごとに異なるため共通化することはできません。個別に対応する必要があります。主要な製品に関してはメーカーから監視すべき項目と注意すべき閾値についての情報が提供されています。例えば、以下は Exchange Server 2010 に関しての情報です。

　　パフォーマンスとスケーラビリティのカウンターと閾値：Exchange 2010 のヘルプ
　☞　http://technet.microsoft.com/ja-jp/library/dd335215(v=exchg.141).aspx

■ 10.2.1.3　パフォーマンスモニターで値を記録する場合の形式

　パフォーマンスモニターで値を記録する場合には、CSV、バイナリ、SQL の 3 つの形式で保存できます。SQL は別途 SQL Server を必要とするので少々敷居が高く、通常は選択されません。CSV はファイルサイズの上限があったり後から追加されたインスタンスが記録されないなどの制約があるため、まずはバイナリ形式で保存しておくのが無難です。

　バイナリ形式で保存しておくとパフォーマンスモニターで自由に見ることができ、後から relog コマンドでデータを結合したり、必要な部分だけ抽出したり、CSV 形式に変換したりすることができます。

■ 10.2.1.4　閾値を超えた場合について

　パフォーマンスカウンターを監視していると閾値を超えることがありますが、それで直ちに異常であると判断するのではなく、局所的なものかどうか、また、アプリケーションの利用状況として適切かどうかを判断します。

例えば、特定のアプリケーションの特定の処理ではCPUリソースがあればあるだけ使用するものがあります。その間はCPU使用率100%の状態が続きますが、これは異常ではなくソフトウェアの意図した状態であり、むしろ適切にCPUを使えているということができます。このように、処理内容について正しく認識をした上で本当に異常なものとの区別をつける必要があります。

また、瞬間的に閾値を超え、すぐに正常な値に戻ることも多くあります。これを「スパイク」と呼びます。これも基本的には異常とは認識せず、ある程度連続的に閾値を超え続ける場合を異常と判断します。

正常、異常の判断はすべてを機械的に判断することが正しい訳ではありません。システム全体の通常時の動きやアプリケーションのリソースの利用状況を正しく把握した上で、きちんと知識を持った人が全体の傾向の中で初めて正しい判断ができるものです。

10.2.2 サービス監視

サービスは、Windowsで常駐するプロセスを管理するために使用されます。通常のサーバーアプリケーションの場合にはすべてのプロセスがサービスに紐付いています。そのため、アプリケーションが利用しているサービスを特定し、そのサービスが正常に実行されていることを監視する必要があります。

サービス自体には、エラーが発生してサービスが起動したプロセスが異常終了した場合にどのように回復処理を行うか設定できます。通常は「サービスを再起動する」という設定になっているためプロセスは再起動されますが、それでも異常終了を繰り返してサービスが継続できないことがあります。この状態を検知し、対処を行う必要があります。

10.2.3 ログ監視

プロセスの動作やエラーなどはログに出力されます。Windows上のアプリケーションは大抵の場合イベントログにログを記録するので、イベントログを監視することが非常に重要です。

アプリケーションによってはWindowsのイベントログにはログを出力せず、独自のログファイルにログを出力するものがあります。その場合には、どのようなメッセージが検知すべき異常を表すものなのかを定義した上で、そのログファイルを監視対象にする必要があります。

アプリケーションが独自にイベントを管理し、その通知も含めてアプリケーション上で設定、管理する形態のものもあります。

10.2.4　監視すべき項目がわからない場合

　パフォーマンスカウンターの監視対象や閾値、監視すべきサービスなどの情報がうまく見つかればよいですが、見つからない場合もあります。その場合、Microsoft製品であればSystem Center Operations Managerの管理パックを参考にすることができます。「管理パック」は、製品の開発者によって「監視すべき」と定められた項目がまとめられたものです。

　もちろん、監視システムとしてSystem Center Operations Managerを使用するのであれば、管理パックの定義をそのまま使うことができます[11]。

　一般的には、多数のWindowsサーバーやネットワーク機器などの監視を行う場合は専用の監視ソフトウェアを使い、監視用のサーバーを構築します。監視される側には特別なことは何もしないこともありますが、エージェントソフトウェアを導入することも多くあります。

　監視はすべてのノードに対して行われるべきものであるため、手法を共通化しておくことのメリットが多い部分です。

10.3　アクセス許可の理解（NTFSアクセス許可と共有アクセス許可）

　アクセス許可の動作の仕組みを紹介します。主にファイルサーバーの運用時に必要になる知識ですが、ファイル共有はクライアントOSでもいつでもどこでも簡単に行えますし、すべてに関連する話題なのでしっかりと理解しておく必要があります。

　なお、Windows Server 2012よりReFS[12]という新しいファイルシステムが登場しましたが、このファイルシステムはアクセス許可に関してNTFSと互換性を持っています。この項目で理解すべき内容としてはReFSとNTFSを区別する必要がないため、「NTFSアクセス許可」の話としてReFSのことには触れません。また、Windows Server 2012より新たに搭載された「ダイナミックアクセス制御」に関しても、現場への導入はあったとしてもまだ先になると思われるため触れていません。まずはNTFSアクセス許可と共有アクセス許可の関係を理解することが重要です。

　なお、画面の操作方法や文言などはOSのバージョンによって変化していますが、考え方自体は同じです。

※11　もっとも、管理パックの規定の状態のままの状態がその組織にとって最適であるということは少ないでしょう。この場合、組織の要件に合わせて管理パックをカスタマイズすることになります。
※12　Resilient File System。可用性と信頼性に優れるファイルシステムで、NTFSとも多くの互換性を持ちます。

10.3.1　NTFSアクセス許可

まずはNTFSアクセス許可です。現場では「アクセス許可」とは呼ばずに「NTFSアクセス権」、あるいは単に「アクセス権」と呼ばれることが多いです。これは、NTFSでフォーマットされたドライブであればすべてのフォルダーやファイルが持っています。FATでフォーマットされている場合にはファイルシステムとしてのアクセス許可は設定できません。FATにはそもそもアクセス許可を設定する機能がないからです。

ファイルやフォルダーのプロパティを開くと、「セキュリティ」タブがあります。

図10.3●セキュリティタブ

ここで、誰がどのような権限を持つかということを確認できます。実際にアクセス許可を変更するには「編集」ボタンを押した後の画面で操作します。

図10.4●セキュリティの編集画面

Windows XP や Windows Server 2003 の場合には、「セキュリティ」タブを表示すると直接編集が可能な状態になっています。

図10.5●Windows XP、Windows Server 2003のセキュリティタブ

［追加］を押してエントリを追加し、アクセス許可を設定することができます。

■ 10.3.1.1 「簡易ファイルの共有を使用する」オプション

Windows XP のワークグループ環境の場合には、図 10.6 のようにセキュリティタブが表示され

ないケースがあります。

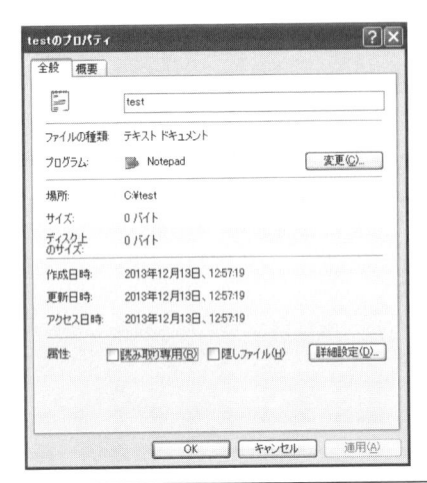

図10.6●セキュリティタブが表示されない

これは「簡易ファイルの共有を使用する」という設定が有効になっていることが原因です。

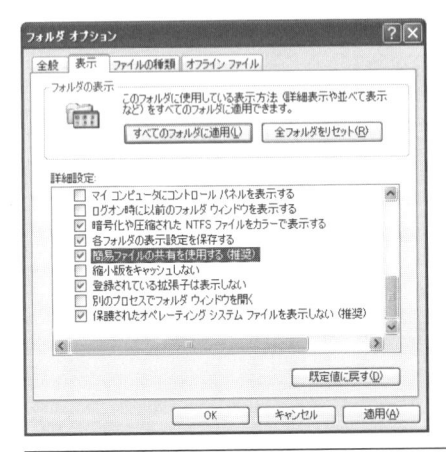

図10.7●「簡易ファイルの共有を使用する」オプション

　この設定は、自分だけが使えるフォルダーにするかどうかという設定だけでコントロールし、細かくアクセス許可を制御しない設定です。個人利用であればこのレベルのコントロールで問題ありませんが、組織での利用ではこのままでは管理が難しいため、推奨設定にはなっていますがこのオプションを外すことをお勧めします。ドメインに参加するとこの設定は自動的に解除されます。

10.3.2　NTFSアクセス許可の継承

　新しいエントリは追加できますが、すでに登録されているエントリに関してはグレーアウトされていて編集できません。これは、NTFSアクセス許可が「継承」されているためです。継承の様子はセキュリティタブの中にある［詳細設定］の中で確認できます。

　［詳細設定］ボタンを押した後の画面はWindowsのバージョンによって文言やタブの違いなどが結構ありますが[13]、基本的に表現が変わっているだけで行えることは同じなのであまり気にする必要はありません。

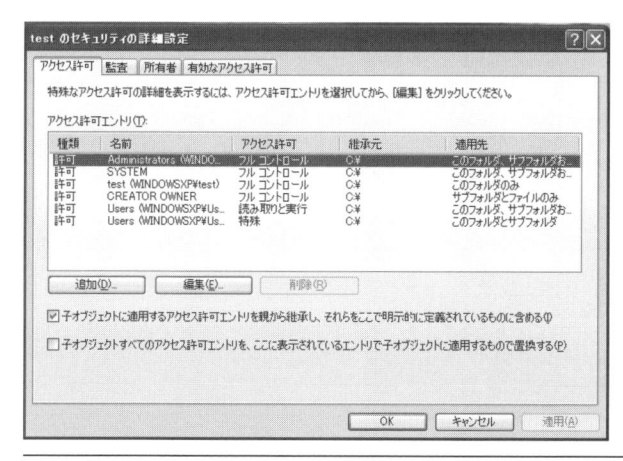

図10.8●Windows XP、Windows Server 2003のセキュリティの詳細設定

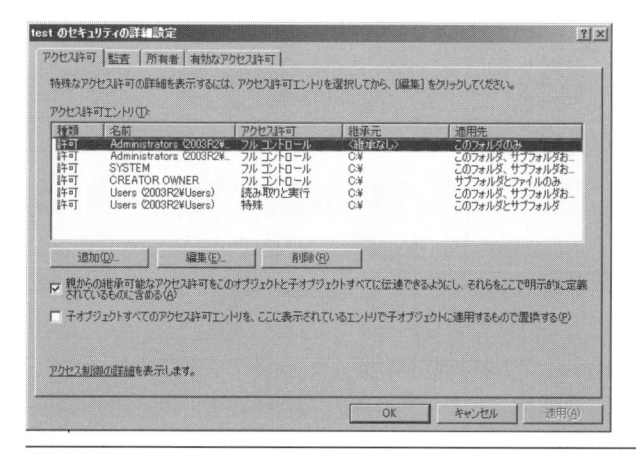

図10.9●Windows Server 2003 R2のセキュリティの詳細設定

※13　まるで間違い探しのようです。

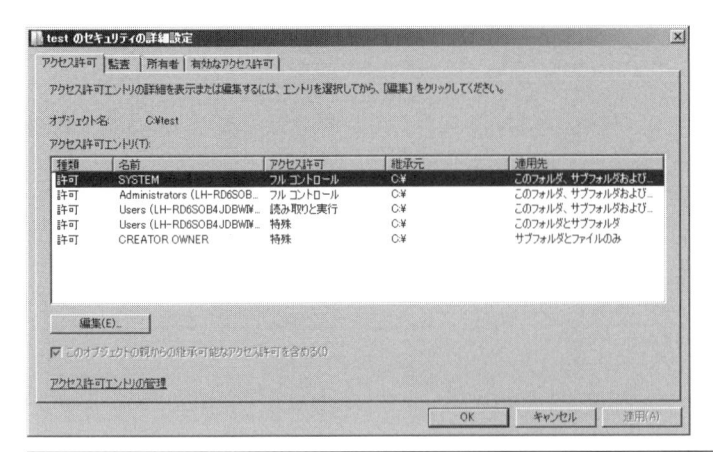

図10.10●Windows Vista、Windows Server 2008のセキュリティの詳細設定

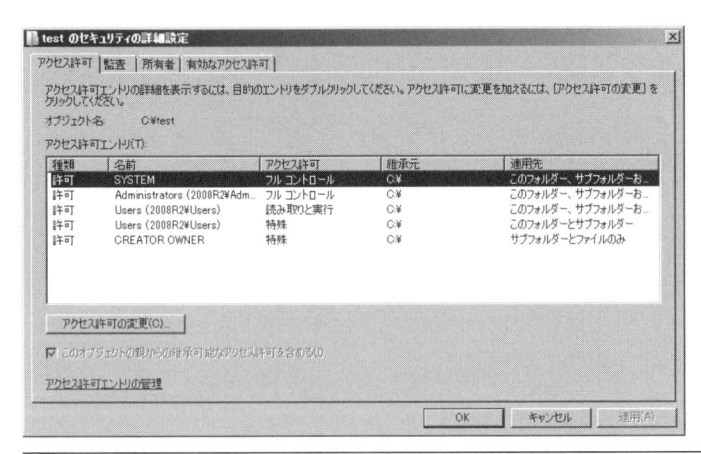

図10.11●Windows 7、Windows Server 2008 R2のセキュリティの詳細設定

10.3　アクセス許可の理解（NTFSアクセス許可と共有アクセス許可）

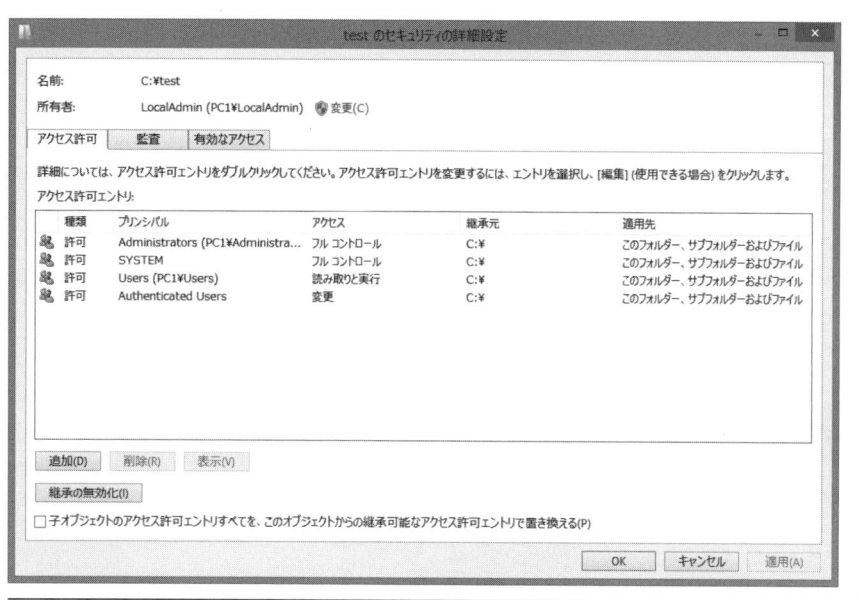

図10.12●Windows 8、Windows Server 2012のセキュリティの詳細設定

「継承元」という表示からわかるように、規定の状態では上の階層で設定されたセキュリティの設定を受け継ぐようになっています。自由に編集できるようにするためには明示的に継承させないようにする必要があります。

この操作はバージョンによって少々異なりますが、意味を理解していればどのバージョンでも操作できるでしょう。

表10.9●アクセス許可の継承を無効化する操作

Windows XP、 Windows Server 2003、 Windows Server 2003 R2	「親からの継承可能なアクセス許可をこのオブジェクトと子オブジェクトすべてに伝達できるようにし、それらをここで明示的に定義されているものに含める」チェックボックスを外す。
Windows Vista、 Windows Server 2008	「編集」ボタンを押した後、「このオブジェクトの親からの継承可能なアクセス許可を含める」チェックボックスを外す。
Windows 7、 Windows Server 2008 R2	「アクセス許可の変更」ボタンを押した後、「このオブジェクトの親からの継承可能なアクセス許可を含める」チェックボックスを外す。
Windows 8、 Windows Server 2012	「継承の無効化」ボタンを押す。

あえてすべて載せました。見事に操作方法が変化しています。ボタンの文言や操作手順を覚えるのではなく、その「意味」を理解して対応する必要があることを示す格好の例です。

チェックボックスを外そうとすると、次の図のように説明がなされて、現在の設定をコピー、追

299

加、変換するのか、一度すべて削除するのかを選択することができます。どちらを選んでも最終的に設定したいことに変化があるわけではないので、そのつど効率のよい方を選びます。

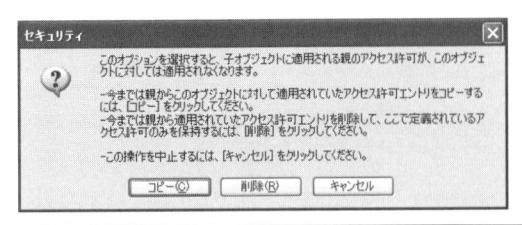

図10.13●Windows XP、Windows Server 2003、Windows Server 2003 R2の警告メッセージ

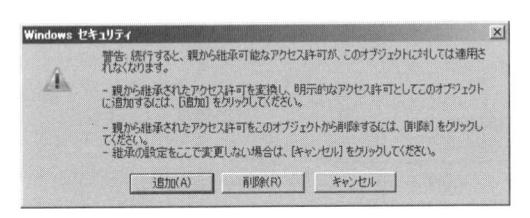

図10.14●Windows Vista、Windows Server 2008、Windows 7、Windows Server 2008 R2の警告メッセージ

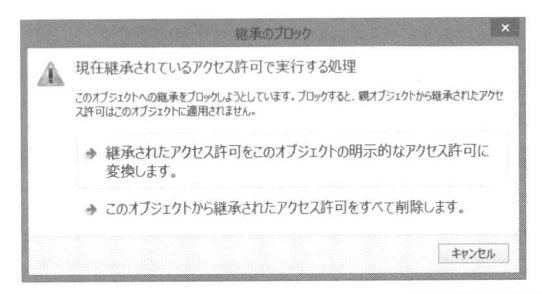

図10.15●Windows 8、Windows Server 2012の警告メッセージ

次の図は［コピー］あるいは［継承されたアクセス許可をこのオブジェクトの明示的なアクセス許可に変換します。］を選んだ場合ですが、継承元がすべて［継承なし］、［なし］になり、今まで編集できなかったエントリも編集できるようになっていることがわかります。

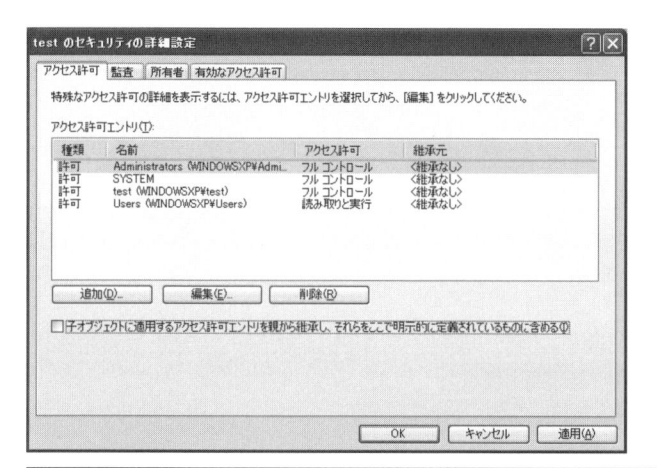

図10.16●Windows XP、Windows Server 2003で継承を無効化した状態

図10.17●Windows 8、Windows Server 2012で継承を無効化した状態

　継承を切ってしまえば自由にアクセス許可をつけられるようになりますが、果たしてそれで管理上よいのかという問題が残ります。場合にもよりますが、たいていの場合はあまりよいことではないでしょう。

　複雑にアクセス権をつけてしまうと管理が難しくなります。意図しない情報漏洩の危険も高まり、「あのファイルが見えないからアクセス権をつけて」というリクエストに度々時間を取られることにもなります。一定のルールを定めて適切に管理された状態で運用されるのが望ましいです。

　「フルコントロール」の権限をユーザーに与えてしまうと、継承の無効化やアクセス許可の変更

まで行えるようになってしまい、アクセス許可が無秩序な状態になることを抑制できなくなるので、基本的にユーザーには「変更」アクセス許可までを与え、フルコントロール権限を与えずに運用することが多いです。

10.3.3　所有者

［詳細設定］ボタンの中に［所有者］という項目があります。

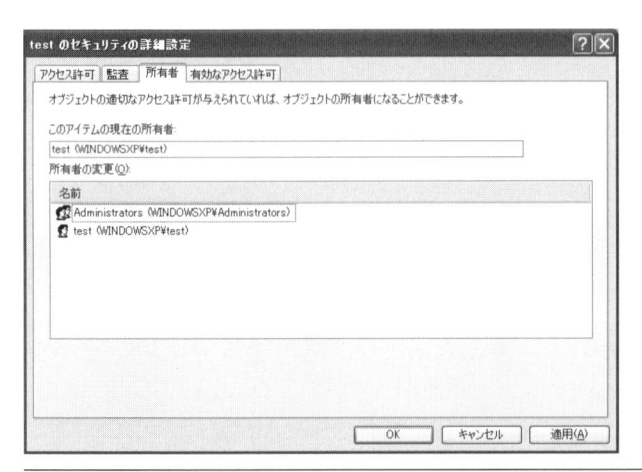

図10.18●Windows XP、Windows Server 2003の「所有者」

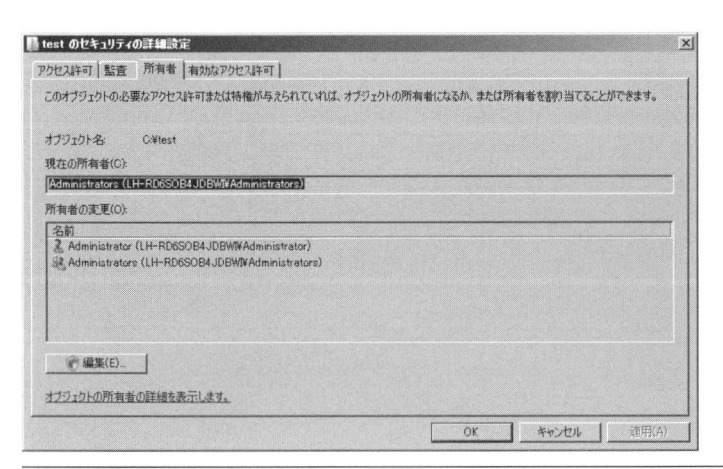

図10.19●Windows Vista、Windows Server 2008、Windows 7、Windows Server 2008 R2の「所有者」

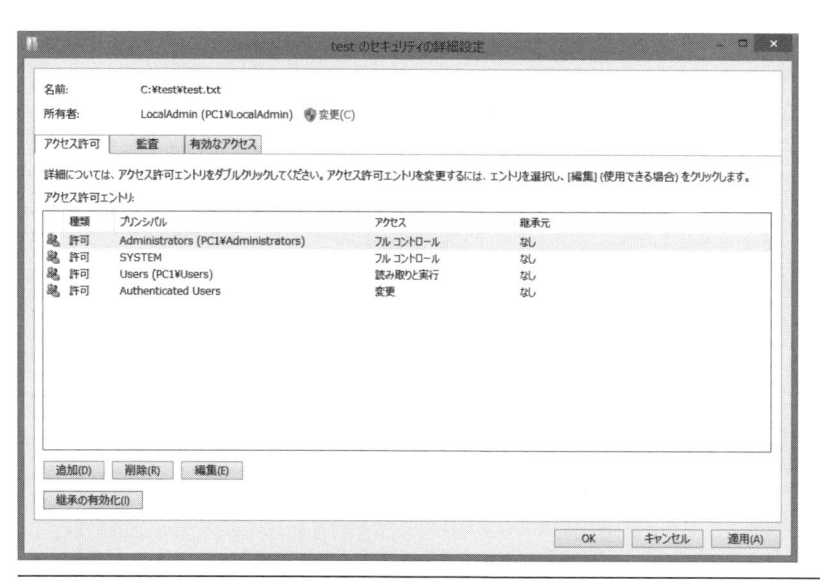

図10.20●Windows 8、Windows Server 2012の「所有者」

　ここでは、フォルダーやファイルの現在の所有者の確認と所有者の変更が行えます。つまり、他の人が作ったフォルダーやファイルを自分のものにしてしまえるのです。

　このような機能がある理由は、管理者が確実にすべてのフォルダーやファイルを管理できるようにするためです。この機能がないと、誰かが誰も触れないようなセキュリティ設定をしてしまった後で、そのアカウントすら（退社などで）消してしまったようなときに打つ手がなくなってしまいます。

　この機能があるということは、アクセス許可で保護していたとしても、システムの管理者であればそのファイルを所有権ごと取得して自由にできるということになります。つまり、物理的にアクセスできる状態ではアクセス許可によってファイルを保護することはできないということです。拾ったノートパソコンのHDDを取り出して別のPCに接続し、所有権を取得してしまえばすべてのファイルにアクセス可能です[14]。

10.3.4　共有アクセス許可

　共有のアクセス許可の設定は、フォルダーのプロパティの［共有］タブ内から行えます。Windows Vista、Windows Server 2008以降では「ネットワークのファイルとフォルダーの共有」と「詳細な共有」の大きく2つの方法が選択できますが、「詳細な共有」であれば共有のアクセス許可が変更できます。

※14　これを防ぐためにはHDD自体を暗号化しておく対策が有効です。

図10.21●「ネットワークのファイルとフォルダーの共有」と「詳細な共有」

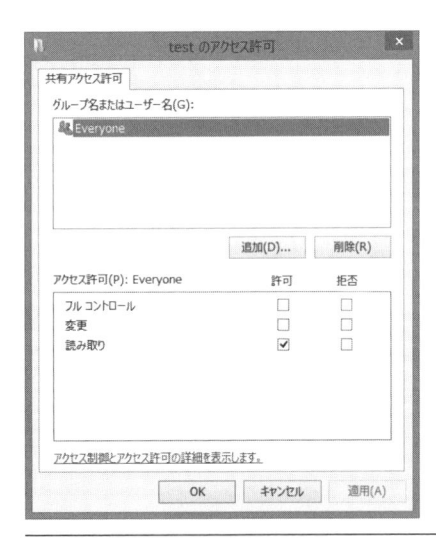

図10.22●共有アクセス許可の編集画面

図10.23●Windows XP、Windows Server 2003の共有アクセス許可の編集画面

　NTFSアクセス許可と比べるとはるかにシンプルです。権限も3種類しかありませんし、継承という概念もありません。
　なお、「ネットワークのファイルとフォルダーの共有」で設定を行うと、共有のアクセス許可はEveryoneフルコントロールに自動的になされ、同時にNTFSアクセス許可の設定がなされます。

10.3.5　共有のアクセス許可とNTFSのアクセス許可の適用タイミング

それぞれの設定は次のように適用されます。

- ファイル共有を経由したアクセスのときにだけ共有アクセス許可が適用される。
- 同じファイル、フォルダーへのアクセスであっても、別のファイル共有を経由してアクセスした場合には、異なる共有アクセス許可が適用される。
- NTFSアクセス許可は常に適用される。
- 共有アクセス許可とNTFSアクセス許可の両方が設定されている場合には両方で許可されていることだけが行える。

10.3.6　注意すべきポイント

気をつけなくてはいけないのは次のようなポイントです。

- 「共有アクセス許可でアクセス制限しているのでNTFSアクセス許可では制限していない」場合には、コンソールから直接あるいはリモートデスクトップでログインされると、意図しないファイルにアクセスができてしまいます。

- 同一のファイルに2つの共有からアクセス可能な状況で、それぞれの共有のアクセス許可が異なる場合、アクセスする際のパス（どちらの共有を通ったか）によって行えることが変わってしまいます。

また、それぞれの特徴は次のとおりです。

- NTFSのアクセス許可はファイル、フォルダー単位の設定であるため、半永久的に残ります。場所を移動した場合でも残ります[※15]。
- 共有のアクセス許可は共有を解除するときれいになくなります。

共有のアクセス許可に細かく大量のエントリを追加していると、それを意図せず解除してしまった場合に、同じ設定を再度行うことが非常に困難になってしまいます。

10.3.7 どのようにアクセス制御すべきか

結局どうすればよいのかという問いに対してはさまざまな答えが考えられますが、私の方針は次のようなものです。

- 共有アクセス許可は常にEveryoneフルコントロール。
- NTFSのアクセス許可でだけ制御する。

共有アクセス許可とNTFSアクセス許可の2重管理状態になるのを避けつつ共有アクセス許可の抜け道を塞ごうとすると、必然的にこのような方針をとることになるでしょう。実際に「ネットワークのファイルとフォルダーの共有」で共有を実施した上でアクセス許可を付与する場合にもこのように設定されます。

※15 例外があります。詳細は「10.4 コピー＆ペーストとカット＆ペーストではNTFSアクセス許可が異なる」を参照してください。

10.4 コピー&ペーストとカット&ペーストではNTFSアクセス許可が異なる

Windows上でフォルダーやファイルをコピーしたり移動したりするのは日常的によく行う動作ですが、実は「コピー&ペースト」と「カット&ペースト」では結果が異なります。

10.4.1 NTFSアクセス許可の変化

- コピー&ペースト → ペースト先のNTFSアクセス許可を上位フォルダーから継承。
- カット&ペースト（同一ドライブ上）→ ペースト先のアクセス許可には依存せず（上位からの継承は無効にした状態で）、カットした元のNTFSアクセス許可が設定される。
- カット&ペースト（別ドライブへ）→ ペースト先のNTFSアクセス許可を上位フォルダーから継承。

このように、コピー&ペーストとカット&ペーストは動きが明確に異なり、同じカット&ペーストでも同一ドライブ内で完結する場合とドライブをまたぐ場合で動きが異なるのです。これを把握していないと大事故につながりかねません。

10.4.2 理由の予想

おそらく、コピーというのは結局元のファイルとは別のものを「新規作成」することになるのでしょう。「新規作成」されたファイルやフォルダーは上位のNTFSアクセス許可を継承するのが規定の動作であるため、コピー&ペーストのときには継承になるのでしょう。

一方、カット&ペーストの場合には別のものを新規作成するのではなく、既存のファイル、フォルダーの位置情報だけを書き換えるのでしょう。その際、NTFSアクセス許可は「継承を切って、今のアクセス許可をそのまま残す」という動きをするようにロジックが組まれているのだと思われます。

さらに、カット&ペーストでも、ドライブをまたぐ場合には完全に新しく作成して、元のものを消すという操作が必要なので、コピー&ペーストと同じ結果になるものと思われます。

個人的にはカット&ペーストのときも、上位のフォルダーのアクセス許可を継承してよいのではないかと思います。しかし、実際にそうなっていないということは、継承であってもNTFSアクセス許可はそれぞれのファイルやフォルダーに書き込まれていると考えられます。なぜならそのほうが個別の処理が速いと考えられるからです。アクセスがあるたびにフォルダー階層をたどって大

元のアクセス許可を確認していたら処理が遅くなることは容易に想像できます。

　以上の理由から、「なるべく早く動くように」と考えた結果がこの動作の違いになっているというのが私の予想です。

　この予想は外れているかもしれませんが、このように裏側のロジックを予想した上で動きを覚えると記憶に定着します。ルールや考え方だけ覚えておけばよいのですから。皆さんも何か疑問に思うことを発見したらその裏側にあるロジックを推測するようにしてみてください。技術の習得速度が飛躍的に高まることでしょう。

10.5 管理共有と隠し共有

　共有を行うためには通常、共有したいフォルダーの共有設定で、共有アクセス許可とNTFSアクセス許可を適切に設定しておく必要がありますが、一部の特別な種類の共有は規定の状態で作成されています。

10.5.1 管理共有

　管理共有は、CドライブやDドライブなど、ドライブのルート[※16]からドライブ全体を共有しているものと、Windowsディレクトリを共有しているものがあります。管理のために使われるので「管理共有」と呼ばれます。これはWindowsであれば規定の状態で共有されていますが、一般ユーザーに見えてしまうと混乱することが考えられるため、共有名の末尾に「$」が付けられ隠されています。

表10.10●管理共有

共有される場所	アクセス方法	備考
ドライブのルート	￥￥ホスト名￥c$ ￥￥ホスト名￥d$ ※ハードディスクはドライブレターを使ってすべて共有される	ハードディスクドライブだけ共有される
Windowsフォルダー	￥￥ホスト名￥admin$	

　非常に便利で強力なため、例えば各種ソフトウェアでリモートからエージェントソフトをインストールする際に利用されている場合などがあり、無効にすると正常に動作しないものがあります。

※16 「根っこ」のことです。具体的にはCドライブのルートは「C:￥」フォルダーのことを指します。

また、ワームが感染を広げる際に管理共有を利用するケースなども多々あり、あまりにも強力なためWindows Vista以降ではワークグループ環境の場合には管理共有が無効化されています。ドメインに参加すると有効化されます。設定の変更にはレジストリを編集する必要があります。詳細は次の技術情報を確認してください。

Windows Vistaベースのコンピューターにある管理共有に、ワークグループのメンバーである別のWindows Vistaベースのコンピューターからアクセスすると、エラーメッセージ"ログオンに失敗しました:ログオンできません"が表示される
☞ http://support.microsoft.com/kb/947232/ja

10.5.2　隠し共有

管理共有もそうですが、「知らない人には余計な共有は見せない」ための機能として「隠し共有」があります。単純に共有を作成する際にその名称の最後に「$」を付与すると隠し共有となり、「¥¥コンピューター名」でアクセスした際に表示される共有の一覧に表示されないようになります。

ファイルサーバーの運用方法の一例として以下のような方法があります。

- ユーザーに余計な共有を見せないように共有を隠し共有で作成する。
- ログオンスクリプトで必要な隠し共有をドライブマップさせる。
- ユーザーにはドライブだけから共有を利用させる。

ユーザーに「UNCパス」を意識させないで利用させるテクニックの1つです。デメリットとしては、ユーザーの権限にもとづいてログオンスクリプトを管理することが大変なことが挙げられます。

10.6　コマンドの結果をファイルに保存する（標準出力と標準エラー出力）

コマンドプロンプト上のコマンドの結果をファイルに保存する方法について紹介します。バッチファイルを実行させるときや、何かの処理の結果を記録しておきたいときには必須のテクニックになります。コマンドの出力結果が多いときにはこれを使わないと記録が残せません。現場でもエラーを取り逃している例が散見されます。確実に理解して楽をしましょう。

10.6.1 標準出力と標準エラー出力

コマンドプロンプトで何かコマンドを入力、実行したときに表示されるメッセージは、コマンドプロンプト上では見分けがつきませんが、実は以下の2種類に明確に分かれています。

- 標準出力
- 標準エラー出力

ディレクトリの中身を表示する dir コマンドの実行結果を例に説明します。図 10.24 を見てください。

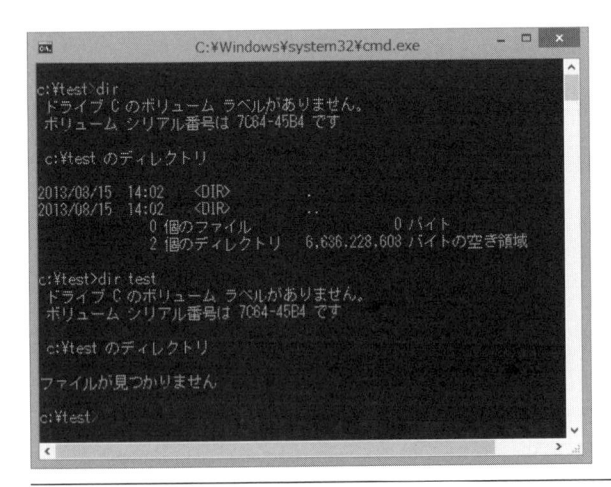

図10.24●dirコマンドの実行結果

まず「dir」を実行したところ、ディレクトリには何もないという結果が表示されました。次に「dir test」を実行したところ、test というサブフォルダーあるいはファイルが存在しないので「ファイルが見つかりません」と表示されました。

このように、コマンドプロンプト上ではコマンドの結果がすべて同じように表示されますが、実はすでに標準出力と標準エラー出力が混ざっています。

10.6.2 標準出力のリダイレクト

リダイレクト機能を使って標準出力だけをファイルに出力させてみましょう。「>」を使って「dir」の結果を「result1.txt」に、「dir test」の結果を「result2.txt」にそれぞれ出力します。コマンドプロンプト上の表示を図 10.25 に、2つのファイルの内容を図 10.26 と図 10.27 にそれぞれ示

します。

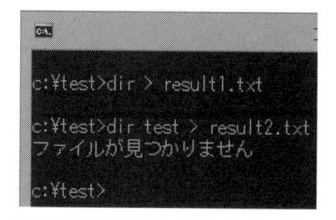

図10.25●標準出力のファイルへのリダイレクト

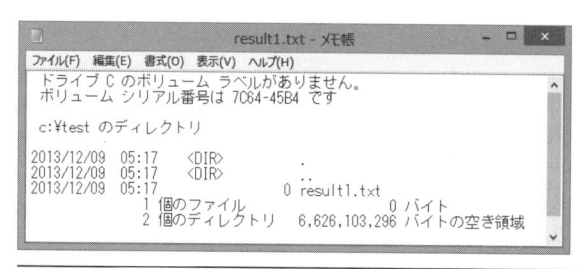

図10.26●result1.txtの内容

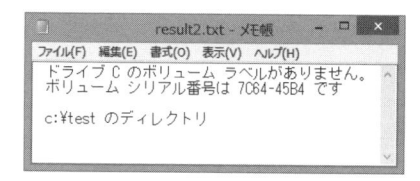

図10.27●result2.txtの内容

　なかなか面白い結果になりました。「dir」の結果はすべてファイルに出力され、コマンドプロンプト上には何も出力されません。一方、「dir test」の結果は、ファイルに出力された部分とコマンドプロンプト上に表示された部分に分かれました。

　ここではコマンドの標準出力をファイルにリダイレクトしているため、その部分はコマンドプロンプト上に表示されません。「dir test」の結果ではコマンドプロンプト上に「ファイルが見つかりません」と表示されますが、これはエラーメッセージが標準エラー出力に出力され、標準エラー出力はファイルにリダイレクトされていないため、コマンドプロンプト上に表示されています。

10.6.3　標準エラー出力のリダイレクト

　「2>」を使えば、標準エラー出力をリダイレクトすることができます。図10.28のようにするこ

とで、標準出力と標準エラー出力をそれぞれ別のファイルにリダイレクトすることもできます。

```
c:\test>dir > result3.txt 2> result3_error.txt
c:\test>dir test > result4.txt 2> result4_error.txt
c:\test>
```

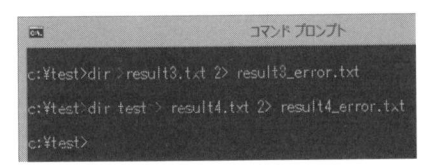

図10.28●標準出力と標準エラー出力のリダイレクト

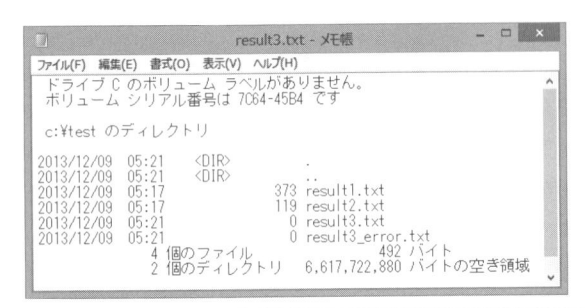

```
ドライブ C のボリューム ラベルがありません。
ボリューム シリアル番号は 7C64-45B4 です

 c:\test のディレクトリ

2013/12/09  05:21    <DIR>          .
2013/12/09  05:21    <DIR>          ..
2013/12/09  05:17               373 result1.txt
2013/12/09  05:17               119 result2.txt
2013/12/09  05:21                 0 result3.txt
2013/12/09  05:21                 0 result3_error.txt
               4 個のファイル                 492 バイト
               2 個のディレクトリ   6,617,722,880 バイトの空き領域
```

図10.29●result3.txtの内容

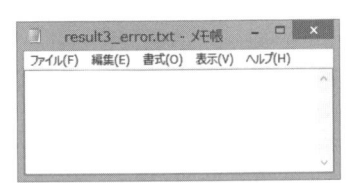

図10.30●result3_error.txtの内容

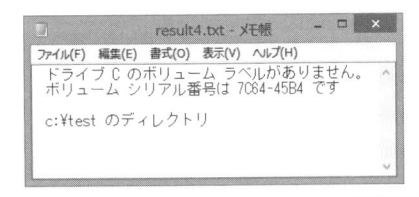

```
ドライブ C のボリューム ラベルがありません。
ボリューム シリアル番号は 7C64-45B4 です

 c:\test のディレクトリ
```

図10.31●result4.txtの内容

```
ファイルが見つかりません
```

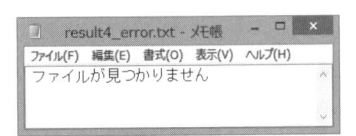

図10.32●result4_error.txtの内容

見事、標準エラー出力を別ファイルに出力させることができました。
　結果を出力させるには「>」でリダイレクトさせればよい、と覚えている人が多いですが、標準出力だけをリダイレクトさせると、標準エラー出力に出力されたメッセージを取りこぼしてしまうので注意してください。

10.6.4　結果を1つのファイルに保存する

　コマンドの出力結果をすべてファイルに保存するには、標準出力と標準エラー出力の両方をリダイレクトさせる必要がありますが、図10.28の方法で1つのファイルに保存することはできない点に注意してください。

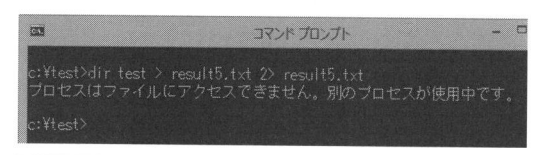

図10.33●標準出力と標準エラー出力の同一ファイルへの出力（失敗例）

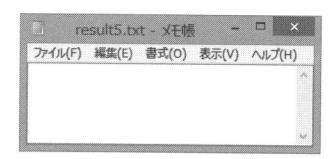

図10.34●result5.txtの内容

　このように、単純に同じファイルに対して標準出力と標準エラー出力をリダイレクトさせるように書いてしまうと、両方のプロセスで同じファイルをつかもうとしてうまくいかず、結果として何も記録されません。
　これを解決するには「標準エラー出力を標準出力にリダイレクト」します。文章で書くとややこしいですが、コマンドは簡単です。

図10.35●標準出力と標準エラー出力の同一ファイルへの出力

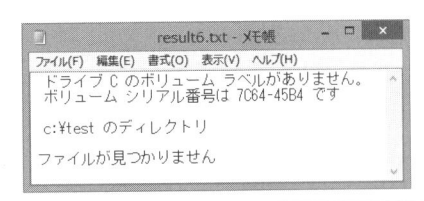

図10.36●result6.txtの内容

これでめでたく標準出力と標準エラー出力を同じファイルに収めることができました。「&1」というのは、標準出力のことを表しています。

10.6.5　ファイルへの追記

ここまでの説明では「>」を使ってリダイレクトを行いましたが、この場合、リダイレクト先のファイルはそのつど新規作成され、同名の既存のファイルがあっても上書きされます。複数のコマンドの結果を続けて1つのファイルに保存したり、定期的にコマンドを実行してその結果をすべて残したい場合は、上書きでは最後の結果だけしか残らないので不都合です。その場合は、「>」の代わりに「>>」を使って結果を「追記」するようにします。

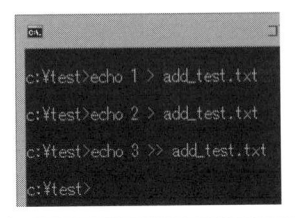

図10.37●ファイルへの追記

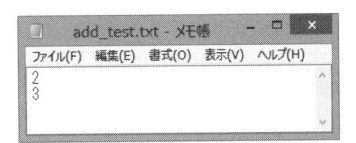

図10.38●add_test.txtの内容

図10.37では、最初の「echo 1 > add_test.txt」で「1」がadd_test.txtに書き込まれますが、次のコマンドで上書きされてテキストの中身は「2」だけとなり、「echo 3 >> add_test.txt」で「3」が追記されて最終的に図10.38のような結果になります。

標準出力と標準エラー出力をまとめて1つのファイルに追記させたい場合には、次のようにコマンドを入力するとうまくいきます。

```
dir test >> add_test2.txt 2>&1
```

標準エラー出力を標準出力にリダイレクトさせた上で、ファイルに追記すればよいというわけです。

10.6.6　バッチファイルでログを残す典型的な例

ここまでのことから、バッチファイルを使って各種コマンドを実行し、エラーも含めてそのログを残したい場合の典型的な書き方がわかります。すべてのコマンドの後ろで標準出力と標準エラー出力をログファイルに追記させるように書けばよいのです。

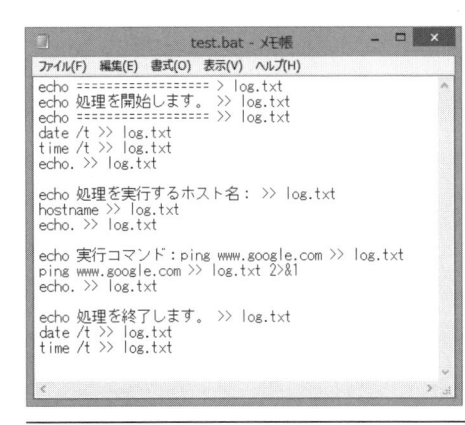

```
echo ================== > log.txt
echo 処理を開始します。 >> log.txt
echo ================== >> log.txt
date /t >> log.txt
time /t >> log.txt
echo. >> log.txt

echo 処理を実行するホスト名： >> log.txt
hostname >> log.txt
echo. >> log.txt

echo 実行コマンド：ping www.google.com >> log.txt
ping www.google.com >> log.txt 2>&1
echo. >> log.txt

echo 処理を終了します。 >> log.txt
date /t >> log.txt
time /t >> log.txt
```

図10.39●バッチファイル内でログを出力

図10.39の例では、1行目は追記ではなく上書きにすることで何度実行しても最後の実行1回分のログが残るようにしています。実行するたびにすべてのログを残したければ、1行目も追記にすればよいです。また、エラーが発生する可能性のあるpingコマンドではエラー出力もログファイルに記録されるようにしています。

もちろんすべてのログファイルへの出力部分をバッチファイルからは削除し、バッチファイル実行時にログファイルに標準出力と標準エラー出力を出力するように記述してもかまいません。ケースバイケースで使い分けることになります。

10.7 バッチファイルを Excel で作って省力化

　運用の中ではさまざまな設定作業などが発生します。例えば定期的に組織変更や人事異動があり、ユーザーやグループのプロパティを変更する、グループのメンバーシップを変更するという作業が発生しない組織はあまり存在しないでしょう。定型化された作業であればそのための仕組みが構築、運用され自動化されていると思いますが、突発的な障害を解決するために全ユーザーのプロパティを操作する、全クライアント PC 上でファイル操作を行うなどの作業が必要になることは頻繁に発生します。

　大量に何かを操作するときには、やはりプログラムを書いたり、WSH、PowerShell などでスクリプトを書くといった対応が効率的です。ですが、それらを苦手とする方も多いでしょう。気持ちはわかりますが、その考え自体はあらためたほうがよいと思います。すべてを GUI 操作で行うのは小規模でなければ非現実的です。何とか手作業でがんばれるのは 100 ユーザーあたりが限界でしょう。私なら同じ作業を 3 回以上繰り返すなら自動化を考えます。

　プログラム作成は苦手でも単純なコマンドを実行する程度ならできるという段階の人には、バッチファイルを Excel で作成する方法をお勧めします。Excel は表計算ソフトですが、使い方次第でコマンドを簡単に作成できる便利ツールに早変わりします。

　例えば、ユーザーを大量に作成する必要があるとして、そのユーザーのリストを Excel ファイルであらかじめ作成しておくということはよくあります。ここでその 1 行が 1 ユーザーに対応しているのですから、Excel 上でコマンドを作ってしまえばよいのです。

　ユーザーを作成するコマンドについて別途調べる必要がありますが、ローカルユーザーなら net user コマンド、Active Directory であれば dsadd コマンドあたりでよいでしょう。

　Excel で相対参照と & での文字連結を使うだけでも、このくらいであれば非常に簡単にできてしまいます。図 10.40 に例を示します。

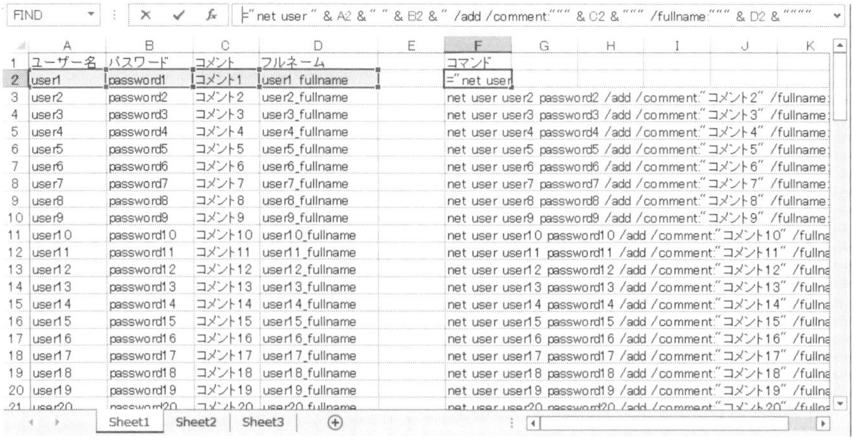

図10.40●Excelでコマンドを大量生成する

この例では次のことしか使っていません。

- 「"」（ダブルクォーテーション）で囲んで文字列を表現する。
- 「&」で文字列を連結する。
- 相対参照を使って別のセルの内容を使う。
- 「"」（ダブルクォーテーション）の中で「"」（ダブルクォーテーション）を表現するために「""」（ダブルクォーテーション2つ）を使う。

この程度のことを覚えるだけで、コマンドで実行できる大抵のことはExcelを使って大量にできるようになります。

WSHのスクリプトで同じ処理を行うには、ファイルをオープンしてCSV形式を解釈し、Active Directoryに接続するという具合に結構手間がかかります。本来の使い方ではありませんが、このようなときにExcelを有効活用すると視野が広がります。もちろん限界はありますが、プログラミングが苦手な人でもGUIで操作する以外の方法を考えるよいきっかけにはなるのではないでしょうか。

10.8 タスクスケジューラーで定期的に処理を実行させる

この節では、自分で操作を実行する代わりに、Windowsに「予約」をしておいて適切なタイミングで実行させる仕組みであるタスクスケジューラーを紹介します。ユーザーがシステムを使っていない深夜に作業をしたいということはよくありますが、毎回深夜作業を行うのは大変です。そのような仕事はタスクスケジューラーに任せましょう[17]。

10.8.1 タスクスケジューラーは何をするものか

タスクスケジューラーはWindowsの標準機能であり、決まった日時、時刻にプログラムを実行するためのものです。1度だけ実行させることもあれば、繰り返し何度も実行させるようなこともできます。

プログラムが起動できるということは結局どのようなこともできるということです。想像力を膨らませて運用を楽にしましょう。

10.8.2 タスクスケジューラーの設定方法

タスクスケジューラーを起動するには、[すべてのプログラム] ― [アクセサリ] ― [システムツール] ― [タスクスケジューラー][18]を選択します。Windows 8、8.1では「ファイル名を指定して実行」にて「taskschd.msc」を実行するのが簡単かもしれません。

コンソールを起動すると、実際に設定されているタスクの一覧が表示されます。Windows XPや2003以前は規定の状態では特に何も設定されていませんが、Windows Vista、2008以降では規定の状態で大量にタスクが登録されています。

※17 タスクスケジューラーに仕事をさせるには、作業が自動化されている必要があります。スクリプトなどでの作業の自動化はこのような点でも重要です。

※18 Windows XP、Windows Server 2003では「タスク」

図10.41●タスクスケジューラーに多数のジョブが設定されている

どちらが良い、悪いということもありませんが、驚かないようにしましょう。

■ 10.8.2.1　タスクの作成方法（XP、2003）

タスクの作成はウィザードに従っていけばよいだけなので、簡単です。
まず、「スケジュールされたタスクの追加」を実行します。

図10.42●実行プログラムの選択

　ここで、実行するプログラムを選択します。多くの場合は「参照」ボタンを押して、バッチファイルを起動することになるでしょう。

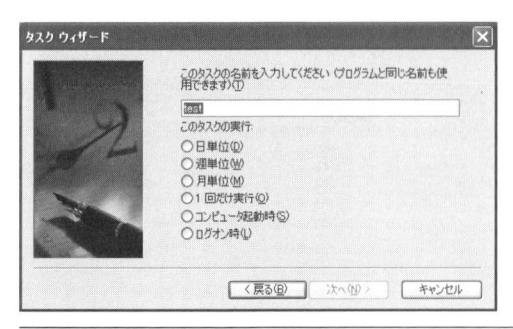

図10.43●タスクの実行単位の選択

　ここで、タスクの実行単位を選択できます。コンピューター起動時やログオン時などにも実行できますが、このあたりはグループポリシーなど他にも実行手段があるので、主に使うのはその他の選択肢でしょう。
　この選択肢だけを見ると、最小単位が「日単位」なので1日に何度も実行させるようなスケジュールは組めないように思ってしまいがちですが、そうではありません。後から設定が可能です。

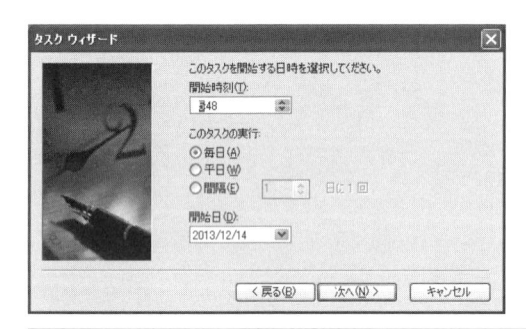

図10.44●タスク開始日時の選択

　上記は「日単位」を選択した場合の画面です。毎日実行するのか、平日だけにするのか、数日おきに実施するのか、開始日をいつにするのかなどを選択します。

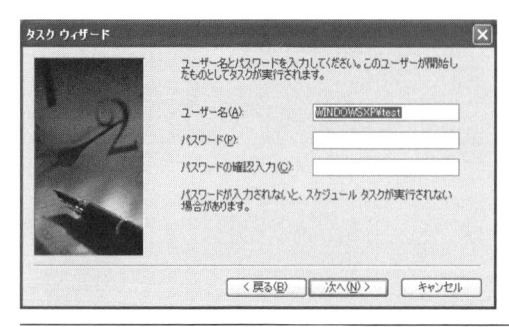

図10.45●ユーザー名とパスワードの入力

次に、コマンドの実行アカウントの指定画面が出てきます。実行権限のあるユーザーとパスワードを入力しておかないとうまく動かないので注意が必要です。

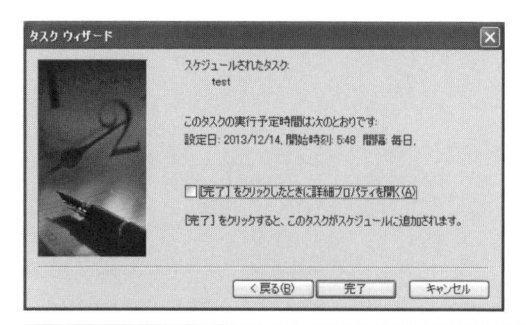

図10.46●タスクウィザードの完了

より細かい実行スケジュールのコントロールをしたければ、「詳細プロパティを開く」ようにチェックボックスをつけておきましょう。もちろん、ここでチェックをつけなくても後から詳細プロパティを開いて設定を変更することができます。

図10.47●タスクの詳細プロパティ

ここでは、「ログオンしている場合にだけ実行」ということをコントロール可能です。

図10.48●スケジュール設定

　実行間隔のコントロールは「スケジュール」タブで行います。ここで開始時刻と実行間隔を設定した上で「詳細設定」を押します。

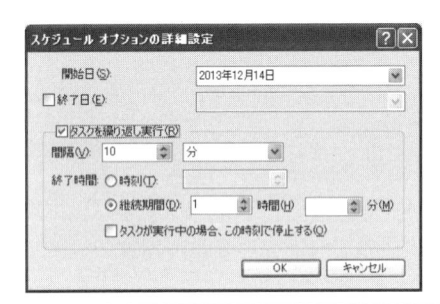

図10.49●スケジュールオプションの詳細設定

　この項目の「タスクを繰り返し実行」というのが、1日単位よりも細かく実行させるための設定になります。わかりづらいですが、上記の設定であれば、12月14日以降の毎日12時00分になったらタスクが実行されるのですが、タスクを10分間隔で1時間実行する設定になっているので、具体的には以下の時刻に合計6回プログラムが実行されることになります[19]。

- 12時00分
- 12時10分
- 12時20分
- 12時30分
- 12時40分

※19　13時にも実行されそうな気もしますが、実行されません。

- 12 時 50 分

なお、「複数のスケジュールを表示する」にチェックを入れて、スケジュールを複数作成することもできます。

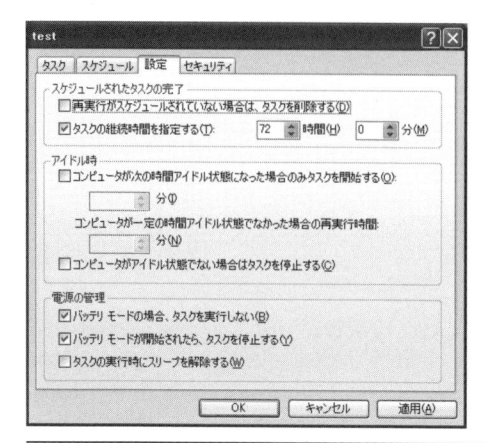

図10.50●設定

設定タブではアイドル時や電源の管理に関する設定なども選択できます。

設定し終わったら、「タスク」にて意図した設定になっているかを確認した上で必ず「タスクの実行」を行い、意図したとおりに起動することを確認しておくことをお勧めします。

また、バッチファイルを指定している場合には、「10.6 コマンドの結果をファイルに保存する（標準出力と標準エラー出力）」で解説したように標準出力と標準エラー出力をログファイルに出力させるように構成することをお勧めします。さもないと、「うまく動かなかったけど何が起こったのか、どこまでうまくいったのか全然わからない」ということになってしまいます。

■ 10.8.2.2　タスクの作成方法（Vista、2008 以降）

Vista、2008 以降のタスクスケジューラーは XP、2003 のタスクよりもはるかに高機能になっています。簡単なタスクであれば「基本タスクの作成」で素早く作成でき、「タスクの作成」で詳細な設定を行ってタスクを作成できます。

全般タブでは、名前や説明の他、ユーザーアカウントの指定や実行のタイミングが選択できます。

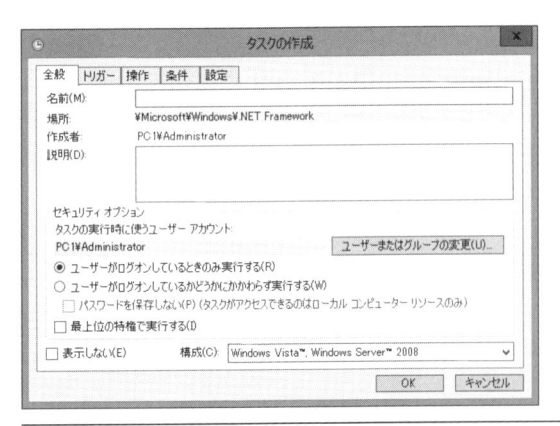

図10.51●タスクの生成

タスクが実行されるタイミングを設定する「トリガー」は、複数登録可能な上にかなり充実しています。

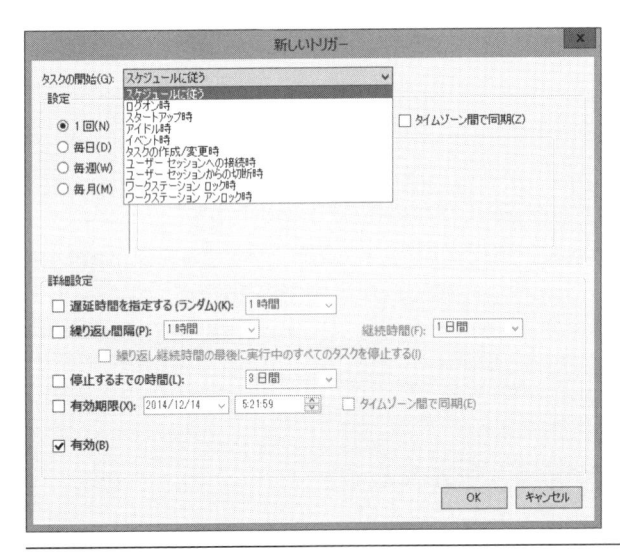

図10.52●トリガー

特に、トリガーとして「イベント」を選択した場合、イベントログの内容をかなり細かく指定できます。イベントログが XML 形式になっていることのメリットを生かして、XPath 形式でのイベントフィルターまで書けるようになっています。

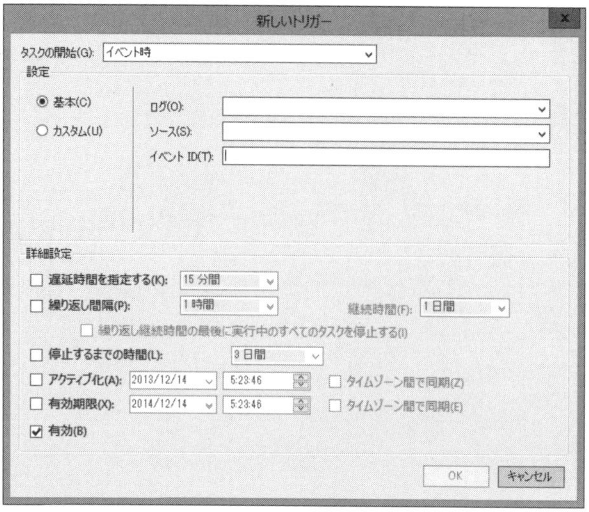

図10.53●トリガーにイベントを指定

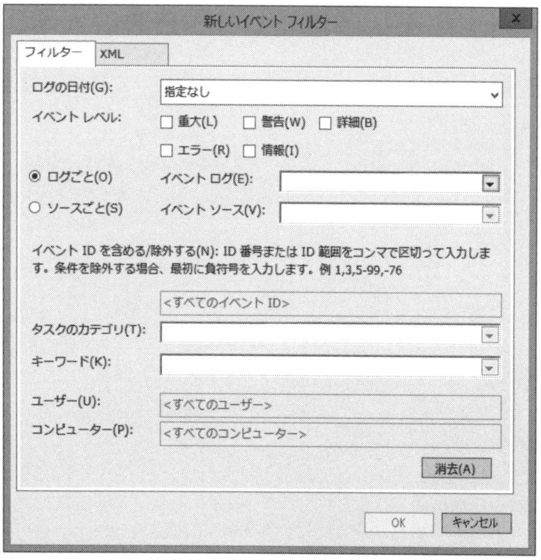

図10.54●イベントフィルターで詳細に設定可能

　繰り返し間隔は5分、10分、15分、30分、1時間からしか選べないように見えますが、フォーカスをあてて文字を入力することができます。
　トリガーに合致したときに実行できる「操作」では任意のプログラムやスクリプトが指定できるので、基本的にあらゆる処理を実行させることができます。

10 運用

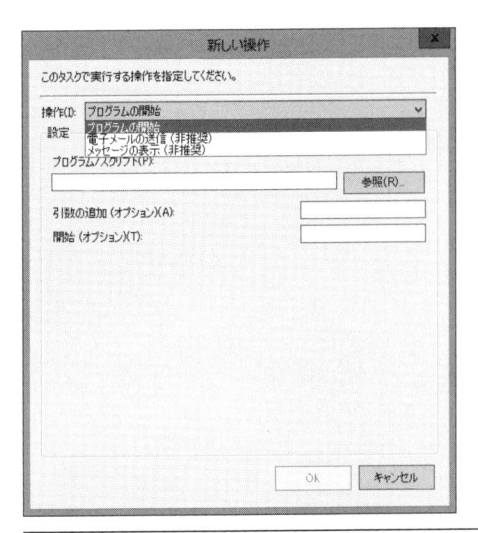

図10.55●操作でプログラムを開始可能

以前はなかった「条件」も結構充実しています。

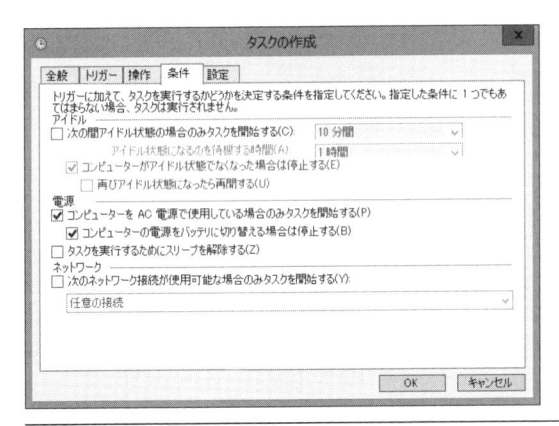

図10.56●条件

細かいコントロールも結構充実しています。

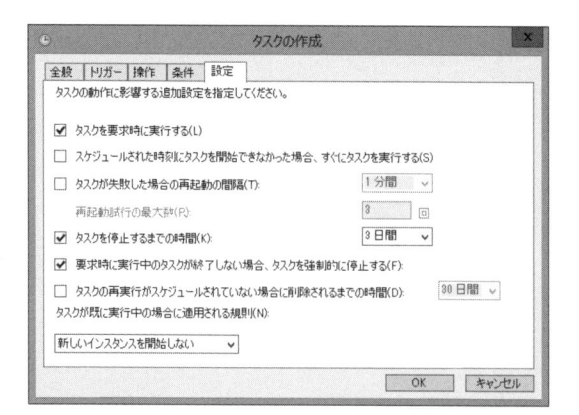

図10.57●設定

Vista、2008以降のタスクスケジューラーは設定可能項目がかなりあります。複数のサーバーを連動させて処理を行わせることはタスクスケジューラーだけでは難しいですが、単体サーバーをコントロールすることはかなりの部分で可能です。アイデア次第で運用を楽にする仕組みが作れるはずです。

10.8.3　タスクスケジューラーの別の顔

Windows Vista、Windows Server 2008以降に搭載されたUAC[20]は何かを自動実行させたいときに常に邪魔になります。セキュリティを保つための仕組みとわかっていても管理者からすると厄介な存在でもあります。

しかし、タスクスケジューラーであればUACもコントロールできます。「最上位の特権で実行する」というオプションがあるのです。

---

[20] User Account Controlの略。Windows Vistaで搭載されたセキュリティのためのシステム。管理者であっても通常は一般ユーザーの権限でシステムを使い、システムに重要な変更を行うプログラムの実行時に「昇格」を確認の上で実施する仕組み。

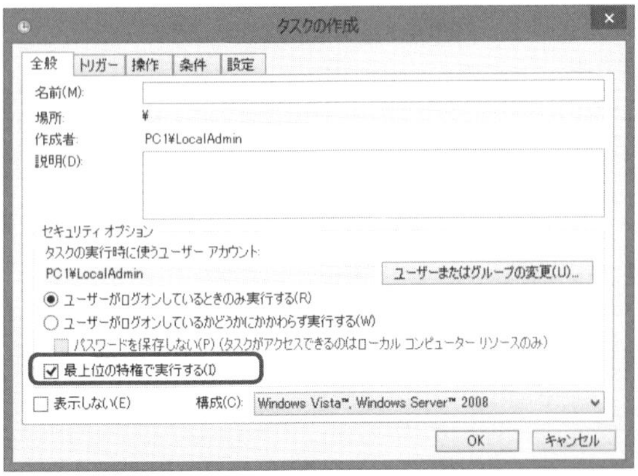

図10.58● 「最上位の特権で実行する」オプション

　また、実行アカウントのコントロールも行えるので、実は何かを自動化したい場合には非常に役立ちます。さらに素晴らしいことに、タスクスケジューラーはschtasksコマンドを使ってリモートからも設定可能なのです。そのため、時間を指定して実行する以外の目的でタスクスケジューラーを使うこともあります。リモートから何かを実行させようとしたときに最後の最後にはタスクスケジューラーを使うことになります。これはいざというときに役立つのでぜひ覚えておいてください。

10.9 クラッシュダンプ解析

　「ブルースクリーン」もしくは「クラッシュ」、「BSOD」。管理者としては最も遭遇したくない現象の1つでしょう。しかし、残念ながら結構遭遇してしまうのが現実です。

10.9.1　なぜブルースクリーンになるのか

　なぜブルースクリーンになるのでしょうか。何か問題があっても、ブルースクリーンにならずに「エラーですよ」と教えてくれればよいだけではないでしょうか。
　実は、「ブルースクリーンが発生する」というのはそれ自体がOSの保護機能が働いている状態なのです。OSが「これ以上稼働し続けるとよくない」と判断し、自分の力でブルースクリーンを発生させているのです。これは、OSの深い部分で致命的な問題が発生していることを意味します。ブルースクリーンになるような致命的な状況は、実はアプリケーションには作り出せません。ア

プリケーションはOSによって仮想的な空間に閉じ込められた状態で動いており、どうあがいてもOSには致命的なダメージを与えられないのです。

　ブルースクリーンの原因は、OS自身かOSの内部で動作する「ドライバ」に限られます。アプリケーションには起こせないのですから、つまり、ブルースクリーンが起きても管理者である私達は何も悪くないのです。Microsoftやドライバの開発者の責任なのです。……というのはある意味では本当のことですが、そのようなことをいっても仕方がありません。私達には問題があるOS、問題があるドライバを「問題が出ないように」うまく使うことが求められているのです。

10.9.2　ブルースクリーンの対応

　対応としては、まず、表示されるストップコードをMicrosoftのサポートページやGoogleなどの検索エンジンで検索して、該当する情報を調べるということができるわけですが、それだけで問題の原因にたどり着けることはまれです。通常は発生する条件を絞り込み、問題を切り分けて「このあたりが怪しい」というところまで持っていったところで、機器を交換したりソフトウェアのバージョンアップを行い、問題が再発しないことを祈る、という程度の対応が精一杯でしょう。

　しかし、このような問題を切り分けて回避していくアプローチでは、結局問題の根本原因が判明せず「いつ再現するかわからない」状況になってしまいます。

10.9.3　クラッシュダンプ解析

　ブルースクリーンが発生するというのは、ハードウェアなりソフトウェアなりに何らかの問題が確実にあるということですから、原因となっているコンポーネントを突き止めて、そのメーカーに証拠とともに改善要求を出すことが、管理者が取れる最善の方法です。そのためにはクラッシュダンプ解析が有効な手段です。

　これを行うには、（ケースにもよりますが）ハードウェアやOSに関してかなり深い知識を持っている必要があります。

　私がエンジニアになった当初、何度もこのダンプの解析の必要性に迫られたことがあるのですが、残念ながら当時の私にはその能力がなく、またその能力を身につけたくてもその方法がまったくわからなかったため、泣く泣くメーカーに高い費用を払ってダンプの解析を頼むこともよくありました[21]。しかし、最近ではかなり情報が公開されるようになり、かつてよりも格段にダンプ解析を行うための知識が得られるようになっています。

　本書では詳しい手法まで踏み込むことはできませんが、ダンプ解析を扱ったサイトや書籍がある

※21　なぜ他人のミスのためにこちらが費用を払わなければならないのかと悩むこともありました。

ので参考にするとよいでしょう。お勧めの書籍としては以下があります[22]。

Windows ダンプの極意 エラーが発生したら、まずダンプ解析！
☞ http://ascii.asciimw.jp/books/books/detail/978-4-04-867509-3.shtml

インサイド Windows 第 6 版下（マイクロソフト公式解説書）
☞ http://ec.nikkeibp.co.jp/item/books/P94710.html

10.9.4　ダンプ解析作業は必要か

　ダンプ解析自体は、あるいは管理者には直接必要ないという考え方もあるかと思います。お金で解決できる問題でもあり[23]、取り組む場合に必要となる前提知識が深すぎるということもあります。

　しかし、私は逆にこのような物事に取り組み理解することこそが、技術力の地盤となり、ある程度の年月がたっても通用するエンジニアとなるための（遠回りのように見える）近道なのではないかと考えています。すぐに結果がでなくても、その過程で得た知識はさまざまな場面で役立つのは間違いありません。

10.10　他のサーバーへのアクセス

　この節では、他の端末上に存在するファイルへのアクセス方法について説明します。前提はただ単にネットワークにつながっている Windows サーバー、あるいは Windows クライアントであるということです。

10.10.1　ドライブマップ

　ドライブマップは、他の Windows コンピューター上で共有されている共有フォルダーに対して、ローカルのドライブレターを割り当てる方法です。

　GUI 操作で接続することも、コマンドラインから net use コマンドを使用して接続することもで

---

[22] ただし、これらの書籍に正面から挑むのは非常に困難を伴います。必要に応じて必要な箇所を読むようにしたほうがよいでしょう。

[23] それを言い出したらインフラ管理自体もお金の問題なのですが。

きます。

　運用方針として、ログオンスクリプトを使って多数の共有フォルダーに対してドライブマップを複数行うようにしている組織も多数あります。ユーザーには「X ドライブがあなたの部門のファイルをおく場所、Y ドライブはあなた個人のファイルをおく場所、Z ドライブは全社共有のファイルをおく場所」といった具合です。メリットは多々ありますが、ファイルサーバーと共に組織変更時の修正作業が非常に大変になるので個人的にはあまり好きな方法ではありません。

　技術的には接続時に接続ユーザーとパスワードを指定できるなど特徴的な面もあり、さまざまな場面で活躍します。

10.10.2　UNC パス

　エクスプローラーのパスに「¥¥hostname¥sharename」という形式で UNC パスを入力すればアクセスすることができます。

　マイネットワークに表示されていなくても直接 UNC パスを入力すればアクセスできるケースも多々あります。また、隠し共有にアクセスすることができる方法でもあります。

　pc1.test.local という Windows コンピューターがあり、192.168.1.1 という IP アドレスを持っているときに以下の 3 つのどの UNC パスでもアクセスが可能です。

- ¥¥pc1
- ¥¥pc1.test.local
- ¥¥192.168.1.1

10.10.3　マイネットワーク

　この機能は、何も考えずにネットワーク上の Windows の一覧が見られるという機能です。Windows XP までは「マイネットワーク」という名前で、Windows Vista 以降は「ネットワーク」という名前で提供されています。

　「Windows XP」までと「Windows Vista 以降の IPv6 動作時」では、裏で動いている仕組み自体もまったく異なります。それでも「何も考えなくても Windows コンピューターの一覧が見られる」「クリックだけで他の Windows コンピューター上で共有されているリソースにアクセスできる」という特にシステムに詳しくないユーザー向けに重要な機能を提供します。

　構成によっては不安定になってしまうことがあり、すべてのリストが正しく表示されないことがよくあります。それもあって、この機能をまったく使わないユーザーや組織が多数あります。一方でこの機能を全員が使っている組織もあります。

　上級者になると基本的にまったく使用しない人が多いため、逆にこの機能が動作していることを

確認する作業が抜けてしまうことがあるので注意が必要です。

10.10.4　リモートデスクトップ接続

リモートデスクトップ接続はリモートのWindows PCにアクセスして遠隔操作するためのツールですが、実はローカルリソースの詳細設定からローカルドライブとのマッピングが行えます。

図10.59●リモートデスクトップ接続の「ローカルリソース」設定

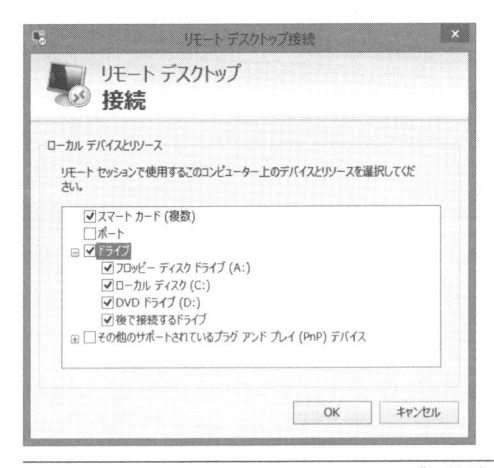

図10.60●ローカルリソースとしてドライブを接続

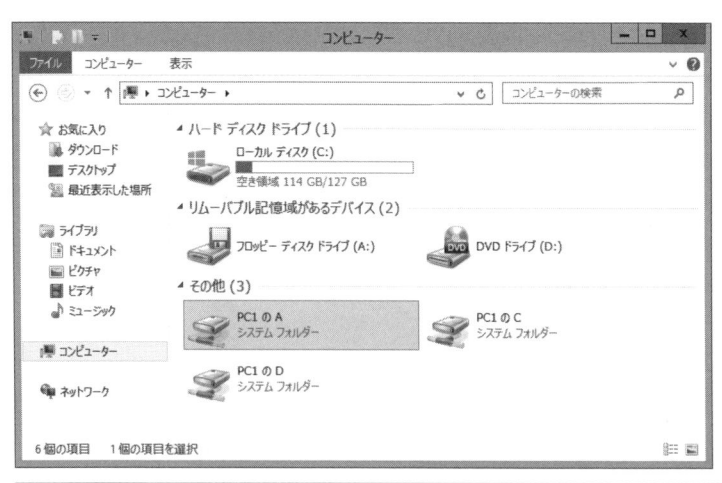

図10.61●ローカルのドライブが接続されている

　このオプションを有効にしておくと、リモートデスクトップ接続で接続した先のコンピューターのエクスプローラーを使って簡単にファイルのやり取りが行えます。

　RDPのポート[24]さえ空いていればよいので、直接SMB、CIFSで通信できない場合でも利用できます。AzureやAWSなどのIaaS[25]サービス上のコンピューターとのファイルのやり取りにも重宝します。

10.10.5　mklink

　「シンボリックリンク」はUNIX系を触っている人にとっては当たり前の機能ですが、Windowsに標準搭載されているのはあまり知られていないと思います。任意のファイルやフォルダーへのリンクを好きなところに作れるという機能です。ドライブのルートを割り当てる場合には「マウントポイント」と呼びます。こちらの呼び方のほうが馴染みがあるかもしれません。

　このシンボリックリンクのリンク先はUNCパスも指定が可能です。これによって別のサーバーへのアクセス方法として使用することができます。

　ドライブマップではセッション単位でのコントロールになってしまい、別のユーザーでログオンするとドライブマップされていないなど扱いが面倒ですが、シンボリックリンクにしてしまえばシステム全体に固定的に割り当てることができ、色々と便利に使用できます。

　運用の中で多数のファイルサーバー上に散在するフォルダーを頻繁に参照するようであれば、例

※24　規定の状態でTCPの3389番ポートです。
※25　Infrastructure as a Serviceの略。仮想マシンやネットワークなどのインフラそのものを提供するサービス。

えば特定のフォルダー以下に利用しやすいようにシンボリックリンクの一覧を作成しておけば便利かもしれません。

シンボリックリンクの作成は mklink コマンドで行えます。図10.62では、2012DC というサーバー上にある 2012dc_share という共有へのシンボリックを /D オプション（フォルダー）で作成しています。

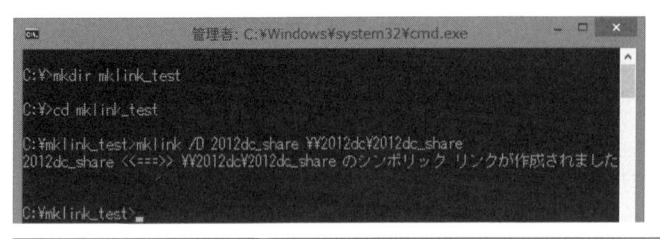

図10.62●mklinkでシンボリックリンクの作成

このようにシンボリックリンクを作成しておくと、次のように表示されます。

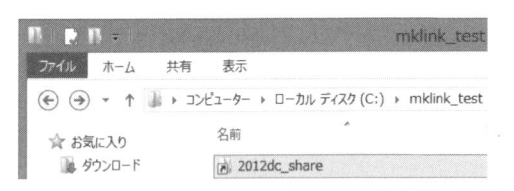

図10.63●シンボリックリンクの表示

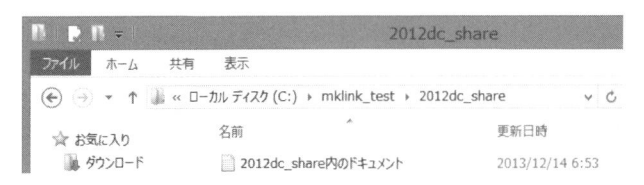

図10.64●シンボリックリンク経由でリモート共有にアクセス

ローカルドライブをたどってリモートのサーバーの共有にアクセスできました。もちろん、コマンドプロンプトからもローカルディスクであるかのようにアクセス可能です。

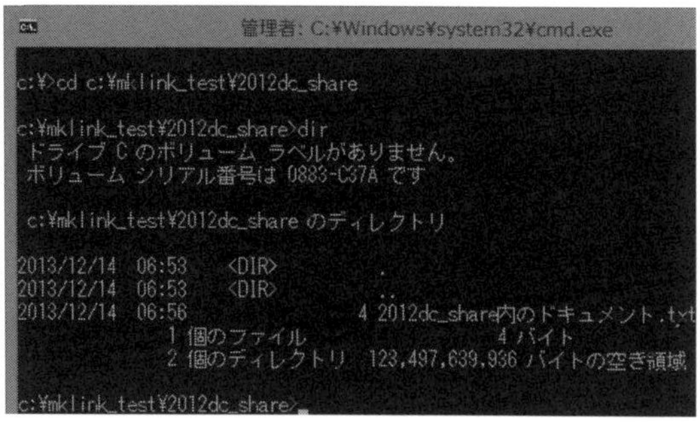

図10.65●コマンドプロンプトを使ってシンボリックリンク経由でリモート共有にアクセス

　RDP 接続時のローカルドライブをマップする機能と組み合わせると、任意の場所のファイルに RDP 先から簡単にアクセスできるようにもなります。

10.11 新機能は使わないほうがよいときも

　新しい技術が次々に現れるのがこの業界です。しかし、それらを運用の現場に持ち込むまでには十分な検討が必要です。とにかく何でも取り入れてしまうと障害発生の元になることもあります。

　特に導入当初から障害が多い技術として Scalable Networking Pack (SNP) があります。これは、過去 CPU で行っていた処理を一部 NIC 側で行い、それによって全体のパフォーマンスを引き上げるための仕組みです。サーバー側では Windows Server 2003 SP2 および R2 SP2 から、クライアント側では Windows Vista 以降で規定で有効になっているのですが、ハードウェアとの組み合わせが必要なこともあり、実際には Windows Server 2008、Windows 7 あたりから動作環境が整ってきています。ところが、この機能が有効なことによってネットワーク通信が遅くなったり、一部のアプリケーションを使い続けているとそのうちエラーになるというような障害発生が相次ぎました。この機能をすべて無効にして運用している組織も多いはずです。

　過去には、Windows XP SP2、Windows Server 2003 SP1 で Windows ファイアウォールが導入されたときの混乱もありました。サーバーは規定で有効にはならなかったのですが、クライアントでは規定で有効になったためさまざまな通信がブロックされてしまったのです。

　SP の適用時や新 OS の導入時には今までなかった機能が備わっており、それをそのまま全部適用可能な状態にすることによる不具合も懸念されます。そうだからといって、新機能を全部無効にしていたのではせっかくの OS 進歩の恩恵を受けることができません。管理者は新しく登場した技術を適切に把握、評価し、必要なものを導入していく必要があります。

以下のことを確実に行うことが大事です。

- 通常ユーザーが行っている操作を把握しておく。
- 「何ができればユーザーの運用に問題がないといえるのか」というテスト一覧を常に持っておく。
- 環境が変化するときには事前にテストを行い、問題がないことを確認する。
- 本番環境に導入した後に万が一問題が発生したときに、もとに戻せる手段を確保しておく。

10.12 どこまで慎重に変更作業を行うのか

運用をしている中ではさまざまな変更作業が発生します。システムへの変更が入りますから、綿密な計画のもとで十分なテストを行い、リリースされるべきです。しかし、どこまで慎重に行うかは組織によって大きく異なります。まったく何も考えずにいきなり実行してしまう組織から、単純な作業にもかかわらず壮大な計画と膨大な時間をかける組織まで存在します。

これは運用のポリシーの話ですから、何が正解で何が不正解ということはいえませんが、私の経験から1つの例を取り上げてみます。

10.12.1 スキーマ拡張は非常に危険？

Active Directoryのバージョンアップ作業やActive DirectoryへのExchange Server導入作業など、「スキーマ拡張」の作業がたびたび必要になります。「5.2 ActiveDirectoryのパーティションとレプリケーションスコープ」で見たように、スキーマ拡張作業はスキーマパーティションへの変更であり、複製範囲はフォレストですから、最悪の場合はActive Directory全体を破壊してしまう可能性があります[※26]。

このために、当初は非常に面倒な手順でスキーマ拡張を行うことが推奨されました。その概要は以下のようなものです。

- 検証のためのステージングサイトを用意する。
- あらかじめすべてのDCのバックアップを取得する。
- サイト間のレプリケーションを停止する。

※26 もっとも、それを言い出せば、サーバーのレジストリ変更作業によってサーバーが破壊されることもあれば、Active Directoryへのユーザー追加によってドメインが破壊されることもありえます。

- ステージングサイト内で実際にスキーマ適用を行う DC の外向きの複製を停止する。
- スキーマ拡張を行う。
- エラーなどが発生していないか、該当 DC ですべてのアプリケーションが正しく動作することを確認する。
- 該当 DC の外向きの複製を再開し、ステージングサイト内で検証を行う。
- すべての検証が成功したことを確認してからサイト間の複製を再開する。

確かにこれは慎重に作業を行う作業手順としては完全に正しいです。しかし、スキーマ拡張作業は何も考えなければコマンドを 1 つ実行するだけで済み、時間は 5 分もかかりません。その後は勝手に複製されていきます。それに対して、「正しく」手順を踏んで確認しようとすれば何ヶ月もかかることでしょう。ステージングサイトにすべての業務システムを持ってこようなどとすると、組織によっては下手をすると年単位の時間がかかることも考えられます。その間にシステムが更改されてしまったりすると事実上不可能かもしれません。

10.12.2　スキーマ拡張ではそもそも何が行われるのか

そもそも、スキーマを拡張すると何が行われ、どのような場合にどのような問題が発生するのかというロジックの理解があれば影響範囲は絞れます。

スキーマ拡張は、Active Directory の中で定義されているクラスの種類が増えたり、既存のクラスに対して属性が追加されたりする処理です。何かの新しい機能や新しいアプリケーションが動作するために新しい設計情報を追加するのですから、万が一すでに同じ名前でクラスが存在していたり、属性が存在していたりすると、どちらかあるいは両方のアプリケーションが正常に動作しないということが考えられます。

例えば、Microsoft の製品群だけを使っているときに Microsoft 製品群同士でスキーマパーティション上のバッティングが起きるわけがありません。もちろん可能性は 0 ではありませんが、バッティングしないように適切に管理されていると十分に考えられるでしょうし、万が一何か問題があれば、世界中で同じ問題が多発するはずです[27]。

ですから、事実上、ユーザーが自組織の独自アプリケーション用に「独自にスキーマ拡張を行っている」という場合に、それがバッティングしていないことを確認できれば十分です。これも、例えば属性名の先頭に十分にユニークな組織用、アプリケーション用のプレフィックスをつけるルール化を行っておけば、バッティングの可能性はほぼ考えられないでしょう。

つまり、事実上スキーマ拡張で問題が起きる可能性は非常に低いのです。特に、自組織で独自にスキーマ拡張を行っていない場合にはまず間違いなく問題は発生しないでしょう。

※27　実際にはテスト段階で発覚するでしょうから、ほとんどありえない想定なのですが。

10.12.3 例外は常にある

とはいえ、何事にも例外はあるもので、過去、実際にスキーマ拡張によって問題が発生した例があります。次の技術情報を参照してください。

日本語ロケールに設定したWindows Server 2008 ドメインコントローラーでActive Directoryの複製に失敗することがある
☞ http://support.microsoft.com/kb/949304/ja

Windows 2000 でスキーマ拡張後、オブジェクト情報更新時にActive Directory 重要障害が発生する
☞ http://support.microsoft.com/kb/416641/ja

"スキーマの不一致"および"Incompatible Partial Set"というエラーメッセージが表示される
☞ http://support.microsoft.com/kb/289212/ja

特に1番目の例は非常にクリティカルで、Active Directory 自体を再構成するか、バックアップからのリストアを行うところまで追い込まれる場合があります。

このようなことがあるので、「絶対に」ということはそれこそ「絶対に」ありません。それでは、すべて自前でテストするのかというと、そうも行きません。非常に難しい問題であり、すべての物事が適切に判断され、妥当な量のテストおよび事前準備で実行される必要があります。この判断を行うのは管理者です。

10.12.4 常にロールバック手順を準備しておく

個人的には、ロジック的にほぼ問題がないものに関しては、常にロールバックできる手順を準備した上であまり無駄な工数をかけずに変更作業を行っていくのが、トータルで見て運用に適していると考えます。

難しいのは「常にロールバックできる」という部分です。バックアップからのリストアも個人的には信頼できません。仮想化技術が一般的になってやっと、整合性を取った上での仮想化レイヤーでのスナップショットやエクスポートであれば、どのような形のソフトウェア側の変更に対してもそれに依存せずにきちんと切り戻せるようになったと思っています。

心配なら、あらかじめスナップショットからエクスポートしておいて、切り離された別環境で稼働することを確認してから作業に望めばよく、ロールバック確認が事前にできるということは非常に素晴らしいことだと思います。

どのレベルで変更作業を行っていくかで悩むことは管理者の宿命です。みなさんもしっかり悩ん

で取り組んでください。

10.13 「サポート」という言葉の意味

「サポート」という言葉があります。個人ならともかく、サポートがない状態での運用は組織としてはありえないという現実があります。ところが、「サポート」という言葉を「動作保証」と同じように考えてしまうケースが多いようです。「サポートされている構成のはずなのに動かない。おかしい！」というケースです。

10.13.1 「サポート」は「動作保証」ではない

そもそも、ハードウェアやソフトウェアが複雑に絡み合い、構成パターンは事実上無限大である世界で「絶対に動く」ということは「絶対に」ありません。つまり、動作を保障することなどそもそもできるはずがないのです。そもそも「サポート」とは、「支える」「支援する」という意味の言葉のはずです。

私は、「サポート」とは「サポートする構成であるならば、何かしら問題が起きたときに対応します」ということだと理解しています。その際に有償対応なのか無償対応なのかはまた別の話です。

- サポートしている構成でも動かないこともあります。そのときには動くように直します（ある程度時間を要する場合もあります）。
- 脆弱性が見つかることがあります。そのときにはなるべく早く修正します（ある程度まとめてから一度に対処することもあります）。

これが現実です。

10.13.2 「サポート外」の意味

それでは、逆に「サポートしない」というのはどういう意味なのでしょうか。私は「サポートしない構成であるならば、何かしら問題が起きたときに『対応しないこともある』」ということだと理解しています。

- 動かないことがわかったときに、それがサポートしていないOS上での動作であれば、そのOSへの対応版は作成しません（ビジネス上の理由などで対象OSを増やすことはありえます）。

- 脆弱性が見つかっても、サポートしていない環境だけでの問題であれば直しません。あるいはサポート期限が切れているなら修正モジュールは作成しません（社会的影響が大きい場合はそのかぎりではありません）。

このようなことだと思います。

では、サポートしない構成であることが分かっている場合を考えてみましょう。例えばWindowsのSPレベルでサポート外の構成だが、それでも動いてしまっている場合。あるいはサポートされていないレジストリの直接的な操作を行っている場合。まったく動かないならややこしくないのですが、それでも動いてしまうということは往々にしてあります。この場合、例えば有償の問い合わせ窓口に相談したら、門前払いされるのでしょうか。それとも対応、調査してくれるのでしょうか。

これは実際にはケースバイケースのはずですが、私の十数年の経験の範囲では、門前払いされたケースというのは一度もありません。それどころか、サポートされない構成であるということを分かっていてもなお、いつもどおりの対応をしてくれた上に、修正モジュールを作成してくれたケースすらありました。ただし、もちろん多額の費用を請求されました。

10.13.3 やってはいけないこと

「今回の構成は特殊な構成だけど、検証してみたら全部きちんと動いて問題なかった。でも、メーカーが動作を保証しないかもしれないからメーカーに確認しよう。」

この発想は前提を間違えています。そもそも、この依頼に対してメーカーが動作を保証することはないでしょう。メーカーにできることは、過去に事例のない、テスト済みではない構成であれば、実際に同じ環境を構築してテストを試みることだけです。そして、それはすでに自分でやったことなのです。

だとすると、すでに自分で確認したことをわざわざメーカーにお金を払って追認してもらうことの意味はまったくないと考えます[28]。

このとき期待されるのは、実際には以下のようなもののはずです。

1. 問題があったときに、調査協力してくれるか（門前払いされないか）。
2. どうしてもうまく動かず、原因が分からないときに、「特殊な構成をやめてくれ」という回答だけにならないか（特殊な構成で動くように修正モジュールを作成してくれる道が閉ざされていないか）。

---

[28] このとき、製品を実際に作成したなどの本人がソースコードや設計書を見ながら確認してくれるのであれば大いに意味がありますが、実際にはそのようなことはほとんどありません。サポート担当と製品製造担当は通常役割が分かれています。

3. これらのソフトウェアに対して今後の修正版、アップデート版を出してくれるか。

1.に関しては、場合によっては確認が必要かと思いますが、メーカーがどのような対応をとるのかすでにわかっているなら毎度毎度聞く必要はありません。

2.に関しては、そもそも動いているのだから今さら聞いてもあまり意味がありません。やってみたら動かなかったのなら聞いてみないといけませんが、同じことをやれば動かないという結果になるだけなので、これまた聞くまでもありません。顧客の要望を満たした上で実現できる別解、あるいは回避策を探しましょう。

3.に関しては、OSレベル、ソフトウェアレベルでは、修正版、アップデート版がでることは大抵の場合すでに決まっているので、聞いても意味がありません。

以上の理由から、私にはあまり意味があることとは思えません。

さらにいうと、動かなかったときに修正モジュールを作ってもらうという道は、ありえるようで実際にはほぼありえません。企業にもよりますが、大体修正モジュールまでつくるためにはしっかり調査をして原因を特定して、モジュールを作って、それをテストするという具合に、かなりのステップを踏まなくてはいけませんし、大企業になれば開発部隊は日本にはいないことが多いです。となると、日本の担当者と本国の担当者でのやり取りが発生し、文化の違いにより重要性がうまく伝わらずというように、相当時間がかかります。企業によりますが、長いところでは半年から1年コースになることもあります。

それでは、半年も1年も待ってられるのかというと、待ってられるはずがないケースがほとんどでしょう。そう考えると、サポートされる構成だから最悪直してもらえるというのは意味がないことも多いです[※29]。

さらに現場の生の声を書いてしまうと、サポートされている構成であっても問題は発生し、それをメーカーに伝えても原因がわからず解決できない上にサポート費用を請求されることもよくある話です。まず間違いなく製品の問題と考えられるケースでもです。本当にひどい話ですが、このまま続けると愚痴になってしまうのでこのくらいにしておきましょう。

突き詰めると、

- もちろん明確にサポートされるような安全な構成で進めるのがよい。
- でも、必要があるなら特殊な構成にするのはしかたがない。
- テストしてうまく動いているのであればサポートがない場合でも運用に載せることはありうる。
- 問題があったとしても回避策があったならそれで進めればよく、それによってサポートがなく

※29 ごく一部ですが、素早く次々と修正モジュールを作成してくれるメーカーも存在します。この場合逆に製品自体が安定しておらず、修正モジュールの個別作成〜適用が前提となってしまっている場合が多いようです。

　　　　なってしまう…などと言い出しても他の手がなければ時間の無駄。

ということになると私は考えます。
　異論反論などは多数あると思います。私も自分の考えが正しいとは思っていません。ただ、現実としてこうなってしまう、とは感じています。皆さんも自分の現場ではどうなのか、どうすべきなのか、考えてみてください。

第 11 章
PowerShell

　PowerShell を使うと、さまざまな作業を自動化することができます。PowerShell 以外にもバッチファイル、Windows Scripting Host などもありますが、もうかなりの部分で圧倒的に PowerShell を使用することが便利な時代が来ています。

　Windows といえば、マウスで GUI を操作できるのがメリットというのは今でもたしかにそうですが、最新のサーバー製品やクラウド管理では GUI は用意されておらず PowerShell でなければできない操作が多数存在するようになりました。そのため、PowerShell は避けて通れないものになってきています。そして面倒な処理も一度書いてしまえば自動で何度でも繰り返し実行できるようになります。

　これからの Windows インフラ管理者にとって、PowerShell の習得は必須事項といえるでしょう。基本的な部分しか扱いませんが、この章の説明を参考にしてぜひ実際に試してください。

11.1　PowerShell とは

　PowerShell は、Microsoft が Windows 環境で提供する最新のシェルです。対話型のシェルとしても、スクリプティング環境としても使えます。オブジェクト指向を本格的に取り入れ、.NET Framework を直接利用することができる強力な環境です。基本的に、C# でできることなら何でも PowerShell でできます。

また、Windows XP、Windows Server 2003 以降のすべての OS で利用できます。Windows 7、Windows Server 2008 以降であれば、バージョンの違いはあってもすべての Windows に標準搭載されています。

さらに、「スナップイン」「モジュール」を追加して機能を強化することができます。Microsoft は Exchange Server 2007 以降のすべてのサーバー製品について PowerShell のスナップインを提供しているので、ほとんどの製品の大抵の操作が PowerShell 上から行える状況です[※1]。

実際に今日では、GUI でできないことはあっても PowerShell でできないことはほぼない時代に本格的になってきました。まだ一部に GUI でしか操作できないものもありますが、それも確実に減りつつあります。

11.1.1　PowerShell の何がよいのか

PowerShell が利用できるようになったことは、管理者にとって非常に大きな変化です。サーバーを導入し設定するという作業を、かつては（ほぼ）すべて GUI で行っていました。それは Windows の長所であると同時に短所でもありました。設定値を知るには、GUI ツールですべての項目をクリックしてまわって調べないといけませんでしたし、同じ環境を構築するには、すべての設定を記録し、それを一からすべて GUI ツールを使ってマウスでカチカチ設定して回らなければいけませんでした。

それが PowerShell に移行されれば、PowerShell のコマンドを記録しておくことは非常に簡単なので、例えば検証環境で実行したコマンドを本番環境で流し込むだけで環境構築を完了させることも可能になります。GUI ツールを使った作業では、設定漏れが発生して検証環境と本番環境で挙動が異なってしまい、すべてのパラメーターを一つ一つ目視で確認しなおすというようなことが頻繁にありました。それと比較すると夢のような話です。

また、GUI ツールによる手作業では 1 日がかりでも終わりそうにない作業も、PowerShell なら数行で簡単にできるのが当たり前です。例えば、

「Exchange Server のメールボックスのうち、使用容量が 80% 以上に達していて、かつ適切に使われているもの（最終ログオン日時が 1 週間以内のもの）だけ、メールボックスの容量を 1.5 倍にしてほしい」

という要望があったとしましょう。作業対象のメールボックスが数十個程度であればまだしも、数百、数千、それ以上となれば、GUI ツールを使って手作業で行うのは無謀です。このようなことも PowerShell ならコマンドを 1 行書けばおしまいです。

※1　とはいえ、PowerShell 対応の度合いは製品によってかなり異なるのが現実です。

11.2 PowerShellに触れてみる

シェルやプログラムは、やはり「習うより慣れろ」です。

PowerShellは、Windows 7、Windows Server 2008 R2にはバージョン2.0が、Windows 8、Windows Server 2012にはバージョン3.0が、Windows 8.1、Windows Server 2012 R2であればバージョン4.0が最初から導入されているため、すぐにでも使い始められます。

11.2.1 インストール

標準搭載されていないOSの場合や、標準搭載のものとは異なるバージョンを使いたい場合にはインストールが可能です。どのOSでどのバージョンのPowerShellが利用できるかを表11.1にまとめます。

表11.1 ● PowerShell対応状況

OS	1.0	2.0	3.0	4.0
Windows Server 2003	○ SP1[※2]	○ SP2	不可	不可
Windows XP	○ SP2	○ SP3	不可	不可
Windows Server 2003 R2	○ SP1	○ SP2	不可	不可
Windows Server 2008	-	○ SP1	○ SP2	不可
Windows Vista	○	○ SP1	不可	不可
Windows Server 2008 R2	-	標準	○ SP1	○ SP1
Windows 7	-	標準	○ SP1	○ SP1
Windows Server 2012	-	-	標準	○
Windows 8	-	-	標準	不可[※3]
Windows Server 2012 R2	-	-	-	標準
Windows 8.1	-	-	-	標準

PowerShellはWindows Management Frameworkの一部として提供されているので、Windows Management Frameworkをダウンロードしてインストールすることになります。前提条件として.NET Frameworkが必要になるので、それも合わせてインストールします。

※2 「○ SP1」はOSにSP1を適用することでインストール可能になることを示しています。
※3 Windows 8.1へのアップグレードを行うことでPowerShell 4.0が導入されます。

11.2.2 とりあえず触ってみる（Get-Command、Get-Help）

インストールが完了したら、とりあえず起動してみましょう。

コマンドプロンプトとほぼ同じようなウインドウが表示されます。派手さはまったくありません。CUIの最大の問題は、起動してもそれから何をどうすればよいのかわからなくなってしまうことです。しかし、PowerShellでは心配無用です。まず、いつもコマンドプロンプトで使っているコマンドは基本的にそのまま使用できます。さらにPowerShellで使用できるコマンドレットの一覧は、「Get-Command」というコマンドレットを実行することで簡単に表示可能です。

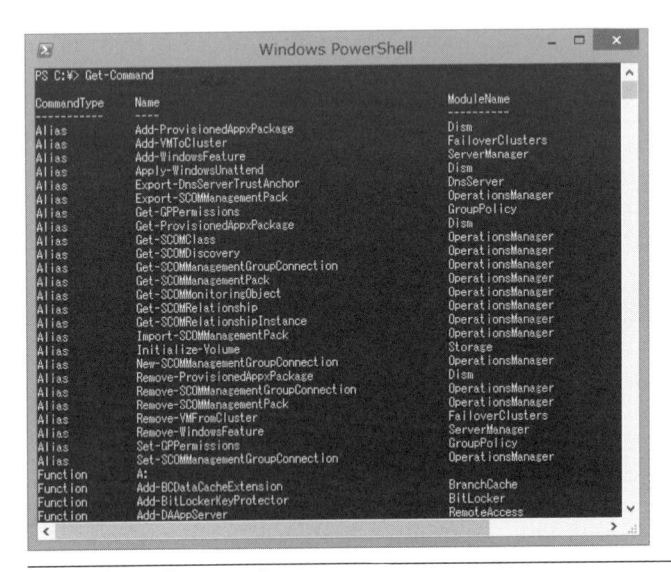

図11.1●Get-Command

コマンドレットは「動詞 - 名詞」という形で統一されたネーミングルールを持っているので、何ができるものなのかということが直感的にわかりやすくなっています。

例えばGet-ChildItemコマンドレットというものがあります。名前からどのようなものか予想がつくかもしれませんが、とりあえず実行してみましょう。

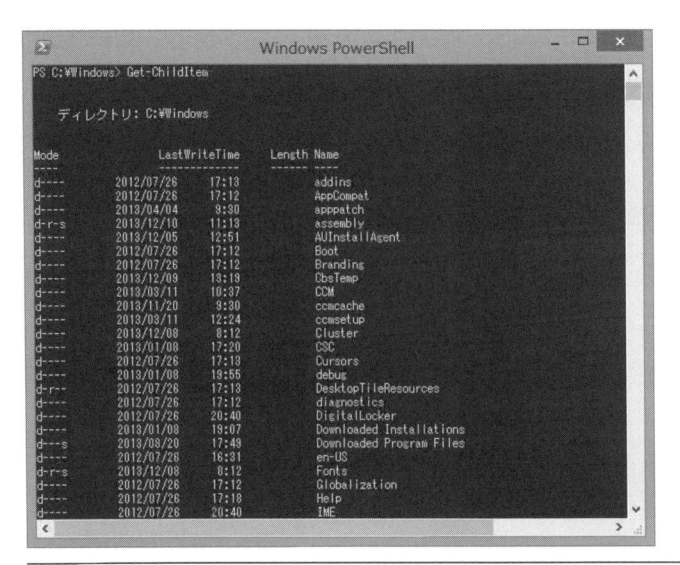

図11.2●Get-ChildItem

　現在のディレクトリの中身が表示されました。つまりこれはコマンドプロンプトでの dir コマンド、UNIX でいうところの ls と同じようなコマンドなのです[※4]。

　このようになんとなくわかるコマンドレットもありますが、よくわからないコマンドレットも多数あるでしょう。説明や例、オプションの使い方を確認するには次のコマンドを使います。

```
Get-Help <コマンドレット名>
```

　これでヘルプが表示されます。より詳細なヘルプが見たければ、-detailed あるいは -full オプションを指定して実行してください。

　場合によってはヘルプファイルが導入されていないことがあります。その場合には管理者として起動した PowerShell コンソールで「Update-Help」コマンドレットを実行すれば、最新のヘルプをシステムに導入することができます。

　「Get-Command でコマンドの名前を調べ、Get-Help で機能や使い方を確認し、そして実行する」これだけでかなりのことができるようになります。まずは Get-Command と Get-Help の 2 つを覚えて、色々遊んでみましょう。

※4　dir や ls とコマンドを打ってみると、get-childitem と同じ結果が得られます。これは alias（別名）という仕組みで実現されています。

11.3 PowerShellはオブジェクト指向

Get-Command と Get-Help でヘルプを見ながらある程度のことができるようになったら、次に把握すべきは、PowerShell が「オブジェクト指向」であるということです。これは既存の他のシェルとは決定的に異なる点であり、PowerShell の最もすばらしい点といえます。

11.3.1 文字列

具体的に見てみましょう。例えば、「test string」という文字列を $test という名前の変数に格納するには次のようにします。

```
$test = "test string"
```

PowerShell のすごいところは、この $test という変数の中に格納されたのが、実は「オブジェクト」であるという点です。

型を確認してみましょう。これは GetType メソッドで可能です。

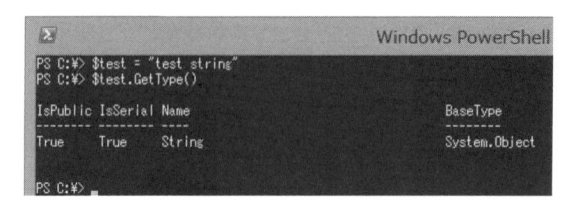

図11.3●GetTypeメソッド

このように、$test は String 型であることがわかります。PowerShell は .Net Framework を基盤にして動いており、もちろん各種プロパティやメソッドも持っています。プロパティやメソッドの確認は「Get-Member」コマンドレットで可能です。

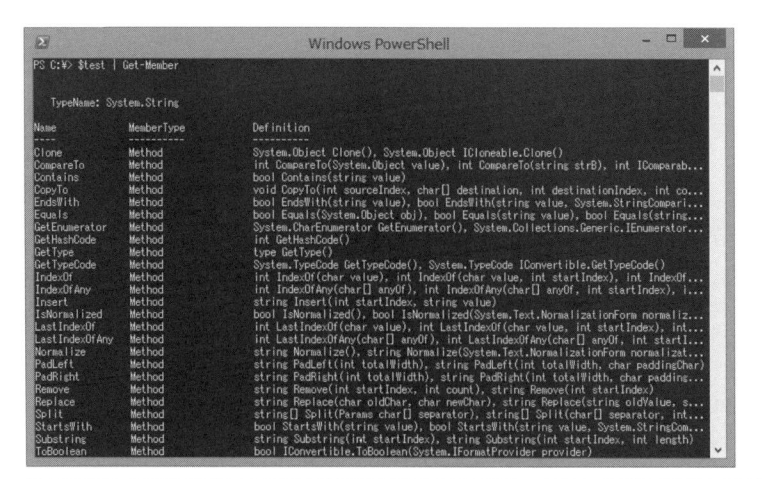

図11.4●Get-Member

　何が起きているかわかるでしょうか。単純に代入しただけの文字列が実は「オブジェクト」であり、「プロパティ」や「メソッド」を持っているのです。これらのプロパティやメソッドは、もちろんPowerShellから自由に使用することができます。リファレンスとしてはMSDNがそのまま使えます。

　　Stringクラス（System）
　　☞　http://msdn.microsoft.com/ja-jp/library/system.string%28VS.80%29.aspx

　ここまでの説明は、ある程度オブジェクト指向プログラミングや.Net Frameworkのことを知っている人向けの説明になってしまっていますが、重要なことは「PowerShellを使うとC#などの.Netの言語でできることと同じことが手軽にできてしまう」ということです。
　例えば、文字の長さを知りたければLengthプロパティを参照します。

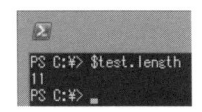

図11.5●lengthプロパティ

　大文字にしたければToUpperメソッドを使用します。

図11.6●ToUpperメソッド

このようにさまざまな処理を非常に簡単に実行することができます。

極論をいえば、C#のプログラミングと同じようなことをPowerShellでも同じように書けるということです。実用的とはいえませんが、次のようにすればウインドウを生成することもできます。

```
[System.Reflection.Assembly]::LoadWithPartialName("System.Windows.Forms")
$form = New-Object System.Windows.Forms.Form
$label = New-Object System.Windows.Forms.Label
$label.Text = "Hello PowerShell!"
$label.Location = New-Object System.Drawing.Point(10, 10)
$form.Controls.AddRange($label)
[System.Windows.Forms.Application]::Run($form)
```

図11.7●PowerShellでウインドウを表示

PowerShellは.Net Frameworkを基盤として動作するため、.Net Frameworkの個々のクラスを利用しながらオブジェクト指向を使った柔軟なプログラミングができるだけの力を備えているのです。それに加えてPowerShellならではの短い表現でさまざまなことを実施できます。

11.4 サンプルコードの入手方法

PowerShell スクリプトを書くときに参考になるサンプルコードの入手方法について説明します。

11.4.1 スクリプトセンター

Microsoft が運営する「スクリプトセンター」には、IT プロフェッショナル向けのスクリプトがまとめられています。かなりの数があるので、大抵の分野で参考になるものが見つかるでしょう。

Powershell、VB Script、SQL および JavaScript - TechNet IT プロフェッショナルおよびスクリプト愛好者向け
- http://gallery.technet.microsoft.com/ScriptCenter/

11.4.2 Active Directory

PowerShell で Active Directory を操作する場合に楽をする方法があります。Windows Server 2012 以降では「Active Directory 管理センター」という GUI ツールが利用でき、GUI で操作した結果が PowerShell コマンドに変換され、その PowerShell コマンドの履歴が出力されます。それをサンプルとして利用することができます。

同様に、製品によっては GUI で操作した操作結果が PowerShell コマンドにどのように変換されたのかを表示してくれるものがあります。このようなものは積極的に参考にするとよいでしょう。

11.4.3 英語圏の情報

PowerShell の情報は検索エンジンで検索すれば日本語でもかなり出てきますが、やはりその絶対量は英語圏の方が多いです。極力英語で検索し、英語圏の情報を利用するようにすると作業が捗ります。

11.5 PowerShellを使いこなした先に

PowerShellを使いこなした先に何があるのかを少しお見せしておきましょう。

11.5.1 Windows Azure上にSharePointサーバーを自動展開

Windows Azure上でSharePoint展開を自動化するサンプルのスクリプトをMicrosoftが提供しています。

> PowerShellを使用してWindows AzureでのSharePoint展開を自動化 - Windows Azure Japan Team Blog（ブログ）－ Site Home - MSDN Blogs
> ☞ http://blogs.msdn.com/b/windowsazurej/archive/2013/05/31/automating-sharepoint-deployments-in-windows-azure-using-powershell.aspx

しかも、サンプルはGitHub上でGitリポジトリとして提供されており、世界中の人々が自由にアクセスし、日々改善され続けています。

Windows Azure上の話なので、サーバー自体を生成、展開するところからActive Directoryの構築、SQLサーバーの構築、SharePointサーバーの構築まですべてが自動化されています。さらに冗長化も実現されています。

PowerShellを使いこなせばここまでできてしまうのです。

11.5.2 Windowsインフラ管理者の仕事がなくなるのか

今後、PowerShellによる作業の自動化が広まり、誰でも簡単に望みの環境を構築できるようになるとすれば、環境構築に関しての管理者の仕事はなくなってしまうのでしょうか。

私の考えでは、この質問に対する答えはノーです。

手順なり、自動化の仕組みが公開されたらもうそこに意味がなくなってしまったと考える人もいるようですが私はそうは考えません。これは例えるならば、「デフォルトインストール」を自動化するようなものといえるでしょう[※5]。

つまり、叩き台が提供されているのです。PowerShellを理解し、この叩き台を元に利用者のニーズに合わせてカスタマイズ、自動展開するということができるのです。そして、それは自動化され

※5 ただ、複数サーバーで冗長性を考慮したDC含めた9台構成なのでデフォルトインストールするだけでも大変ですが、そこは自動化されてしまっていますけれども。

ているので、簡単に繰り返し実施できるのです。

　GitHub などで叩き台が次々と改善され、ほとんどの利用者が「デフォルトインストール」で満足できるようになる未来もあるかもしれませんが、実際には現場の要望は複雑であり、なかなかそうはならないでしょう。

　このとき使う道具は PowerShell です。PowerShell が使えなければ単に渡されたものをそのまま使うだけの作業員になってしまうでしょう。

11.5.3　PowerShell ができないと

　OS のインストールと構成、設定ミスの修正などをすべて手作業で行い、設定を変更するたびに Excel で作成したパラメーターシートも変更するといった手順でしか作業を進めることができない場合と、PowerShell を活用し、自動化のための叩き台を吸収、変更していける場合と、どちらの生産性が高いかは明白です。

　この流れが加速していくと、インストーラーは PowerShell で提供され、パラメーター変更も PowerShell ベースですべて行うことになるでしょう。実際、すでにそうなりつつあります。もちろんインフラは Azure に限らず AWS などのパブリッククラウドが増えてくるでしょうし、オンプレミスでもプライベートクラウドが主体になってくるでしょう。そして、PowerShell を使えない人ができる仕事の幅はかなり限られてくることになるでしょう。

　以上は私の考える近未来の姿です。同意されるならばもちろん、そうでなくても PowerShell に興味を持たれたならば、さまざまな人が書いたスクリプトを読み、そして自分でも書いてみてください。まずは自分自身の日常の業務について、自分が楽をするためだけに始めればよいのです。

11.6　第 11 章のまとめ

　この章では PowerShell の導入部分の説明をしました。重要な事柄についてまとめておきましょう。

- PowerShell は Windows インフラ管理者が全員習得すべきものです。
- Get-Command でコマンドの存在を知り、Get-Help で使い方を知ることができます。試してみれば直感的にわかるものが多数あります。
- PowerShell は .Net Framework をベースにしたオブジェクト指向の Shell です。.Net Framework の力と Shell の手軽さを兼ね備えています。

- サンプルはスクリプトセンターやツールの出力結果が使えますし、インターネット上の主に英語圏のブログなどにも多数の情報があります。
- PowerShell を使いこなせば、複数台のサーバーで構成される複雑な環境を自動的に構築するようなこともできます。

スクリプトやプログラムは、食わず嫌いで取り組まずに済ませようとする人が多くいます。ですが、習得すれば技術者としての差別化要因にもなりますし、Windows インフラ管理が劇的に効率的になります。ぜひ取り組んでみてください。

第 12 章

クラウド

　クラウドと一口にいっても、その定義も曖昧なら捉え方も人それぞれです。しかし、好むと好まざるとにかかわらず大きな変化の波が来ていることも確かです。

　この章では、私のクラウドに対する個人的な考えを述べます。異論反論は多数あると思いますが、一人のエンジニアの意見として受け止めてもらえればと思います。

12.1　クラウドとは何か

　「クラウド」あるいは「クラウドコンピューティング」という概念は昔からあるものの、用語としては 2006 年ごろから使われ始めました。定義は多数あり、多様であることからあまり気にしなくてよいでしょう。振り返れば昔からずっと「クラウド」でしたという例も多数あるはずです。

　Windows インフラ管理自体にとっても以下のようなサービスが実際に利用可能になり、かなり事例も増えてきたことから身近になってきましたし、実際に利用している組織も多いはずです。

- Microsoft Online Services（Office 365）
- Windows Azure の Azure VM
- Amazon Web Services EC2

12.2 クラウドは使えるのか

クラウドが実際に使えるのかどうかという議論は、もはや無意味になりました。すでに実例が多数あるのですから、「使えるのか」ではなく、「自分の組織にはどの分野がどのレベルで使用できるのか」を正しく把握、管理することが必要です。

12.2.1 クラウドのメリット

クラウドを利用するメリットはいくつもありますが、主なものには以下のようなものがあります。

- 必要なときには必要なだけのリソースを利用し、必要なくなればリソースを破棄できる。
- システム構築の初期段階で大きな投資を行うのではなく、スモールスタートで始めておき、後からリソース追加を行える。
- 物理的なリソースをそのつど準備する必要がないのでシステム構築までの時間を劇的に短縮できる。
- システムによっては費用を劇的に抑えられる。

12.2.2 クラウドのデメリット

クラウドを利用するデメリットには以下のようなものがあります。

- サービスとして提供していること以外のカスタマイズは行えない。
- クラウドサービスの要求する前提条件に合致するように組織の環境を合わせる必要がある。
- クラウドを提供する側にすべてを依存するため、最悪の場合すべてを失う可能性がある。
- システムによってはコストがより多くかかる。

12.3 クラウドによってインフラ管理者の仕事はなくなるのか

クラウドによって管理者の仕事がなくなるのではないかと危惧する方も多いのではないでしょうか。未来のことは誰にもわかりませんが、私は以下の理由から、形は変わってもなくなることはないと考えています。

- 最終的にユーザーが利用するデバイスは必要であり、それは管理し続けなくてはいけない。
- 運用をなくすことはできない。
- どのようなシステムにも障害は発生する。

12.3.1　むしろ複雑性は増している

私の現在までの経験の範囲では、クラウドの利用によってシステムの複雑性はむしろ増大しています。具体的に見てみましょう。

12.3.1.1　Office365

- クラウドとオンプレミスのID連携を行うためにディレクトリ同期サーバーが必要。
- サービスへのシングルサインオンを行うためにADFSサーバーが必要。
- インターネットからADFSへの接続を受け付けるためにDMZにADFS Proxyが必要。
- 冗長性を持たせるためにADFS、ADFS Proxyはそれぞれ2台構成にし、さらに負荷分散装置などを用いて負荷分散構成にする必要がある。
- サービス側が度々バージョンアップしてしまうため、利用するクライアントやその上のソフトウェアを更新し続ける必要がある。
- 障害発生時にそれがサービスの問題なのか、オンプレミスの問題なのか判別が難しい。

12.3.1.2　AWS EC2、Azure VM

- 大抵の場合、オンプレミスとのネットワーク接続の構成が必要。
- 接続部分のネットワーク的帯域が組織内に比べて狭いため、拠点が増えたのと同じ程度の考慮が必要。
- まだ対応を表明していないソフトウェアが多いため、オンプレミスと同じ構成にできないことが多い。
- ブロードキャスト、マルチキャストが使えないなどの仕様の差異があり、それによって使用できない技術が多数ある。

これはほんの一例です。挙げ出したらきりがありません。しかし、時間が解決する問題であることも確かです。

12.3.2　変わらない基本がある

クラウド上のサービスでも、オンプレミス上のサービスでも結局最後に使う技術は同じです。

例えばウェブサイトにブラウザを使ってアクセスして利用する形態であれば、それがWindows PCからの利用でもスマートフォンからの利用でも、IPアドレスがあって、3ウェイハンドシェイクをしてTCPのコネクションを確立して、HTTPプロトコルでお喋りするという基本的な流れは変わりません。

IaaS上にサーバーを構築するサービスであっても、そこで動いているものは結局同じOSなのですから、動きは一緒です。

極論してしまえば、どれもコンピューターなのですから最後は0、1をいじっているだけなのです。

12.3.3　個人の力がより発揮される

クラウドの時代になると、今まで足かせであった物理的なリソースの問題が解消されるためスピードが上がり、個人で扱える「量」が桁違いに増えることは間違いありません。

クラウドによって、優秀な人がさらに力を発揮できるようになるでしょう。

12.4　クラウド時代に向けて何をしておくべきか

クラウド時代にはさまざまなサービスが出現します。常にアンテナを張りつつ、自分の組織に適用可能かどうか見極めることが重要です。すでにさまざまなSaaS、PaaS、IaaSがあり利用が広まっています。Windowsクライアントを提供するDaaSの先陣はAWSが切りましたが、これから他社も追従するはずです。

12.4.1　変わらない基本を習得しておく

DaaSの時代になっても、Windowsクライアントは裏でsysprepされ、Active Directoryに参加して管理され、毎月Windows Updateから提供されるパッチが適用されるでしょう。

このように、クラウド時代になっても変わらないものがあります。すべてサービスにお任せというわけにはいきませんし、オンプレミスとの連携にも技術が必要です。管理者として、クラウド時

代になっても通用する基本的な概念の理解と技術の習得が必要です。

12.4.2　自動化

　クラウドの時代では何よりも、必要なときにリソースを確保し、必要がなくなったらリソースを解放するようなことを圧倒的なスピードで行えるのが魅力です。しかし、その後各種設定をしたりテストをしたりという部分に時間を取られてしまってはメリットが半減してしまいます。

　クラウドサービスはそれぞれ各種の API を用意し、プログラムによってすべてがコントロール可能になっているものが多いです。Windows 自体も PowerShell によるコントロールがどんどん可能になってきています。各種処理を自動化する製品も多数ありますし、ネットワークの世界でも SDN という言葉がキーワードになってきています。この辺りを組み合わせて各種インフラ構築および運用管理をプログラマブルに行える人材の価値は、今後より一層高まることでしょう。

第13章
Windowsインフラ管理者の必携ツールとコマンド

　この章では、Windowsインフラ管理者がよく使うコマンド群とツール群をまとめて紹介します。すべてを紹介しようとすると際限がなくなってしまうので、本当に繰り返し使用するものだけに限定しました。

　これはあくまでも私が考えるリストなので、他の人に聞けば異なるリストができあがるでしょう。読者の皆さんも、自分自身のリストを作成して管理に役立てて貰えればと思います。

13.1 コマンド

　コマンドプロンプトで実行する頻度が非常に多いコマンドを紹介します。すでに他の章で紹介しているものも再掲します。

　すべてのコマンドは「コマンド名 /?」と入力するとオプションの一覧やコマンドの使用方法の説明が表示されるのでオプションを見ながら使用方法を確認してください。

`ping target`

　　特定のホスト、IPアドレスへのネットワークレベルの疎通を確認できます。ICMP ECHOをブロックしているホストの場合、ネットワーク的に接続できていても応答を返さないことがあるので注意が必要です。

```
ping -l size -f target
```
　　　pingに-fオプションで分割を禁止した上で-lオプションでサイズを変化させて応答が返ってくるギリギリのサイズを調べることで、targetまでの経路のMTU[1]を確認することができます。

```
ipconfig
ipconfig /all
```
　　　IPアドレスなど現在のネットワーク構成情報を表示します。

```
ipconfig /displaydns
ipconfig /flushdns
```
　　　現在キャッシュしている名前解決の結果を表示、削除します。DNSレコードの変更を実施するような場合には、テストの実施中にキャッシュの予期せぬ動作が影響してしまわないようにipconfig /flushdnsで確実に消去し、ipconfig /displaydnsで確認を行うなどの対処が必要です。

```
ipconfig /release
```
　　　DHCPから自動的にネットワーク構成を取得する設定の場合に、取得済みの構成（IPアドレス）を解放します。

```
ipconfig /renew
```
　　　DHCPからネットワーク構成を取得します。

```
nslookup
```
　　　DNSサーバーに問い合わせを実行することができるコマンドです。単純に名前解決を行うことも、デバッグモードでDNSの構成確認を行うこともできます。

```
arp -a
```
　　　MACアドレスの学習状況を表示します。レイヤー2レベルの障害対応の際には頻繁に使用することになります。

```
arp -d *
```
　　　学習しているMACアドレスをすべて削除します。障害対応でarpの動作を確認したいときなどに使用します。

※1　Maximum Transmission Unitの略。1回で送信できるデータの最大値のこと。

netstat -an
: TCP/UDP の待ち受け、TCP の接続状態をリモートホストの名前解決を行わずに表示します。接続状態を確認することの他に、接続数が正常であるかどうかを判断する際に実行します。

netstat -ano

netstat -anb
: TCP/UDP の待ち受け、TCP の接続状態をリモートホストの名前解決を行わずに表示します。さらに、その接続を作成したプロセスのプロセス ID を表示します (-o)。その接続を作成したプログラムの実行ファイルを表示します (-b)。netstat -an で異常が見つかった場合にその原因のプログラムを特定する場合などに利用します。

tracert
: 宛先ホストまでの経路を表示します。通信が行えない場合にどこまでは通信できているのかを確認するために使用します。

set
: 環境変数の一覧が確認できます。ドメイン環境でログオンしているドメインコントローラーを調べたり (LOGONSERVER)、ドメインに参加しているかを調べたり (USERDOMAIN) など、さまざまな確認に使用します。

csvde
: Active Directory に対して、CSV 形式で情報のエクスポートとオブジェクトの新規作成することができます。出力する対象や属性を細かく指定でき、エクスポート後に Excel などでの加工が簡単に行えます。

ldifde
: csvde と同じようなことができますが、ldifde では情報エクスポート、オブジェクトの新規作成に加えて、既存オブジェクトの変更も行えます。形式は ldif 形式です。

dcdiag /e
: すべてのドメインコントローラーに対して正常性の確認を行います。すべてのテストに合格する状態を常に保つことが大切です。ドメインの正常性のテストとして定期的に実行されるべきですし、ドメインコントローラーに対しての作業前後には repadmin と合わせて必ず使用します。

repadmin /showreps
repadmin /showrepl /all
: Active Directory でドメインコントローラー間の複製が正常に行われているか、いつ行われたかなどの確認を実施できます。ドメインコントローラーに対する作業の前後で、dcdiag と合わせて必ず使用します。

repadmin /showobjmeta *server object*
: Active Directory のドメインコントローラー間で複製に問題が発生した場合には、オブジェクトを指定してこのコマンドで詳細情報を追いかけることができます。頑張れば大抵の複製の問題の問題箇所までは追跡できます。

runas
: 別のユーザーで入りなおさなくてもコマンドを別のユーザーとして実行できるコマンドです。うまく使用することで作業効率を格段に向上できます。何度もコマンドを実行したりする場合には、Runas を使って特定のユーザーで cmd を起動してしまうのが便利です。

net use
: ドライブマップを行えます。また、デバイス名を指定しないことで特定のサーバーへ特定のユーザーでの認証を事前に行うためにも使えます。

net share
: コンピューターで共有を行っているリソースの一覧を確認したり、新しい共有をアクセス権を指定した状態で作成したりすることができます。

nbtstat -A
: NetBIOS over TCP/IP を使って、IP アドレスからコンピューター名を取得します。DNS に登録がない未知の IP があった場合にまず実行してみるコマンドです。

cls
: 画面（コンソール）を消去します。コマンドプロンプトや PowerShell コンソールで色々操作をした後に、画面を綺麗にさせて操作を再開できます。

dsadd
: Active Directory にユーザー、グループ、連絡先、コンピューター、OU、ディレクトリパーティションへのクォータを作成することができます。他の ds コマンド群（dsget、dsmod、dsmove、dsquery、dsrm）と合わせて、コマンドプロンプトで簡単に Active Directory 上のオブジェクトを操作する場合に重宝します。

netsh
: Windowsのネットワーク関連の多数の操作を行うことができる強力なコマンドです。できることが多すぎて扱いも難しいですが、ネットワーク関連で何か操作を自動化したい場合には大抵のことがnetshコマンドで実行可能です[※2]。

findstr
: コマンドの結果を「|」（パイプ）を使ってfindstrコマンドに渡せば、目的の文字列が入っている行、あるいは逆に入っていない行だけを抜き出すことができます。

more
: コマンドの実行結果の量が多いときに「コマンド | more」のようにパイプを使ってmoreコマンドに出力を送ることで、1ページずつ出力を読むことができます。

robocopy
: フォルダーやファイルのコピーを行うことができます。さらに、ディレクトリ同士のミラーを行ったり、一度コピーした後で差分だけの反映を行うようなこともできます。アクセス許可設定も含めてコピーすることもできるなど日々のバックアップにも、ファイルサーバーを入れ替えるような場合の作業用にも幅広く使われます。

klist
: Kerberosのチケットを確認したり、削除したりすることができます。Kerberos認証周りでの障害対応時には重宝します。

13.2 ツール

私が個人的に使用することが非常に多いツールを紹介します。標準で使用できるものも、ダウンロードしてインストールする必要があるものも含まれています。

ADSIEdit
: Active Directoryのデータベースの中身を直接参照、編集できるツールです。

Sysinternal（http://technet.microsoft.com/ja-jp/sysinternals/）
: Windowsの内部動作にまで踏み込んだツール群が多数提供されています。非常に役立つ

[※2] 私はさまざまな異なるネットワークに接続を切り替えることをよく行うので、IP設定やDNS参照先設定をnetshでコマンド化しておき、バッチファイルで実行することを昔からよく行っています。

ものが多いのでひととおり揃えておくとよいでしょう。

PsExec（http://technet.microsoft.com/ja-jp/sysinternals/bb897553.aspx）
　Sysinternal のツール群の 1 つです。リモートの PC 上で任意のコマンドを実行したり、対話的にコマンドプロンプトを実行したりできるツールです。非常に強力で、これがあればリモート PC にログオンしなくても大抵のことが操作できます。

Process Explorer（http://technet.microsoft.com/ja-jp/sysinternals/bb896653.aspx）
　Sysinternal のツール群の 1 つです。プロセスに関して詳細な情報を確認することができるツールです。プロセスが使用している DLL の確認や開いているファイルの確認などさまざまなことが行えます。

Process Monitor（http://technet.microsoft.com/ja-jp/sysinternals/bb896645.aspx）
　Sysinternal のツール群の 1 つです。プロセスが動作する状況を細かく確認できます。どのファイル、レジストリ、ネットワークに対して行った操作をすべて記録、確認可能です。障害対応の際に重宝します。

TCPView for Windows（http://technet.microsoft.com/ja-jp/sysinternals/bb897437.aspx）
　Sysinternal のツール群の 1 つです。ネットワーク接続状況確認ソフトです。netstat でも確認できますが、状況を連続的に確認したいときに使用します。接続、切断が早すぎて netstat では確認しきれないものも、このツールなら確認することができます。

Wireshark（http://www.wireshark.org/）
　ネットワーク解析ソフトです。オープンソースで非常に高機能なので、何らかの障害が発生した際に、パケットのキャプチャと解析を行うツールとして頻繁に利用します。

Fiddler2（http://www.wireshark.org/）
　HTTP/HTTPS 通信に特化したネットワーク解析ソフトです。プロキシとして動作するため、Wireshark ではできない HTTPS 通信の中身も解析が可能です。HTTPS 通信がうまくいかない場合に重宝します。

TortoiseSVN（http://tortoisesvn.net/）
　Windows のエクスプローラーに統合できる SVN クライアントです。ファイルのバージョン管理が行えます。ファイルの履歴を管理したい場合に非常に便利です。SVN サーバーが別途必要です。

TortoiseGit（https://code.google.com/p/tortoisegit/）
　Windows のエクスプローラーに統合できる Git クライアントです。TortoiseSVN 同様ファ

イルの履歴を管理したい場合に非常に便利です。サーバーがなくても利用できる手軽さがあります。

WinMerge（http://winmerge.org/）
ファイルをわかりやすく比較し、差異を確認しながら統合することができるツールです。TortoiseSVN、TortoiseGit とも一緒に利用できます。正常動作時と異常動作時のログを比較する際にも便利に使用できます。

WMI Code Creator v1.0（http://www.microsoft.com/en-us/download/details.aspx?id=8572）
WMI のスクリプトの作成補助ソフトです。WMI 関連の確認を行いたいときには非常に便利です。

WUSC（http://www.uwsc.info/）
マウス、キーボード操作を含めて自動化できるツールです。どうしても PowerShell などのスクリプト、プログラムで対応できないが自動化したいときによく使用しています。

Stirling（http://www.vector.co.jp/soft/win95/util/se079072.html）
バイナリエディタです。ファイルの中身を直接参照する必要がある場合に使用しています。

CrystalDiskMark（http://crystalmark.info/software/CrystalDiskMark/）
ディスク速度のベンチマークソフトです。ディスク性能を簡単に測定したい場合や、ディスクのパフォーマンス周りで障害が発生した場合に使用します。

ZoomIt（http://technet.microsoft.com/ja-jp/sysinternals/bb897434.aspx）
画面を拡大したり、注釈を入れたりするソフトです。人に説明をするときによく使用します。

あとがき

　本書は「自分が欲しかった本」「後輩に渡したかった本」をイメージして書きました。何年もかけて細々と書き溜めた自分のブログに書いた記事をベースにしながらも、こうしてまとめてみると「あれも足りない、これも書きたい」と当初の想定を超えてページ数が膨らんでしまいました。それでもまだ書き足りないことばかりで、改めて必要とされる知識の量の多さと幅の広さを思い知りました。それでも、本書が少しでもWindowsインフラ管理の現場で悩む人の助けになれたら幸いです。

　私の人生の目標の1つに「本を書く」ということが長年存在していました。どのようにして実現できるのかわからないまま、友人、知人が本を出す様子を羨ましい気持ちで見ていました。今回こうして本を書く機会をいただけたこと、それを許してくれた周りの人すべてに感謝をしたいと思います。

　本書は、会社にも、家庭にも迷惑をかけずに書くことを裏の目標としました。執筆時間を捻出するために毎朝4時に起き、それから子供たちが起きてくる3時間と、通勤電車の中でほぼすべてを書きました。最後の方は数日、休日の昼間にも執筆時間を取ってしまいましたが、理解して協力してくれた妻と、文句を言いながらも理解[1]してくれた子供たちに感謝したいと思います。特に妻は子供3人の面倒を見ながら、過去Windows技術者だったことを活かして全編に渡って細かい部分までレビューをしてくれ、非常に助かりました。とても感謝しています。本書は3人の子供たちと妻に捧げます。

※1　2歳の次女に関しては推測

索引

■数字、記号
1 対 1NAT	100
2 進数	74
2>	311
3 ウェイハンドシェイク	82
32bit 版	5, 18
64bit 版	5, 18
$	309
%userprofile%	203
&	191
&1	314
/3GB	281
/userva	281
>	310
>>	314
|	192

■A
ACK	83
Active Directory	53, 126, 171, 351
Active Directory 管理センター	351
Active Directory サイトとサービス	190
Active Directory データベース参照	365
Active Directory パーティション	177
Active Directory ユーザーとコンピューター	193
AD DS	171, 176
adprep	53
ADSIEdit	177, 365
alias	347
AND	78, 191
APIPA	115
Application Partition	177
arp	62, 362
ARP	61
ARP テーブル	64
ATA	220
ATAPI	220
Available Mbytes	287

■B
BitLocker	33
BSD	278
BSOD	328

■C
CAL	37, 38
バージョン	38
Child Partition	257
CIDR	73
CIFS	234
CLI	18
cls	364
cmd	6
CMID	215
Configuration Partition	177, 179
Connection Failures	289
Connections Established	289
CrystalDiskMark	367
CSV	194
csvde	363
CSVDE	194
CUI	18
Current Queue Length	288

■D
DAS	231
dcdiag	363
Default	206

369

Default User	206	HKEY_CURRENT_USER	205
Destination Unreachable	118	hosts	125, 275
DNS	125	HPC	17, 232
DNS ドメイン名	198	HTML	104
Domain Partition	177, 181	HTTP	104
Dropbox	283	HTTP ステータスコード	160
dsadd	364	Hyper-V	257
		Hyper-V Server	18

■ E

Essentials	16		
Excel	316	IaaS	333
		IDE	220

■ F

FAT16	31	iFCP	232
FAT32	31	InfiniBand	232
FC-SAN	231	IP アドレス	71
FCIP	232	書き換え	96
FCoE	232	IP マスカレード	102
FCP	231	IP-SAN	231
Fiddler2	366	ipconfig	58, 122, 155, 362
FIN	83	IPv6	116
findstr	365	iSCSI	231
Foundation	17	Itanium-based system	17
FQDN	126		
Free Space	288		

■ K

		Kerberos 認証	198

■ G

		klist	365
GC	185	KMS	43
Get-ChildItem	347	KMS 認証	45
Get-Command	346	KMS ホスト	43
Get-Help	347	構築	44
Get-Member	349	変更	47
GetType	348	乱立	46
GhostWalker	214		

■ L

GPO	188	LDAP フィルター	190-193
gpresult	189	ldifde	363
Guest Run Time	286	length	349
		LLMNR	126

■ H

		lmhosts	124, 275
Handle Count	290	Logical Processor	286

370

LP 286

■ M

MAC アドレス 58
MAC アドレステーブル 64
MAK 認証 43
MAK Proxy 認証 43
Media disconnected 118, 155
Microsoft Management Console 178
mklink 334
MMC 178
more 365
MultiPoint Server 18
MX レコード 107

■ N

NAPT 102
NAS 234
NAT 93
nbtstat 122, 364
net 364
NetBEUI 62, 123
NetBIOS over TCP/IP 124
NetBIOS コンピューター名 128
NetBIOS ドメイン名 198
NetBIOS 名 121, 123, 124
netsh 166, 365
netstat 87, 363
NewSID 214
NFS 234
NIC 58
　ベンダーの特定 59
NLB 146
nslookup 107, 362
NTFS 31
NTFS アクセス許可 294
　継承 297
NVGRE 255

■ O

OR 192
OS ダンプファイル 278
OSI 参照モデル 55
Output Queue Length 288

■ P

Packets Outbound Discarded 288
Packets Outbound Errors 288
Packets Received Discarded 289
Packets Received Errors 288
Pages/sec 287
Parent Partition 257
perfmon 285
PID 88
ping 158, 361
Pool Nonpaged Bytes 287, 290
Pool Paged Bytes 287, 290
PowerShell 343
Private Bytes 290
Privileged Time 285, 289
Process Explorer 366
Process Monitor 35, 366
Processor Time 285, 289
proxycfg 166
PsExec 366
PsGetsid.exe 209
PSH 83

■ R

RAID 35, 221
RAID0 222
RAID1 223
RAID10 227
RAID5 224
redircmp 201
ReFS 31, 293
regedit 21
repadmin 190, 364
robocopy 365

371

route	142
RST	83
runas	364

■ S

SAN	231
SAS	221
SATA	220
Scalable Networking Pack	335
Schema Partition	177, 182
schtasks	328
SCSI	221
SDN	255
Security Identifier	208
Service Pack	275
set	363
SID	208
重複	212
変更	212
SkyDrive	283
slmgr	47
Small Business Server	16
SMB	234
バージョン	235
SMTP	106
SNP	335
SRP	232
SRV レコード	44
SSD	221
Stirling	367
SYN	83
Sysinternal	365
sysprep	206, 207
System Center Operations Manager	293

■ T

tasklist	89
TCP	80, 91
状態遷移	86
接続状態	363
TCP フラグ	83
TCP ヘッダ構造	82
TCP/IP	55
TCP/IP の設定	115
TCP/UDP の待ち受け	363
TCPView for Windows	366
telnet	104, 159
TIME_WAIT	147, 149
TortoiseGit	366
TortoiseSVN	366
Total Run Time	286
ToUpper	349
tracert	363
TSV	194

■ U

UAC	327
UDP	80, 91
UNC パス	331
URG	83

■ V

VA 2.0	41, 46
コマンド	47
VAMT	43
VDI	254
Virtual Bytes	290
Virtual Processor	286
VLAN	255
Volume Activation 2.0	41
VP	286
VPN	167
VSC	259
VSP	259
VSS	248
VXLAN	255

■ W

w32tm	282
Web Edition	17

索引

whoami 209
Windows 9x 系 20
Windows Azure 239
Windows HPC Server 17
Windows Management Framework 345
Windows NT 系 20
Windows RT 4
Windows Storage Server 17
Windows 回復環境 33
Windows ファイアウォール 118, 119, 273
Windows ファイアウォールの有効化または無効化
.... 113
WinHTTP 164
WinMerge 367
WINS 124
Wireshark 366
WMI Code Creator v1.0 367
WMI フィルター 187
Workplace Join 5
WUSC 367

■Z
ZoomIt 367

■あ
アーカイブビット 245
アイドルスレッド 285
アカウント
　　ドメイン参加 199
アクセス許可 293, 307
アクセス権 294
アクティブオープン 87
アクティブクローズ 87
アクティベーション 42, 52
アップグレード権 40
宛先 MAC アドレス 60
アプリケーション
　　仮想化 254
　　ストリーミング 254
　　ダンプファイル 280

アプリケーション層 103
アプリケーションパーティション 177
暗号化 31
イーサネット 58
一時的なポートの数 148
移動 307
イベントログ 272, 292
インターネットゾーン 131
ウインドウ生成 350
エクスターナルコネクタライセンス ... 40
エディション
　　クライアント OS 3
　　サーバー OS 13, 19
エフェメラルポート 81
オート MDI/MDI-X 112
オーバーレイ型 255
オブジェクト指向 348
オフラインバックアップ 248
重い 6
親パーティション 257

■か
カーネル 20
カーネルメモリダンプ 279
外部ネットワーク 261
隠し共有 309
仮説 64
仮想インスタンス 19
仮想化 253
仮想環境 35, 112
仮想プロセッサ 286
仮想マシン 254
画面の消去 364
軽い 6
簡易ファイルの共有を使用する 296
環境変数の一覧 363
監視
　　OS 284
　　アプリケーション 291
完全修飾ドメイン名 126

373

完全メモリダンプ	279
管理共有	308
管理パック	293
キーのインストール	47
記憶域階層	239
記憶域プール	238
奇数パリティ	225
基本タスクの作成	323
共有アクセス許可	303
共有リソースの一覧	364
緊急転送データ	83
偶数パリティ	225
クライアント OS	2
エディション	3
クライアントアクセスライセンス	37
クラウド	355
クラウドコンピューティング	355
クラス	73
クラッシュ	328
クラッシュダンプ解析	329
グループポリシー	187
管理	189
結果	189
グループポリシーオブジェクト	188
クレームベース認証	5
グローバルカタログ	185
クロスケーブル	112
経路	363
ゲスト実行時間	286
合計実行時間	286
構成パーティション	177, 179
合成バックアップ	246
コネクションプーリング	148
子パーティション	257
コピー	307
コマンド	
VA 2.0	47
コマンドプロンプト	6, 309
コマンドレット	346
コンピューターの仮想化	254

コンピューターの構成	187
コンピューター名	127
取得	364

■さ

サーバー	88
サーバー OS	2
エディション	13, 19
サーバー仮想化	256
サーバーライセンス	37
サービス	292
サービスレコード	44
最小メモリダンプ	279
再生	
トランザクション	250
最低クライアント数	45
サブネットマスク	72, 78
サブネットワーク	72
差分バックアップ	243
サポート	339
サンプルコード	351
時刻同期	282
システムボリュームに対する制限	31
自動メモリダンプ	279
ジャンクション	203
受信確認	83
循環モード	251
所有者	302
シリアル	220
シングルサインオン	138
シングルフォレストシングルドメイン	179
シンプロビジョニング	36, 238
シンボリックリンク	333
スイッチングハブ	64
スキーマ拡張	184, 336
スキーマパーティション	177, 182
スクリプトセンター	351
スタート画面のカスタマイズ	207
「スタート」の右クリックメニュー	10
スタートボタン	7

スタティックルート 142
スタンドアロン PC 172
ステートフルインスペクション 86
ストライピング 222
スナップイン 344
スナップショット 237, 248
スピンドル数 288
スプリットブレイン DNS 141
スペアディスク 229
すべてのアプリ 11
正常性の確認
　　ドメインコントローラー 363
接続デバイスまたは接続ユーザー数モード 39
接続の確立 82
接続のリセット 83
送出の終了 83
送信元 MAC アドレス 60
増分バックアップ 244
ゾーン 125, 130
ソフトウェアアシュアランス 40

■た

ダイナミックアクセス制御 293
ダイナミックディスク 230
ダイナミックボリューム 230
ダウングレード権 38
タスクスケジューラー 318, 328
タスクの作成 319, 323
単純モード 251
ダンプファイル 278
　　OS 278
　　アプリケーション 280
チーミング 141
チャーム 11
通信の向き 84
データ重複除去 238
データベース 250
データリンク層 58
デフォルトゲートウェイ 71, 142
電源オプション 274

電源プラン 274
同期 83
統合サーバー製品 16
動作保証 339
同時使用ユーザー数モード 39
特権モード 285
ドメイン 4, 125, 176, 197
ドメインコントローラー 176
ドメイン参加 4, 197
　　アカウント 199
ドメインパーティション 177, 181
ドメインプロファイル 120
ドライバ更新 276
ドライブマップ 330, 364
トランザクション 250
トランザクションログ 250
　　切り捨てる 250
トランスポート層 80
トリガー 324

■な

内部ネットワーク 267
名前解決 198, 362
認証モード 201
ネットワーク 72, 331
　　仮想化 255
　　分割 73
ネットワークアドレス 78
ネットワーク構成情報 362
ネットワーク層 71

■は

バージョン
　　CAL 38
　　SMB 235
パーティション 27
　　Active Directory 177
ハードウェアの再検出 208
ハイパーバイザー 258
ハイパフォーマンスコンピューティング 17

バックアップ	224, 241
バックエンド	146
パッシブオープン	87
パッシブクローズ	87
パフォーマンスカウンター	285
パフォーマンスのベースライン	283
パフォーマンスモニター	
記録	291
パブリックプロファイル	121
パラレル	220
パリティ	224
汎用サーバー製品	17
非ページプール領域	287
標準エラー出力	310
標準出力	310
標準プロファイル	120
ファームウェア更新	276
ファイバーチャネル	231
ファイルシステム	31
ファイル名を指定して実行	6, 8
プッシュ	83
物理層	57
プライベート IP アドレス	116
プライベートネットワーク	267
プライベートプロファイル	121
フラグメント	30
ブルースクリーン	278, 328
フルコンピューター名	127
フルバックアップ	242
フレーム	60
ブロードキャストアドレス	61
プロキシ	161
設定	162
例外設定	163
プロキシ接続	161
プログラムとファイルの検索	8
プロセス	35
プロセス ID	88
ブロック単位でのコピー	247
プロファイル	120

フロントエンド	146
ページプール領域	287
ページングファイル	277, 279
別のユーザーとして実行	364
ポート番号	80, 81
ポートフォワーディング	102
ホスト名	126
ポリシーの結果セット	190
ボリュームのミラー	237
ボリュームライセンスキー	42
ボリュームライセンス認証サービス	53
ボリュームライセンスメディア	42

■ま

マイネットワーク	331
マウントポイント	333
マスク	77
マルチキャストアドレス	61
マルチドメイン	184
マルチホーム	140
ミラー	223
メディアは接続されていません	118, 155
メモリチューニング	281
モジュール	344
文字列検索	365
モデム	57

■や

ユーザーグループポリシーループバックの処理モード	188
ユーザーの構成	187
ユーザープロファイル	202
場所	203
容量可変	36

■ら

ライセンス	
管理方法	41
有効期限	48
ライセンス情報	49

項目	ページ
ライセンス認証	47
ライセンスモード	39
ライトバックキャッシュ	239
ラウンドロビン	140
リストア	242, 249
リダイレクト	310, 311, 313
リピータハブ	57, 63
リモートデスクトップ接続	332
ルート	308
レイヤー	56
レイヤー 1	57
レイヤー 2	58
レイヤー 3	71
レイヤー 4	80
レイヤー 7	103
レジストリ	21
レジストリハイブ	205
レプリケーション	237
ローカルアドレス	162
ローカルイントラネットの判定基準	133-138
ローカルグループポリシー	187
ロールバック	338
ログバックアップ	251
論理プロセッサ	286

■わ

項目	ページ
ワトソン博士	280

■ 著者プロフィール

胡田 昌彦（えびすだ・まさひこ）

1979 年茨城県鹿嶋市生まれ。筑波大学情報学類で情報科学を学び、2002 年に日本ビジネスシステムズ株式会社に入社。Windows インフラ系を中心に数名から数万名規模までのさまざまな企業向けシステムの構築、運用に携わる。また、社内エンジニアのテクニカルサポートやトレーニングにも携わる。イベントやセミナー等での登壇も多数。
得意分野は Windows OS, Azure, Azure Stack, System Center, Exchange Server, PowerShell 等

2014 年 4 月　Microsoft MVP for Windows Expert-IT Pro 受賞。
2015 年 4 月　Microsoft MVP for System Center and Datacenter Management 受賞。
2016 年 4 月　Microsoft MVP for Cloud and Datacenter Management 受賞。
2017 年 6 月　Microsoft MVP for Cloud and Datacenter Management 受賞。
2018 年 6 月　Microsoft MVP for Cloud and Datacenter Management 受賞。
2019 年 6 月　Microsoft MVP for Azure 受賞。
2020 年 6 月　Microsoft MVP for Azure 受賞。

Web サイト：WEBI https://ebisuda.com/
ブログ：Windows インフラ管理者への道 https://windowsadmin.ebisuda.com/
ブログ：Microsoft Cloud Administrators https://cloud.ebisuda.com/
Youtube：胡田昌彦のコンピューター系チャンネル https://www.youtube.com/c/WindowsAzureCloudEbisuda

Windows インフラ管理者入門

2014 年　3 月 10 日　初版第 1 刷発行
2021 年　2 月 20 日　　　第 5 刷発行

著　者　　胡田 昌彦
発行人　　石塚 勝敏
発　行　　株式会社 カットシステム
　　　　　〒 169-0073　東京都新宿区百人町 4-9-7　新宿ユーエストビル 8F
　　　　　TEL（03）5348-3850　　　FAX（03）5348-3851
　　　　　URL　https://www.cutt.co.jp/
　　　　　振替　00130-6-17174
印　刷　　シナノ書籍印刷 株式会社

本書に関するご意見、ご質問は小社出版部宛まで文書か、sales@cutt.co.jp 宛にe-mail でお送りください。電話によるお問い合わせはご遠慮ください。また、本書の内容を超えるご質問にはお答えできませんので、あらかじめご了承ください。

■ 本書の内容の一部あるいは全部を無断で複写複製（コピー・電子入力）することは、法律で認められた場合を除き、著作者および出版者の権利の侵害になりますので、その場合はあらかじめ小社あてに許諾をお求めください。

Cover design　Y.Yamaguchi　　© 2014 胡田昌彦
Printed in Japan　ISBN978-4-87783-336-7